KB246101

기계 가공
기술 시리즈
No. 4

선삭 공구의
모든 것

툴엔지니어 편집부 편저 | 심 증 수 역

선삭 공구의 종류와 공구 재료 | 선삭의 메커니즘
공구 재료와 그 절삭 성능 | 선삭 공구 활용의 실제
선삭의 주변 기술

BM 성안당

日本 taiga · 성안당 공동 출간

기계 가공 기술 시리즈 ④

선삭 공구의 모든 것

This Korean language edition co-published by taiga and Seong An Dang
Copyright © 1995
AII rights reserved.

AII rigt reserved. No part of this publication may reproduced, stored in a retrieval system or transmitted, in any form or by any means, electronic, mecanical, photocopying, recoding, or otherwise, without the prior written permission of the publisher.

이 책은 (株)大河出版과 성안당의 저작권 협약에 의해 공동 출판된 서적으로, 성안당 발행인의 서면 동의 없이는 이 책의 어느 부분도 재제본하거나 재생 시스템을 사용한 복제, 보관, 전기적, 기계적 복사, DTP에의 도움, 녹음 또는 향후 개발될 어떠한 복제 매체를 통해서도 전용할 수 없습니다.

차 례

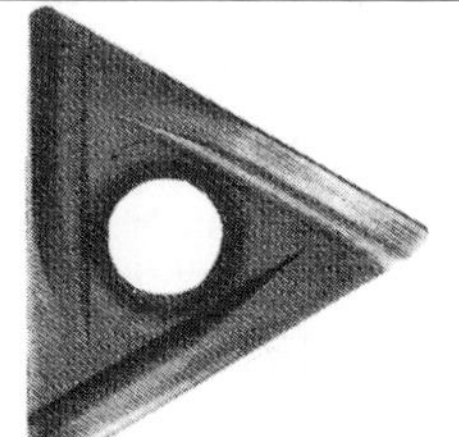

part 4 — 선삭공구 활용의 실제

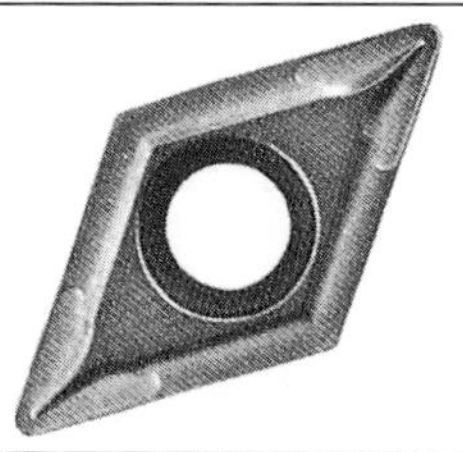

part 5 — 선삭의 주변기술

만화로 보는 프롤로그

일각고래 「아들의 뿔좀 갈아줄래요. 사례로 이 물고기를 줄테니. 바이트가 괜찮은데요.」 え・佐伯　克介

part 1

선삭 공구의 종류와 공구 재료

선삭 가공은 절삭 가공 중의 어느 일부의 가공 형태를 표현하는 말이다. 여기서 우선 선삭 가공이란 무엇인가를 생각하기 전에 절삭 가공이란 무엇인가를 생각해 보자. 절삭 가공은 기계 가공에 종사하는 사람들이라면 누구나 잘 알고 있듯이 소재(공작물)를 그보다 단단한 공구(절삭 공구)에 의하여 필요 없는 부분을 깎아내서 희망하는 형상과 정밀도를 만들어내는 가공을 말한다.

또는 가공해서 깎아낸 필요 없는 부분은 칩이므로 칩을 배출하여 목적한 형상과 정밀도를 가진 것을 가공하는 것을 절삭 가공이라 할 수 있다.

우리가 접하는 절삭 가공의 경우 공작물의 재질은 대부분이 철계, 비철계의 금속이다. 그러나 최근에는 엔지니어링 플라스틱, 복합 재료, 세라믹 등도 많고 깎기 쉬운 것에서 깎기 어려운 것까지 실로 다양화되고 있다.

한마디로 절삭 가공이라 해도 거기에는 여러 가지의 가공 형태가 있다. 예를 들어 평면 가공, 환봉 가공, 구멍 가공 등이 있는데 다시 각각

의 가공에 사용되는 공작 기계의 종류 및 절삭 공구의 종류가 다르게 된다.

평면을 가공하는 대표적인 공작 기계에는 밀링 머신이나 MC(머시닝 센터)가 있고, 공구는 주로 플레인 커터, 엔드 밀 등을 사용한다.

환봉을 가공하는 대표적인 공작 기계는 선반으로, 바이트가 주요 공구이다. 그리고 구멍을 가공하는 대표적인 공작 기계는 드릴링 머신이며 드릴, 리머 등의 공구를 사용한다.

물론 이것들은 극히 일반적인 예로 밀링 머신, MC도 드릴, 탭, 리머, 바이트 등을 쓰며 선반도 바이트뿐만 아니라 드릴이나 리머 등을 가공 목적에 맞추어 사용한다.

하여튼 이것들은 이미 여러분이 기계 가공 현장에서 자주 보았거나 실제 경험하고 있는 가공 형태이다.

여기서 밀링 머신, MC, 선반, 드릴링 머신 등에 의한 각 가공에 있어서 가공시의 공작물과 공구와의 관계에 대하여 알아보자.

밀링 머신, MC, 드릴링 머신 등에서는 공작물은 테이

블 등에 고정되고 공구(플레인 커터, 엔드 밀, 드릴 등)가 회전하여 평면 절삭이나 홈절삭, 구멍뚫기 등의 가공을 한다.

그러나 선반에서는 척에 물린 공작물이 회전하고 공구인 바이트는 돌지 않고 회전축에 대하여 평행 또는 수직 방향의 이송 운동에 의하여 환봉 가공을 한다.

이 책에서의 선삭 가공이란 선반에서의 가공과 같이 공작물이 회전하고 공구(바이트)는 돌지 않은 채 이송되면서 목적한 공작물 형상을 깎아내는 가공을 말한다. 따라서 선삭 가공에서 얻을 수 있는 공작물 형상은 원통상 또는 그들을 조합한 것으로 된다.

선삭이 절삭 가공에서 차지하는 비율은 매우 커서 드릴, 리머, 탭 등의 구멍 가공과 함께 절삭 가공을 대표한다. 이 선삭 가공을 하는 대표적인 공작 기계가 선반이다. 그리고 선삭 가공에 쓰이는 절삭 공구가 바이트이고, 그 바이트 종류를 총칭하여 선삭 공구라 한다.

선반과 선삭 공구를 사용해서 하는 선삭 가공에는 다음

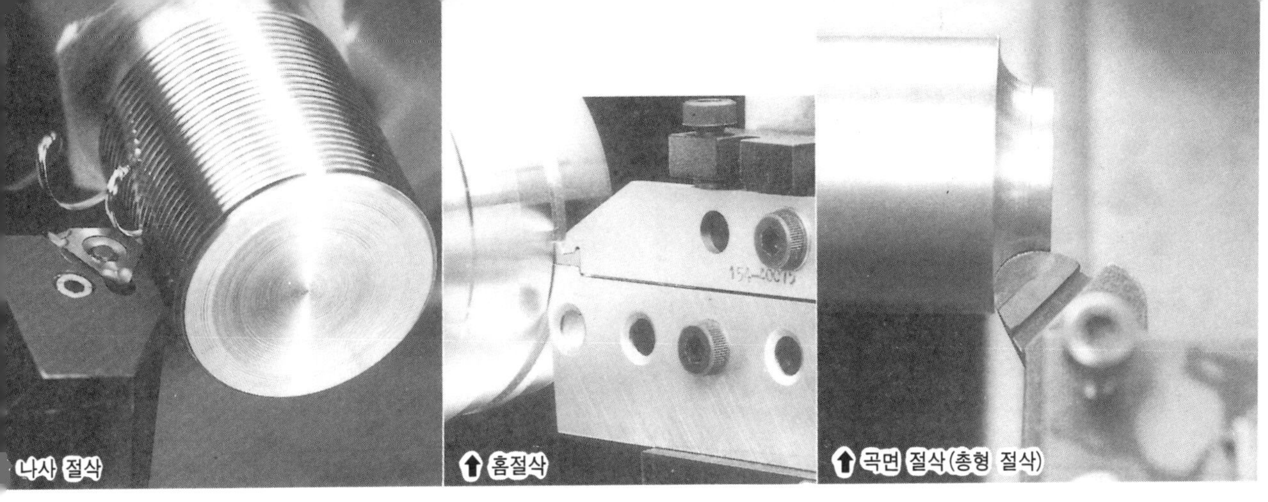

과 같은 것이 있다.

① 외환 절삭 ····· 공작물의 표면을 깎는 것으로 외경 절삭, 원통 절삭, 외주 절삭이라고도 한다.

② 단면 절삭 ····· 공작물의 단면을 절삭하는 것으로 정면 절삭이라고도 한다.

③ 내환 절삭 ····· 공작물에 뚫어진 구멍의 내면쪽을 깎는 것으로 내경 절삭, 내면 가공, 구멍 가공, 보링이라고도 한다.

이 세 가지가 기본적인 선삭 가공인데 이들 각 가공의 일부를 응용한 선삭 가공에는

④ 나사 절삭 ····· 공작물의 내·외주면에 나사를 가공하는 것. 공작물의 외주부로의 나사 절삭은 수나사 절삭, 구멍 내면의 나사 절삭은 암나사 절삭이라 한다.

⑤ 테이퍼 절삭 : 공작물의 내·외주면에 어떤 각도를 갖는 테이퍼부를 가공하는 것.

⑥ 곡면 절삭 : 공작물의 내·외주면에 불규칙하고 복잡한 형상의 곡면 부분을 가공하는 것으로 총형 절삭이라고도 한다.

⑦ 홈절삭 : 공작물의 내·외주면에 여러 가지 폭과 깊이를 갖는 홈을 가공하는 것으로 홈깎기라고도 한다.

⑧ 절단 작업 : 공작물을 원하는 치수로 절단하는 것을 말한다.

등이 있다.

이들 가공에는 각각의 가공 목적에 맞는 선삭 공구가 있어서 선택하여 사용한다.

그런데 최근, 선삭 가공에 대한 용어로 "전삭 가공(轉削加工)" 이란 술어를 보거나 듣는 경우가 있다.

전삭 가공이란 엔드 밀, 드릴, 탭, 리머 등과 같이 공작물은 고정되고 공구가 회전하면서 깎는 절삭 가공이다. 전삭 가공에 사용되는 공구도 선삭 가공에 대하여 "전삭 공구"라 한다.

기계 가공 분야에서는 선삭 가공이나 선삭 공구란 용어가 일반적으로 쓰이고 있는데 이 전삭 가공이나 전삭 공구란 용어는 새로워서 아직 일반적이라고는 할 수 없다. 현상황에서는 구멍뚫기 공구, 밀링 공구로 부르는 편이 무난하리라 생각된다.

여담이지만 드릴, 리머는 전삭 공구라 해도 선반 작업에는 없어서는 안되는 공구이

다. 하지만 선반에 사용할 때에는 공작물만 회전시키고 공구는 돌지 않고 이송 운동만으로 구멍뚫기, 구멍 다듬질을 한다. 그러므로 본래 전삭 공구인 드릴, 리머도 선반에서 사용할 때에는 전삭 공구라 부르지 않는다.

한편 선반에서는 돌지 않는 바이트도 밀링 머신, MC 등에서 사용할 때에는 기계의 주축에 물려 회전시키면서 보링 가공을 한다.

또 플레이너, 셰이퍼, 슬로터 등에서도 바이트를 사용하고 있지만 이 경우 공작물, 바이트 양쪽 다같이 돌지 않고 직선 운동에 의하여 평면 절삭, 셰이핑, 슬로팅 가공을 한다.

그러므로 같은 바이트라 불러도 사용되는 공작 기계에 따라서 선삭 공구라 할 수 없는 경우도 있다.

이런 점이 기계 용어의 어려움이고 기계와 공구에 관한 표현상의 재미있는 면이다.

이 책에서는 선반 작업에 사용되는 것을 전제로 각종 바이트를 총칭하여 선삭 공구라 하여 "선삭 공구의 모든 것"을 다루기로 한다.

바이트의 종류

　바이트란 선반, 보링 머신, 플레이너, 세이퍼, 슬로터 등에 사용하는 섕크 또는 보디의 끝에 절삭날이 있는 절삭 공구를 말하며, 기계 가공에서는 없어서는 안되는 대표적인 공구이다.

　어원은 독일어로 "끌"을 뜻하는 Beitel에서 왔다는 설과 영어에서 "bit=대패날" 또는 "bite=달려들어 물다"에서 왔다는 설 등 여러 가지가 있지만 분명하지는 않다.

　그리고 선반에서 슬로터까지 여러 가지 공작 기계에 쓰이는 것이 바이트인데 이 책은 "선삭 공구의 모든 것"이므로 여기에서는 선반에 사용되는 바이트만 추려서 그 종류를 소개하기로 한다.

　한마디로 바이트라 해도 절삭날의 재질, 구조, 형상, 용도 등에 따라서 여러 가지 이름이 붙어 있고 같은 검바이트라도 황삭용, 다듬질용이 있고, 재질은 고속도 공구강, 초경 합금 등이 있으며, 날붙이형, 일체형, 스로어웨이형 등이 있다. 그래서 JIS에서는 각종 바이트를 분류하여 부르는 방법을 정하고 있다. JIS를 기초로 하여 정의한 것이 이 장이다.

　그러나 실제 가공 현장에서는 이 표 이외의 호칭법이 있거나 이 표에 들어 있지 않는 바이트도 있다. 또 표에는 JIS 이외의 바이트도 기재되어 있다.

● 절삭날 부분의 재질에 의한 분류

탄소 공구강 바이트 ┬ 과거의 것이다. 실제로는
　　　　　　　　　└ 많지 않다.
합금 공구강 바이트 ┘
고속도 공구강 바이트 ┬ 하이스 바이트라고도 한다.
　　　　　　　　　　└ 코팅 고속도 공구강 바이트
초경 바이트 ──────┬ 현재의 주역이다.
　　　　　　　　　　└ 코팅 초경 바이트

서멧 바이트 ─────┬ 현재의 성장 제품이다.
세라믹 바이트 ────┘
CBN 바이트 ─────── 열처리된 고경도재를 깎는
　　　　　　　　　　 다.
　　　　　　　　　　 CBN=입방정 질화붕소
다이아몬드 바이트 ── 정밀 다듬질용이다.
　　　　　　　　　　 단결정과 다결정이 있다.
다이아몬드 코팅 ─── 초경 등의 모재에 다이아몬
바이트　　　　　　　 드 박막을 피복한 것으로 현
　　　　　　　　　　 재 많이 쓰이는 바이트이다.

● 형상에 의한 분류

검바이트 ┬ 곧은 검 ─ 고속도 공구강의 10형
　　　　　│　　　　　　 초경의 35형
　　　　　├ 끝이 둥근 검 ─ 초경의 36형
　　　　　└ 경사검 ── 초경의 31, 32형
편인 바이트 ─────── 하이스의 13형 및 초경
　　　　　　　　　　　 의 33, 34형
굽은 바이트 ┬ 구석 ── 초경의 37, 38형
　　　　　　├ 끝이 둥근 구석 ─ 초경의 39, 40형
　　　　　　├ 수평검 ── 고속도 공구강의 14형
　　　　　　└ 방향 ── 초경의 41, 42형
스프링 바이트 ────── 파고들기와 채터링을 피하
　　　　　　　　　　　 기 위하여 목을 굽혀 스프
　　　　　　　　　　　 링 작용하도록 한 것이다.
둥근 팽이 바이트 ──── 원추형으로 클램프 바이트
　　　　　　　　　　　 의 일종. 특수한 것이다.
서큘러 바이트 ────── 고정 구멍 또는 섕크를 가
　　　　　　　　　　　 진 원판 모양의 바이트.
　　　　　　　　　　　 주로 총형 바이트로 쓰인
　　　　　　　　　　　 다.

● 구조에 의한 분류

일체형 바이트 ── 날부분과 섕크가 같은 재료인
　　　　　　　　 것.
　　　　　　　　 작은 치수로 고속도 공구강의 완
　　　　　　　　 성 바이트가 이에 해당하고 초경
　　　　　　　　 자동 선반용 바이트도 있다.

용접 바이트 —— 공구 재료를 섕크에 용접 한 것. 실제로는 얼마 안된다.

날붙이 바이트 — 보통의 바이트이다. 납땜 바이트라고도 한다.

클램프 바이트 — 팁 또는 블레이드를 섕크, 홀더 등에 기계적으로 조여 붙인 바이트의 총칭.
스로어웨이 바이트가 이에 해당한다.

스로어웨이 바이트 — 스로어웨이 팁을 사용하는 클램프 바이트이다.

삽입 바이트 —— 홀더에 꽂아 쓴다.

조립 바이트 —— 날부분과 섕크 또는 보디를 조립 구조로 만든 것이다.

● 기능 또는 용도에 의한 분류

황삭 바이트 ┐ 명칭 그대로의 의미이다.
다듬질 바이트 ┘

절단 바이트 —— 고속도 공구강의 31형, 초경의 43형
├ 세로 절단 바이트 — 규격품에는 없다.
└ 스프링 절단 바이트
　　고속도 공구강의 32형

스프링 바이트 ┬ 스프링 절단 바이트 ——
├ 스프링 다듬질 바이트
　　고속도 공구강의 22형
└ 스프링 나사 절삭 바이트 ——
　　고속도 공구강의 53형

나사 절삭 바이트 ┬ 스프링 나사 절삭 바이트 ——
├ 수나사 절삭 바이트
　　고속도 공구강의 51형 및
　　초경의 49, 50형
├ 암나사 절삭 바이트
　　고속도 공구강의 52형 및
　　초경의 51, 52형
├ 서큘러 나사 절삭 바이트
└ 총형 나사 절삭 바이트 ——

총형 바이트 ┬
├ 총형 스프링 바이트
├ 총형 서큘러 바이트
└ 총형 탄젠셜 바이트

단면 바이트 —— 고속도 공구강의 13형 및 초경의 33, 34형

보링 바이트 —— 고속도 공구강의 40, 41형 및 초경의 45, 46, 47,48형

홈절삭 바이트 —— 절단 바이트를 얕게 깎은 것이다.

리세싱 바이트 —— 내면측 홈절삭에 쓰이는 바이트이다.

모떼기 바이트 — 모떼기용

모방 바이트 —— 초경의 91~95형이다.

롤러 터너 바이트 — 긴 가공물의 외주 절삭에 롤러를 병용하는 특수 바이트이다.

탄젠셜 바이트 —— 피삭재의 접선 방향으로 절삭날을 고정하고 주요 운동과 이송 운동이 일치 하도록 사용하는 바이트이다.

셰이빙 바이트 —— 다듬질면 거칠기를 향상시키기 위하여 쓰는 탄젠셜 바이트이다.

회전 바이트 —— 둥근 펭이 바이트가 회진하도록 홀더에 고정해서 사용하는 조립 바이트이다.

SWC 바이트 —— 구성 날끝을 적극적으로 이용하여 바이트 수명을 연장시키는 특수 절삭날 형상의 바이트이다.
은백색의 칩이 나오므로 이런 이름이 붙었다.

칩 제거 바이트 —— 칩을 V자형으로 구부려서 배출저항을 작게 한 절삭날 모양을 가진 바이트이다.

여기에서는 주요 명칭을 들었다. 이 밖에도 용도별, 기능별로 여러 가지 명칭의 것이 있다.

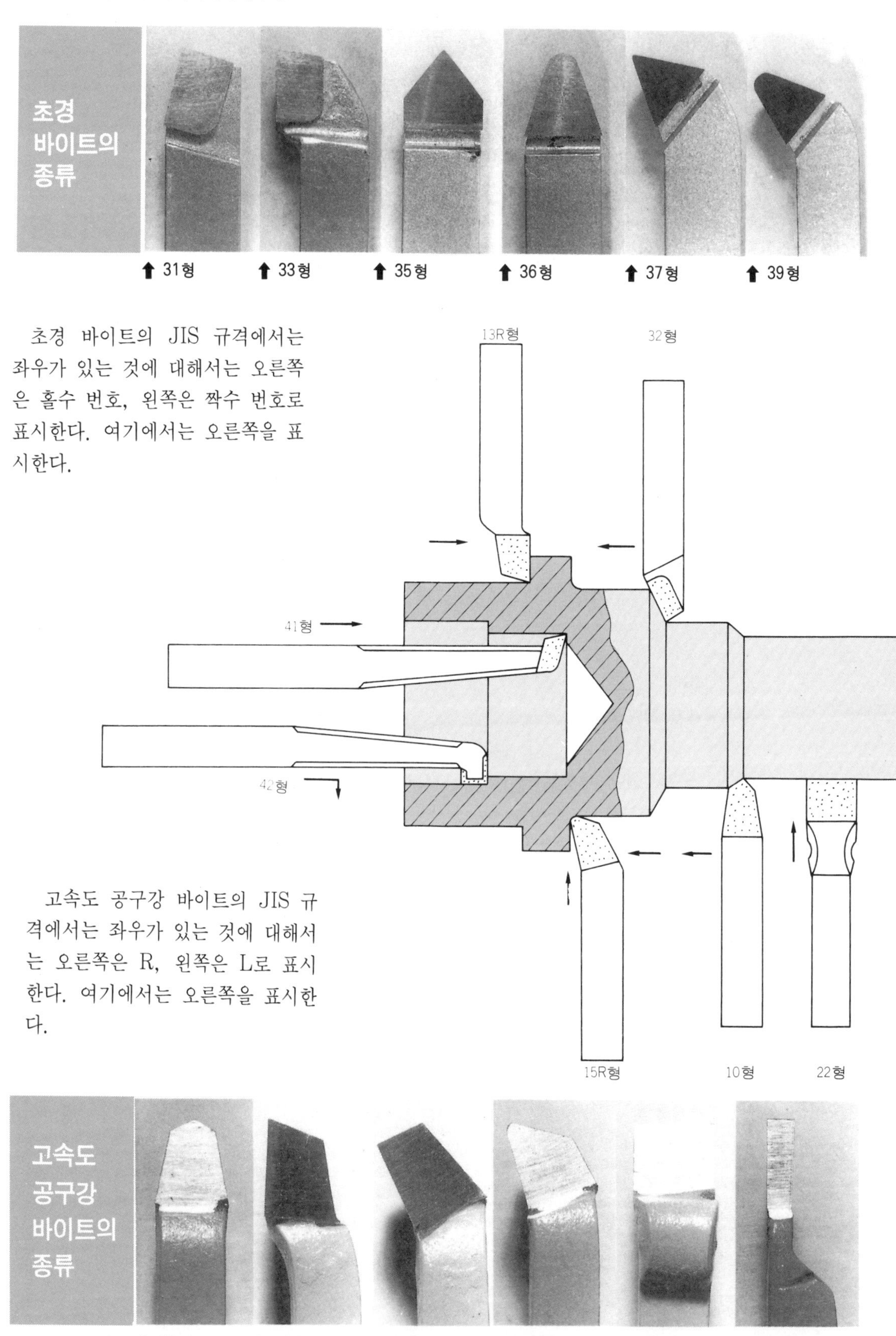

초경 바이트의 JIS 규격에서는 좌우가 있는 것에 대해서는 오른쪽은 홀수 번호, 왼쪽은 짝수 번호로 표시한다. 여기에서는 오른쪽을 표시한다.

고속도 공구강 바이트의 JIS 규격에서는 좌우가 있는 것에 대해서는 오른쪽은 R, 왼쪽은 L로 표시한다. 여기에서는 오른쪽을 표시한다.

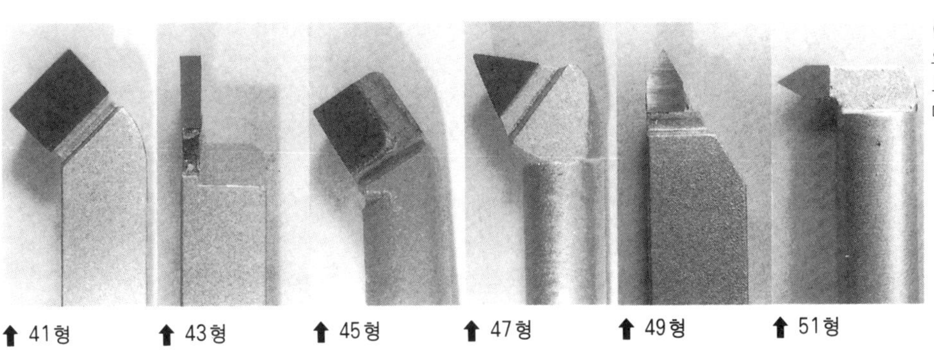

이 밖에 모방 선반용으로 초경 모방 바이트 91형~95형이 있다.

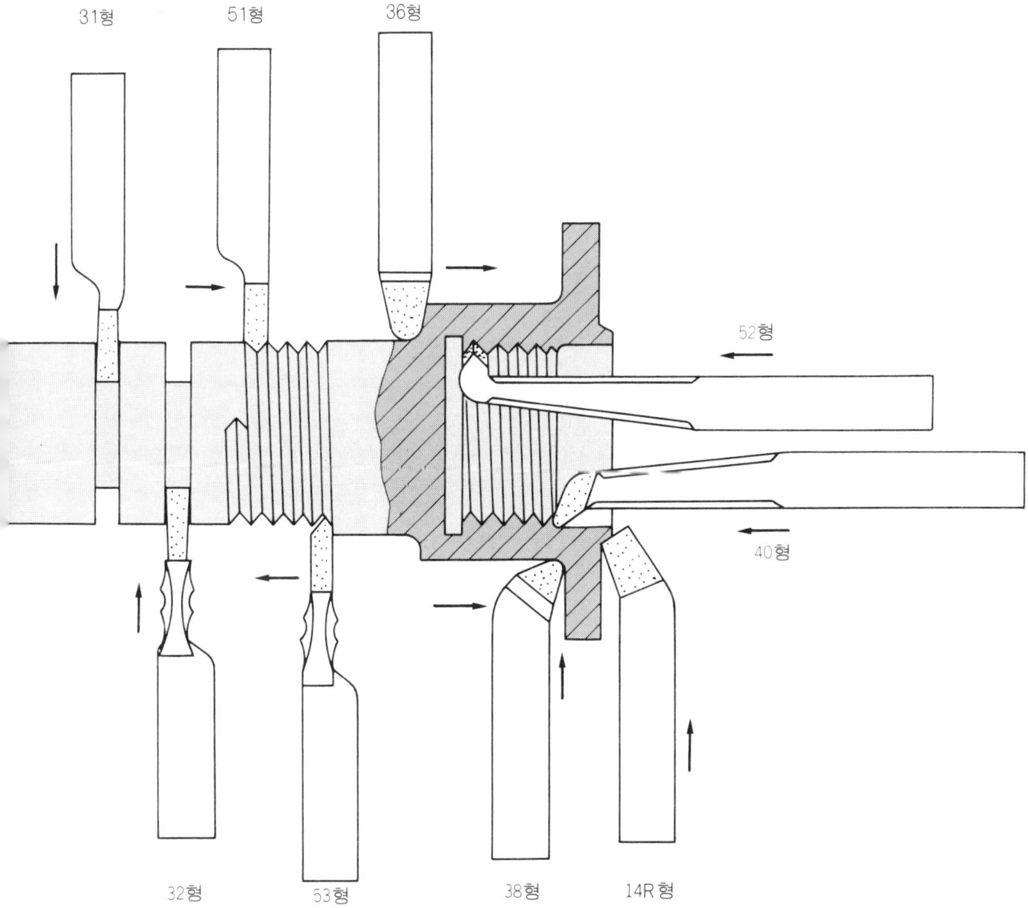

↑ 41형　　↑ 43형　　↑ 45형　　↑ 47형　　↑ 49형　　↑ 51형

31형　　　51형　　　36형

52형

40형

32형　　　53형　　　38형　　　14R형

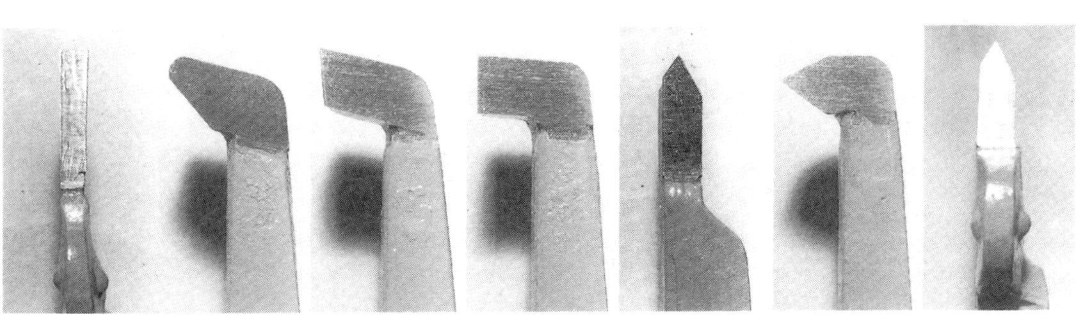

↑ 32형(스프링)　↑ 40형　　↑ 41형　　↑ 42형　　↑ 51형　　↑ 52형　　↑ 53형

여러 가지 선삭 공구의 재료와 그 특성

절삭 가공은 정밀 기계 가공에서는 가장 중요한 가공법의 하나로 100년의 역사 속에서 끊임없는 노력을 기울여 왔다. 이 원동력은 공작 기계와 공구 재료의 진보에 의한다. 특히 최근 20년 사이의 진보는 분말 야금 기술뿐만 아니라 기상(氣相) 도금 기술, 초고압 기술 등의 제조 기술 진보와 더불어 눈부시다.

여기에서는 고속도 공구강, 초경 합금, 코팅, 서멧, 다이아몬드, CBN 등 각종 절삭 공구 재료에 초점을 맞추어 본다.

● 고속도 공구강

(1) 용해 고속도 공구강

고속도 공구강은 W(텅스텐), Mo(몰리브덴), Cr(크롬), V(바나듐), Co(코발트) 등을 비교적 다량 함유하는 고탄소강으로 크게 나누면 W계와 Mo계가 있다. 경도와 점도를 고루 갖추기 위하여 담금질(1200~1350℃)·뜨임(530~630℃)의 열처리를 한다. 경도는 HRC 62~67이다.

Mo계 고속도 공구강은 W계 고속도 공구강에 비해 점성이 커서 드릴과 같이 인성이 필요한 공구에서는 SKH 51, 호브 등, 내마모성이 필요한 경우에는 SKH 57 등 Co가 많은 Mo계 고속도 공구강이 쓰인다. 또한 일반적으로 내마모성을 향상시키기 위하여 질화 처리 등의 각종 표면 처리를 하는 경우가 많아지고 있다.

(2) 분말 고속도 공구강

종래의 용해 고속도 공구강에서는 얻을 수 없었던 고합금을 함유하고, 탄화물이 미세한 고속도 공구강을 분말 야금법으로 제조하게 되었다. 그 결과 **그림 1**에 표시한 것과 같이 종래의 용해 고

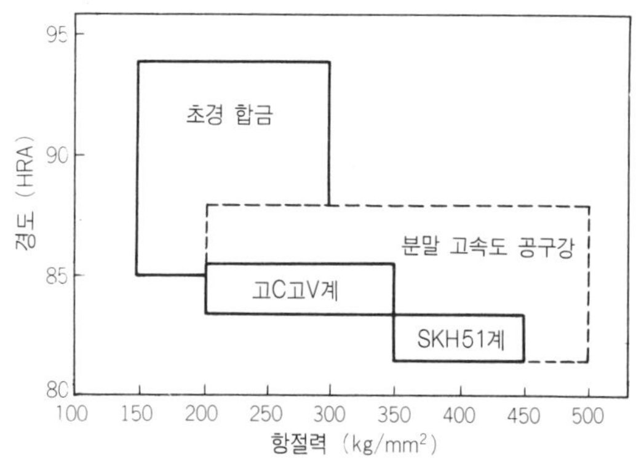

그림 1 분말 고속도 공구강의 장래 방향

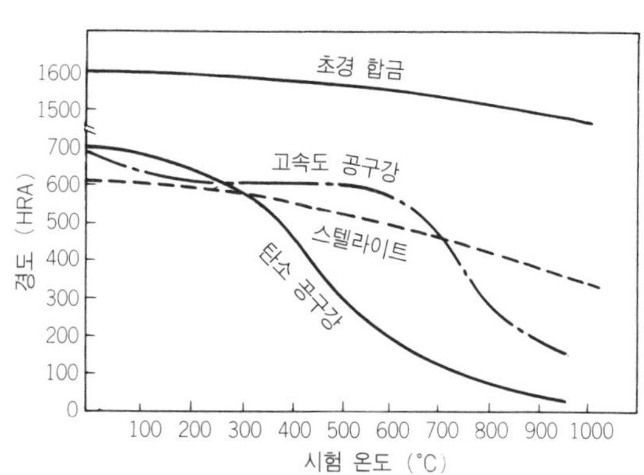

그림 2 각종 공구 재료의 고온 경도

속도 공구강과 초경 합금 사이를 보완하는 특성을 갖고 고경도화되는 금형재나 난삭화되는 항공기 부품 등의 가공에 널리 쓰이고 있다.

● 초경 합금

초경 합금이란 일반적으로 W, Ti(티탄), Ta(탄탈) 등의 탄화물을 Co로 결합시킨 합금을 말하는데 최근에는 탄화물뿐만 아니라 질화물을 첨가한 것도 나오고 있다.

그림 2는 고온 경도를 고속도 공구강과 비교한 것이다. 고속도 공구강은 뜨임 온도의 600℃ 전후에서 급격한 경도의 저하를 보이는데 반하여, 초경 합금은 800~1000℃ 정도까지 높은 경도를 유지하고 있는 것이 특징이다. 또 고속도 공구강에 비해 영률이 $5~6 \times 10^4 kgf/mm^2$로 2.5 배 높으므로 고강성 재료로 공구용 홀더나 내마모 재료로도 쓰이고 있다.

또 초경 합금의 취성을 극복하기 위하여 WC 를 보다 아주 작은 입자로 만든 초미립자 초경이 개발되고 있다.

일반적으로 초경 합금을 구성하는 WC 입자의 크기는 $2~5\mu m$인데 제조법의 진보에 의하여 0.5 μm 정도의 미립자가 제조 가능하게 되어 **그림 3**과 같은 경도와 항절력(굽힘 강도)이 함께 향상되고 있다.

이들 합금은 프린트 기판용의 마이크로드릴, 또는 절삭날 강도를 필요로 하는 정밀 바이트 등에 쓰인다.

● 코팅

공구 재료의 코팅에는 일반적으로 모재보다 단단한 성분을 표면에 도금하여 수명 연장을 겨냥한 것으로 코팅 고속도 공구강, 코팅 초경이 실용화되어 있다.

(1) 코팅 고속도 공구강

고속도 공구강의 결점은 고속 절삭시, 즉 날끝이 고온으로 되면 연화되어 강도가 저하되는 것이다. 이 결점을 대폭 보완한 것이 TiC, TiN 등의 경질 세라믹을 코팅한 코팅 고속도 공구강이다. 특히 강을 절삭할 때에는 칩의 마찰 계수가 낮으므로 마찰열의 발생이 적어 날끝의 온도 상승을 억제하는 효과가 있다.

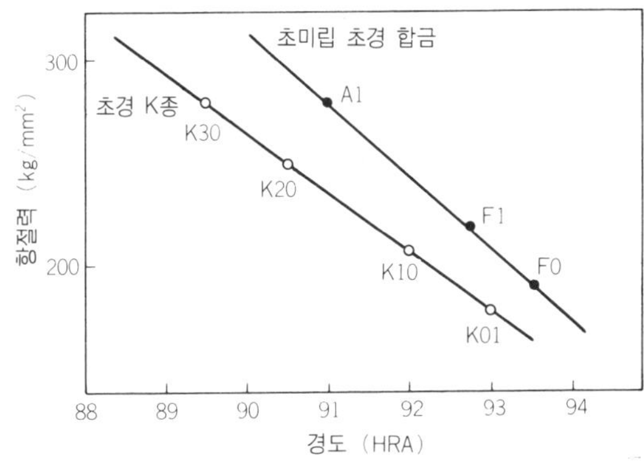

그림 3 경도와 항절력의 관계

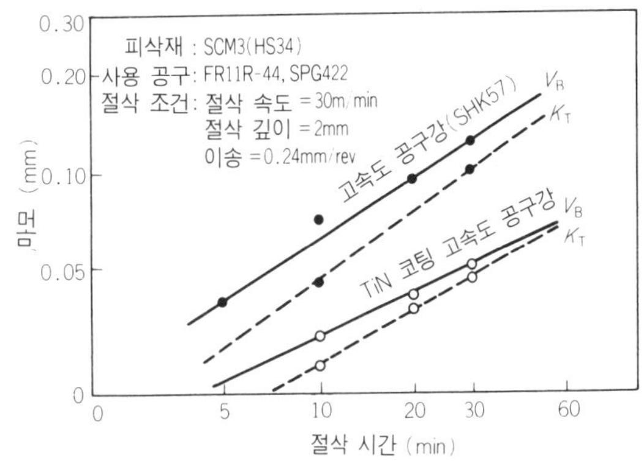

그림 4 코팅 고속도 공구강을 연속 선삭할 때의 내마모성

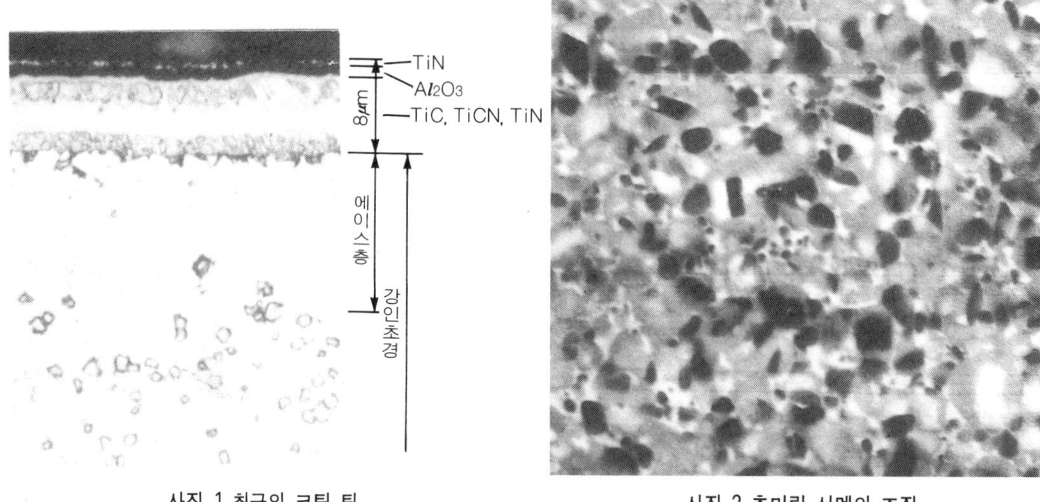

사진 1 최근의 코팅 팁   사진 2 초미립 서멧의 조직

이 코팅에는 일반적으로 500℃ 이하의 저온 코팅(PVD 코팅)이 쓰인다. 그림 4는 코팅에 의한 내마모성 향상의 예이고, TiN 코팅 고속도 공구강은 논코팅 고속도 공구강에 비해 수명이 3배 연장되고 있다.

(2) 코팅 경도

코팅은 초경 스로어웨이 팁 중에서 약 40%를 차지하게 되어 더욱 중요한 재질로 되고 있다. 코팅막은 TiC, TiN 에 Al_2O_3를 더한 다층 코팅이 주류를 이루고 있다.

밀링 절삭과 같이 단속(斷續)을 병행하는 용도에는 2~3μm의 박막 세라믹 코팅이 보급되고 있으나, 선삭용에는 내마모성이 우수한 Al_2O_3 세라믹을 종래의 1~2μm에서 3~5μm로 두껍게 하여 보다 고속 절삭에 잘 견디게 한 것이 차츰 많아지고 있다.

또 한편으론 보다 범용성이 풍부한 코팅으로서, 모재의 맨바깥층에 모재 중앙부보다 연한 층을 20~30μm 가진 복합 모재를 쓰는 경우가 많아졌다. 이 연한 표면 부분은 세라믹층에 생긴 크랙이 그 이상 내부에 전파되는 것을 저지하는 역할을 하고 있다.

이와 같은 코팅 팁은 세라믹 코팅층뿐만 아니라 모재의 개량과 함께 한 단계 성능을 향상시키고 있다. 사진 1은 최근의 코팅 팁의 조직 사진이다. 앞으로는 더 경질 물질인 다이아몬드 코팅 등도 실용화되리라 생각된다.

● 서멧

WC기 합금을 초경 합금이라 부르는데 반하여 TiC를 주성분으로 하는 초경 합금을 일본에서는 일반적으로 서멧이라 부르고 있다. TiC는 WC에 비해 경도, 녹는점이 높고 내산화성, 내용착성도 우수하며 자원적인 면에서도 유망한 공구 재료이다.

초기의 것은 TiC-Ni(니켈)-Mo계의 TiC계 서멧으로 취성을 극복할 수 없어서 용도가 한정되어 있었다. 이어서 1970년대에는 TiC-WC(또는 TaC)-Ni-Co-Mo 계의 TiC계 강인 서멧이 개발되어 차츰 초경 합금에 가까운 조직으로 되어 인성이 향상되게 되었다.

본격적인 서멧 시대의 도래는 TiC-TiN(또는 TaN)-WC(또는 TaN)-Ni-Co-Mo계인 소위

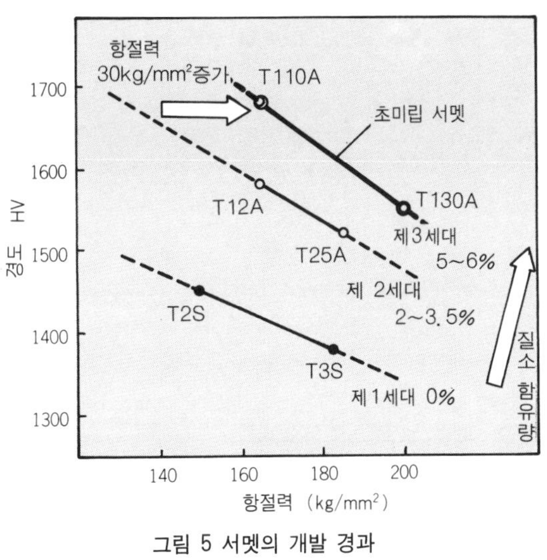

그림 5 서멧의 개발 경과

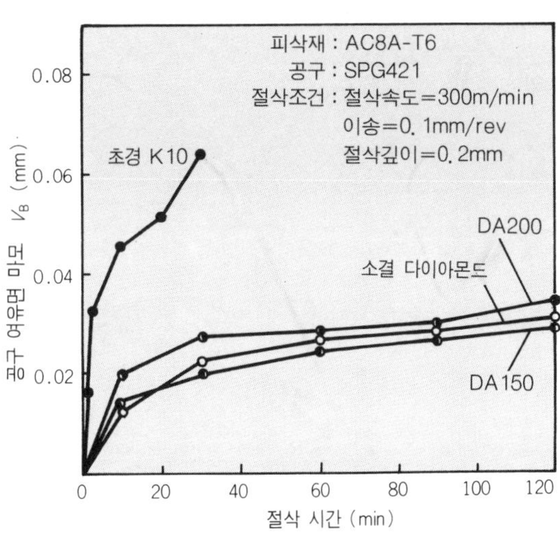

그림 6 고규소 알루미늄의 절삭 데이터

질화물계 서멧을 개발한 뒤부터이다. 경질층이 미세하게 되고 인성, 내열성이 현저하게 개선되었다.

사진 2는 질화계 서멧이라도 초미립(超微粒)서멧이라고도 부르는 것으로 원료 제조 기술의 진보에 따라서 그 입자는 1㎛ 이하로 종래의 반이하가 되었다. 그림 5와 같이 경도가 향상되고 항절력도 종래의 서멧보다 30kg/mm²이나 향상되어 보다 안심하고 쓸 수 있는 것으로 되었다. 이 결과 스로어웨이 팁이 차지하는 서멧의 비율도 27%나 되어 신장률은 코팅이나 세라믹보다 높아지고 있다. 서멧은 다듬질면 거칠기가 좋으므로 정밀 다듬질 가공에 특히 선호되고 또 최근에는 엔드 밀에도 서멧이 사용되기 시작하여 금후 정밀 가공용 공구로 기대되고 있다.

● 세라믹

세라믹 공구로는 Al_2O_3(산화알루미늄-알루미나)기의 백색 세라믹, 거기에 TiC를 20~30% 포함한 Al_2O_3-TiC계 흑색 세라믹이 오랜 세월 사용되어 왔다. 그러나 이들은 인성이 낮으므로 주물 가공 등 극히 일부 용도로 제한되어 스로어웨이 팁 중에서 차지하는 양도 4~5%에 불과했다. 그러나 최근 몇 년간에 변화가 나타나고 있다. 인성이 우수한 Si_3N_4(질화규소)가 주물의 거친 가공에 적용되기 시작했고, 다시 Al_2O_3에 약 30%의 SiC 위스커를 첨가하여 강화한 새로운 타입의 섬유 강화형 세라믹이 인코넬 등의 난삭재 가공에서 우수한 성능을 발휘하고 있다. Si_3N_4 세라믹에 의한 주물 절삭에서는 절삭 속도 1000m/min를 실용화하기 위해서 기계의 고강성·고속화에 따른 세라믹의 존재 가치가 한층 높아지고 있는 경향이다.

● 소결 다이아몬드

인공적으로 고압, 고온화로 만들어지는 고경도 재료에 다이아몬드와 CBN이 있다. 천연 다이아몬드에 대하여 인공적으로 만들어진 것을 소결 다이아몬드라 한다. 다이아몬드는 비커즈 경도가 9000 이상으로 각종 경질 재료의 절삭, 연삭에는 없어서는 안되는 것이다.

우선 단단하다는 특징을 살려서 경질 재료의 일종인 초경 합금의 절삭에 이용된다. 종래에는 연삭에만 의존했던 가공이 절삭도 가능하게 됨에 따라 능률이 대폭 향상되고 있다.

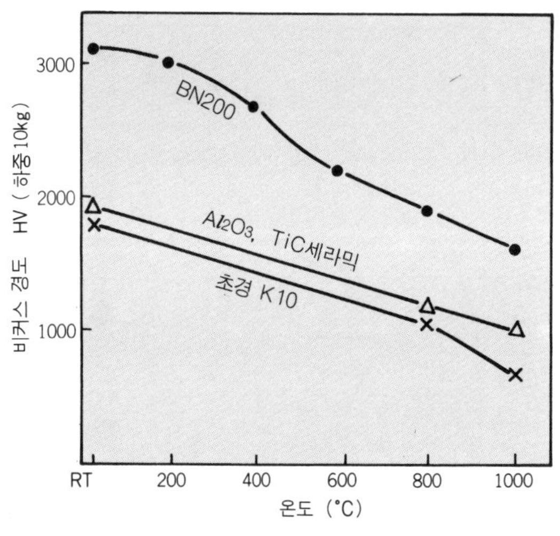

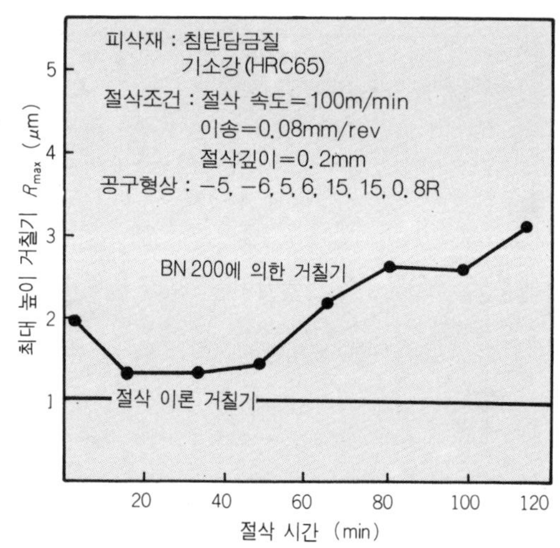

그림 7 각종 공구 재료 종류의 고온 경도   그림 8 CBN에 의한 담금질강 선삭에서의 표면 거칠기의 **변화**

소결 다이아몬드는 대부분 알루미늄 및 알루미늄 합금의 절삭으로 절삭날의 예리함과 알루미늄에 대한 내용착성이 우수하므로 자동차 부품, 가전 부품 등의 알루미늄 제품의 가공에 널리 쓰이고 있다. 또 최근 고규소알루미늄이 증가하여 이들 가공에서는 초경으로는 수명이 짧아 차츰 다이아몬드 공구의 중요성이 증가하고 있다. 그림 6은 고규소알루미늄의 절삭 예이다.

● CBN

CBN(Cubic Boron Nitride＝입방정 질화붕소)은 다이아몬드와 마찬가지로 고온, 고압하에서 안정적이므로 초고압 발생 장치 내에서 제조된다.

다이아몬드는 철을 절삭하면 화학적으로 반응하여 흑연화되므로 일반적으로 쓸 수 없으나 CBN 은 철과 반응하기 어려운 장점이 있기 때문에 다른 재료로는 깎이지 않는 담금질강의 절삭에 그 특징을 발휘한다. 특히 최근에는 예전에는 연삭 가공 외에는 수단이 없었던 담금질강의 가공을 선삭으로 가능하게 한 점이 큰 특징이라 할 수 있다.

그림 7은 고온 경도를 초경, 세라믹과 비교한 것인데 CBN은 1000℃에서도 HB200에 가까운 경도를 유지하므로 담금질강 이외에도 슈퍼얼로이, 주물, 소결 기계 부품 등 폭넓은 용도에 적용되고 있다.

CBN 은 담금질강 절삭에 가장 많이 이용되고 있으나 연삭과 치환하면 다듬질면 거칠기가 유지되느냐가 문제이다. 그림 8은 표면 담금질강을 선삭했을 때의 다듬질면 거칠기의 추이를 조사한 것인데 2시간에 걸쳐서 2~3μm이내에 모아져 있어서 연삭한 것 같은 표면 거칠기가 확보된다.

적용 예로는 베어링, 기어, 샤프트 등 자동차 부품을 중심으로 확대되고 있다.

*   *   *

절삭 공구 재료의 개발은 절삭 가공의 능률 향상에 크게 공헌해 왔다. 특히 코팅, 서멧, 소결 다이아몬드, CBN의 진보, 신장이 현저해지고 있다. 이것은 재료 조성의 최적화라기 보다 오히려 제조 기술의 개발, 혁신이 크게 기여하고 있다. 특히 기상 도금 기술은 금후에도 크게 개발되리라 기대되고 있는 분야로 TiC, TiN, Al2O3에 한하지 않고 CBN, 다이아몬드의 기상 도금, 기상 합성 기술이 진보될 것으로 생각된다.

스로어웨이 팁의 호칭기호

「스로어웨이 팁의 호칭기호 붙이는 법」은 JIS B 4120에 규격화되어 있다. 이 규격은 ISO(국제표준화 기구)와의 호환성을 고려하여 국제적으로 공용되는 호칭 기호로 되어 있다.

호칭 기호 중에서 특히 주의할 점은 JIS나 ISO 다같이 팁 사이즈 표기에 미터계나 인치계를 병용하고 있다는 점이다. 그러나 최근에는 팁 제조업자가 ISO에 맞추어 형상, 치수를 제품화함과 동시에 미터계를 주체로 한 호칭 기호를 설정하는 경향이고 장래에는 미터계가 주류로 되리라 생각한다.

그러면 앞에서 설명한 적용 예에 따라 설명한다.

1 형상·기호

팁의 기본 형상을 기호화한 것이다. 흔히 쓰이는 기호는 S, T, C, D, V, W, R이다.

2 여유각 기호

팁의 주절삭날에 대한 여유각의 크기를 기호화한 것이다. 여유각이 0°인 네거티브 팁은 N, 그외는 포지티브이다. 포지티브 팁에서는 C, D, E, P가 주로 쓰인다.

3 정밀도 기호

팁의 치수 정밀도를 기호화한 것이다. 정밀도 기호는 기준 내접원 지름(d), 팁 두께(s), 코너 높이(m)의 3종류의 치수 허용 오차의 조합에 의하여 결정된다. 표 중에 $\pm0.05 \sim \pm0.13$과 같은 범위로 표시되어 있는 것은 팁의 기준 내접원 지름의 크기에 의하여 적용되는 허용 오차가 달라지게 된다는 것이다.

예를 들어 $d=6.35$와 9.525의 허용 오차는 ±0.05, $d=12.7$에서는 ±0.08, $d=25.40$에서는 ±0.13으로 되는데 상세한 것은 생략한다.

연마급 팁의 C, G, 프레스급(부분적으로 연삭하는 경우도 있다)의 K, M이 주로 쓰인다.

4 홈·구멍 기호

팁의 상하면의 홈(일반적으로 브레이커 홈을 가르킨다)의 유무, 고정용 구멍의 유무 및 구멍의 형상을 기호화한 것이다.

뒤에서 설명할 팁 사이즈를 인치계로 표시할 때에는 일반 계열과 소형 계열의 2계열이 있으며 거기에 따라서 홈·구멍 기호도 2계열로 된다. 복잡하게 되므로 설명은 생략한다. 미터계는 일반 계열만으로 좋고 이런 점에서 미터계는 세련되다고 할 수 있다. 표는 일반 계열을 나타낸다.

표 중에서 구멍 없는 팁은 일반적으로 누름쇠, 혹은 밀링 커터에서는 쐐기 등에 의해 클램프된다. 원통 구멍이라고 하는 것은 스트레이트 구멍을 뜻하는 것으로 주로 편심 핀이나 레버 등에 의한 클램프 방식에 사용된다.

일부 원통 구멍이라고 하는 것은 스트레이트식 구멍과 나팔 모양으로 벌어진 부분이 조합된 형상을 하고 있으며 주로 접시머리 나사로 클램프되는 것을 전제로 한 형상이다. 편면으로 열린 것과 양면으로 열린 것에 의하여 기호가 다르다.

또 일부 원통 구멍에 표시되어 있는 각도 규정은 사용하는 접시머리 나사의 접시꼴 부분의 열린 각도가 그 표시 범위에 있으면 클램프 가능한 구멍 형상을 갖고 있다고 할 수 있다. 즉 접시머리 나사의 열린 각도에 의하여 팁과의 접촉 위치는 달라지는데 나팔 모양 곡선부의 어느 1점과 접촉하여 조인다.

40°~60°에 대해서는 ISO에 상세 치수(완전하지는 않다)가 정해져 있으므로 메이커가 다른 팁을 사용해도 호환성이 있다고 보아도 좋을 것이다. 그러나 70°~90°에 대해서는 호칭 기호가 정해져 있을 뿐 구멍의 형상·치수에 대한 규정이 없으므로 메이커간의 팁 호환성은 전혀 없는 것으로 보는 것이 무난하다.

5 절삭날 길이 또는 내접원 기호

스로어웨이 팁의 기준 치수는 모두 인치 치수가 기본으로 되어 있다. 예를 들어 9.525란 내접원 직경이 3/8 inch이다. 이 기준 치수를 기초로 팁의 절삭날 길이를 두 자리 숫자로 표시한 것이 미터계, 기준 내접원 지름을 한 자리 숫자로 기호화한 것이 인치계의 호칭 기호이다.

미터계 호칭 기호는 팁의 한 변(부등변 팁에서는 주절삭날 또는 긴 쪽의 변의 길이)의 소수점 이하의 수치를 버려 두 자리로 한다. 팁의 한 변의 길이가 16.5mm이면 호칭 기호는 "16"이다. 9.525mm이면 9이지만 이런 경우는 두자리 숫자로 만들기 위하여 앞에 0을 붙여서 "09"로 한다.

미터계 호칭 기호에 따르면 현재 실용되고 있는 팁은 모순 없이 하나의 계열로 표시할 수 있다. 사용자의 입장에서도 절삭날 길이의 표시에 의하여 바이트의 옆면 절삭날각, 밀링 커터의 코너각을 고려해서 절삭 깊이의 기준을 계산하기 쉽다는 이점이 있다. 원형 팁의 경우에는 팁 사이즈 그 자체에 인치계와 미터계가 있다. 예를 들어 인치 사이즈의 12.70mm와 미터 사이즈의 12.00mm란 식이다.

원형 팁의 경우에는 가공물의 구석 부분 등에 그 원호 형상을 남기는 절삭 방식도 있으므로 미터 사이즈의 설정이 필요하다.

막상 이들 팁의 호칭 기호인데, 소수점 이하를 버리므로 어느 쪽이나 "12"로 되어 구별할 수 없게 된다. 그래서 7의 코너 기호로 식별할 수 있도록 하고 있다. 즉 기준 내접원 지름 12.70mm의 팁은 예를 들어 RNMG 120400TN(인치계에서는 RNMG 430TN)으로 하고, 기준 내접원 지름이 12.00mm의 팁은 RNMG 120M0TN(인치계는 없다)과 같이 코너 기호 "M0"으로 하여 구별하고 있다.

스로어웨이 팁의 크기를 표시하는 또 하나의 방법은 인치계의 호칭 방식이다. 이것은 1인치=25.4mm를 기준으로 하고 이것을 "8"로 한다. 6.35mm는 2/8inch이므로 "2", 12.70mm는 4/8inch이므로 0으로 한다.

그런데 구멍 가공용 공구에 사용하는 팁 등은 작은 사이즈의 팁의 증가와 함께 이것을 시리즈화할 필요가 생겼다. 이것이 소형 계열인데 인치계의 호칭 기호 붙이는 방법은 복잡하게 되어 있다.

소형 계열에서는 6.35mm를 기준으로 하여 이것을 "8"로 한다. 5.56mm는 6.35×7/8이므로 호칭 기호는 "7"이다. 7.94 mm는 6.35×10/8이므로 "0"으로 한다.

즉 6.35mm는 일반 계열에서는 "2", 소형 계열에서는 "8"로 되고, 또 호칭 기호 "8"은 일반 계열에서는 25.4mm를 나타낸다. 이들의 구별은 ⑤의 두께 기호와 조합하여 정한다.

⑥ 두께 기호

팁의 두께를 기호화한 것이다. 팁의 두께 기호도 앞의 항과 같이 인치계에서는 기준 내접원 지름의 $n/16$의 n을 호칭 기호로 한 일반 계열과 $n/32$의 n을 호칭 기호로 한 소형 계열이 있다. 미터계에서는 소수점 이하의 수치를 버리고 두 자리로 나타낸다. 두께 3.18 mm 인 팁은 호칭 기호가 "03"으로 된다.

여기서 2mm대에는 2.38과 2.78mm, 3mm대에는 3.18과 3.97mm의 두 가지 두께가 존재한다. 소수점 이하를 버리고 표시하면 어느 것이나 "02", "03"으로 되어 두 개의 두께를 구별할 수 없게 된다. 그래서 두께 2.78mm인 팁은 "T2", 3.97mm는 "T3"이라는 특별한 기호를 써서 구별하고 있다.

⑦ 코너 기호

팁의 코너 반지름의 크기 또는 특수 코너를 나타내는 숫자나 기호이다.

코너 기호도 미터계 호칭 기호편이 훨씬 분명하며 코너 반지름 1.2mm는 소수점을 생략하여 "12"로 된다. 샤프 코너는 "00"이다.

인치계에서는 호칭값 0.4mm(이것도 인치가 기준으로 되어서 1/64inch=0.397mm를 호칭값으로 하여 0.4로 하고 있다)를 호칭 기호 1로 하고 그 정수배값으로 표시한다. 코너 반지름 1.2mm는 호칭 기호가 "3"이 된다. 코너 반지름이 4 미만인 경우는 한 자리 숫자의 표시가 안되므로 샤프 코너는 "O", 0.2mm는 "Y"로 한다.

밀링 커터용 팁의 경우는 절삭각(=90° − 코너사)과 플랫 드래그 여유각(정면 절삭날의 여유각)을 각각 알파벳 1문자로 규정하고, 2문자의 조합으로 표시한다.

⑧ 주절삭날 기호(임의)

주절삭날의 상태, 소위 호닝에 대하여 기호화한 것이다. 이 밖에 ISO에서는 두 개의 다른 각도를 조합한 더블 챔퍼 호닝날의 "K", 더블 챔퍼와 둥근 복합 호닝날의 "P"의 추가가 검토되고 있으며 거의 결정 단계에 있다.

⑨ 방향 기호(임의 기호)

팁의 방향을 표시하는 기호이다.

⑩ 보충 기호(임의 기호)

보충 기호는 메이커가 필요에 따라서 추가하는 기호로 되어 있지만 일반적으로는 바이트용 스로어웨이 팁의 브레이커 기호로 사용되고 있다.

⑧~⑩은 초경 공구 메이커가 필요에 따라서 사용할 수 있는 임의 기호이다. 호닝의 크기, 브레이커의 형상 등의 규정은 없으므로 공구 재료와 함께 초경 공구 메이커 각사의 기술력의 경쟁장이 되고 있다.

스로어웨이 팁의 호칭 기호 부여방법

① 형상 기호

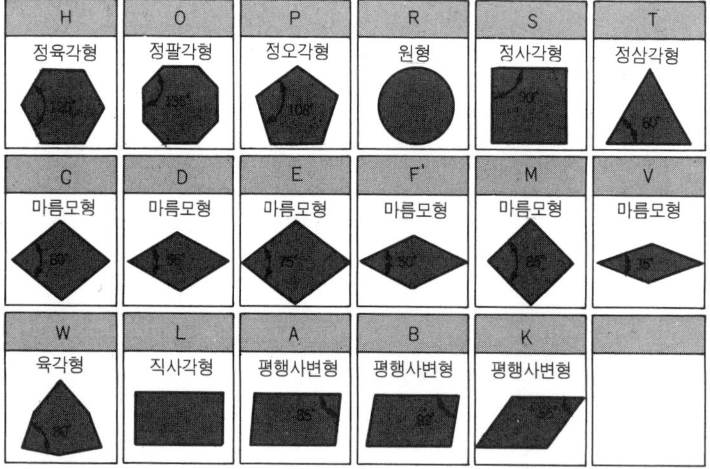

② 여유각 기호 주절삭날에 대한 여유각

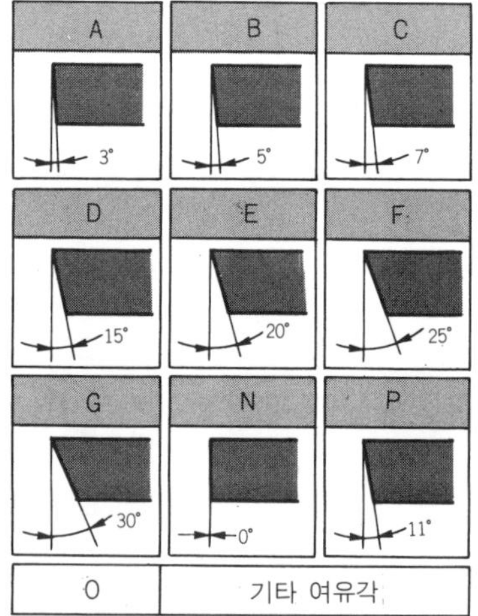

미터계 / 인치계

T P G N　1 2 3 4

③ 정밀도 기호

기호 (급)	허용 오차 (mm)		
	내접원 지름 d	팁두께 s	코너 높이 m
A	±0.025	±0.025	±0.005
F	±0.013		±0.005
C	±0.025	±0.025	±0.013
H	±0.013		±0.013
E	±0.025	±0.025	±0.025
G	±0.025	±0.13	±0.025
J	±0.05~±0.13	±0.025	±0.005
K	±0.05~±0.13	±0.025	±0.013
L	±0.05~±0.13	±0.025	±0.025
M	±0.05~±0.13	±0.13	±0.08~±0.18
N	±0.05~±0.13	±0.025	±0.08~±0.18
U	±0.08~±0.25	±0.13	±0.13~±0.38

코너 높이 (m)

홀수변의 경우　　　　짝수변의 경우

플랫 드래그 부가의 경우　　　팁두께 (s)

④ 홈 · 구멍 기호

일반 계열 기호	구멍의 형상 칩 브레이커의 유무		소형 계열 기호
N	구멍없음		E
R			S
F			L
A	원통구멍		D
M			P
G			K
W	일부원통구멍 40°~60°		
T			
Q			
U			
B	일부원통구멍 70°~90°		
H			
C			
J			
X	부등변의 팁에 항상 사용		X

6 두께 기호

두께 (mm)	기호		
	인치계		미터계
	일반 계열	소형 계열	
1.59		2	01
2.38		3	02
2.78			T2
3.18	2	4	03
3.97		5	T3
4.76	3	6	04
6.35	4		06
7.94	5		07
9.52	6		09

7 코너 기호

코너 반지름 (mm)	기호	
	인치계	미터계
샤프 코너	0	00
0.2	Y	02
0.4	1	04
0.8	2	08
1.2	3	12
1.6	4	16
2.0	5	20
2.4	6	24
2.8	7	28
3.2	8	32
원형 팁	0	00 (인치계)
		M0 (미터계)

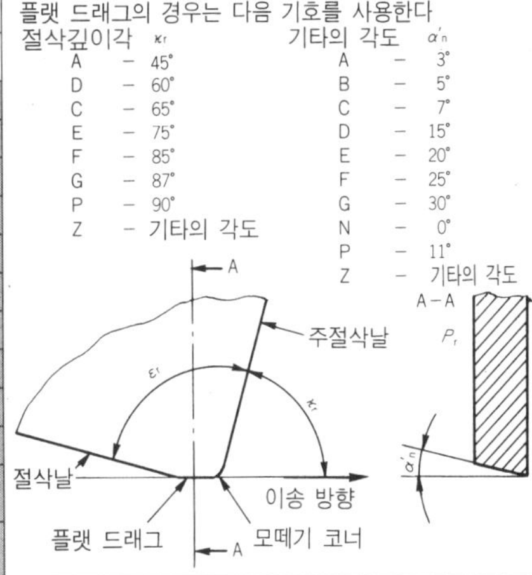

10 보충 기호 (임의)

메이커가 필요에
따라서 추가하는
기호

임의 기호

5 절삭날 길이 또는 내접원 기호

내접원 직경 (mm)	절삭날 길이 기호 (미터계)								내접원 신호 (인치계)	
	R	S	C	W	T	D	V	K	일반 계열	소형 계열
3.97		03	03		06	04				5
4.76		04	04		08	05				6
	05									
5.56		05	05	03	09	06				7
6.0	06									
6.35		06	06	04	11	07			2	8
7.94		07	08	05	13	09				0
8.0	08								3	
9.525	09	09	09	06	16	11	16	16		
10.0	10									
12.0	12									
12.70	12	12	12	08	22	15	22		4	
15.875	15	15	16	10	27	19			5	
16.0	16									
19.05	19	19	19	13	33	23			6	
20.0	20									
22.225		22	22		38	27			7	
25.0	25									
25.40	25	25	25		44	31			8	
31.75	31	31	32		53	38			0	
32.0	32									

8 주절삭날 기호

기호	주절삭날의 형상
F	샤프 에지
E	둥근 호닝날
T	챔퍼 호닝날
S	챔퍼와 둥근 날의 복합

9 방향 기호

기호	방향
R	오른쪽
L	왼쪽
N	방향 없다

초경 팁이 되기까지

선삭 가공에 사용되는 절삭 공구, 즉 바이트의 재료 종류의 대부분은 초경 합금이다. 이 초경 바이트도 예전의 날붙이 타입의 것은 줄어들고 최근에는 거의가 스로어웨이식의 것으로 되고 있다. 삼각형, 정사각형, 마름모형, 평행사변형, 원형 등의 스로어웨이 팁을 바이트 홀더에 클램프하여 사용한다. 그리고 이들 팁도 최근에는 황금색을 띤 코팅 팁이 주류를 이루고 있다. 이들 초경 스로어웨이 팁은 어떻게 하여 만들어지는 것일까. 최초의 초경 합금은 1923년경 오스램 램프사의 슈레텔이란 사람이 발명했다. 그는 와이어 드로잉 다이스에 단단한 금속을 사용하려고 생각한 끝에 사파이어보다 단단하고 다이아몬드에 가까운 경도를 갖고 있는 WC(탄화텅스텐)에 눈독을 들였다. 그러나 WC는 3000℃ 이상이 아니면 일반 금속과 같이 녹여서 성형할 수가 없었다.

그래서 그는 WC를 아주 작은 분말로 만들어 그것에 Co(코발트) 분말을 섞어서 1400℃ 전후의 비교적 낮은 온도의 노에서 구어 굳히는 소결 합금으로 만들었다.

그 결과 WC는 우수한 성질을 살린 새로운 단단한 합금을 만들어 내는데 성공한 것이다.

제조 공정

① W(텅스텐) 분말과 C(탄소) 분말을 노 속에 넣고 찜구이를 하여 화합시켜 WC를 만든다.

② 이 WC를 잘게 빻는다.

③ WC와 결합제 역할을 하는 Co 분말을 습식에 의하여 잘 혼합시킨다. 이 때 재료 종류에 따라서는 TiC(탄화티탄) 분말이나 TaC(탄화탄탈) 분말을 동시에 혼합한다. 또 다음 공정의 프레스 작업을 쉽게 하기 위하여 파라핀 등의 유기질 감마제도 소량 첨가한다.

④ 혼합한 분말을 건조시켜 조립(造粒)한다.

⑤ 이와 같이 하여 만들어진 초경 합금 분말을 금형에 넣고 프레스하여 원하는 형상으로 눌러 굳힌다.

⑥ 소결로에 넣고 1400℃ 전후로 가열하면 Co가 결합제로 되어 초경 합금이 만들어진다. 소결에는 예비 소결과 본소결이 있다. 예비 소결은 앞에 첨가한 파라핀을 뽑아내는 일과 다음 공정의 성형 가공이 쉽게 되도록 적당한 강도를 갖게 하기 위하여 한다. 성형 가공은 선반, 밀링 머신, 그라인더 등에서 최종 공구 형상으로 다듬는 공정이지만 여기에서의 스로어웨이 팁과 같이 금형에 의한 프레스 가공만으로 최종 형상으로 되는 것은 예비 소결과 본소결을 연속해서 한다.

⑦ 코팅 팁은 소결 후에 CVD(화학적 증착) 법 또는 PVD(물리적 증착)법에 의하여 TiN, TiC 등의 세라믹막을 코팅하여 완료한다.

↑ 팁을 성형하는 전자동 프레스군

텅스텐 광석
정련
텅스텐 분말
혼합
Co
코발트
TiC
탄화티탄
TaC
탄화탄탈
WC
탄화텅스텐
분쇄
탄화
혼합
체질하여 분리
프레스 성형
소결
제품/초경 팁
코팅 제품은 코팅로에

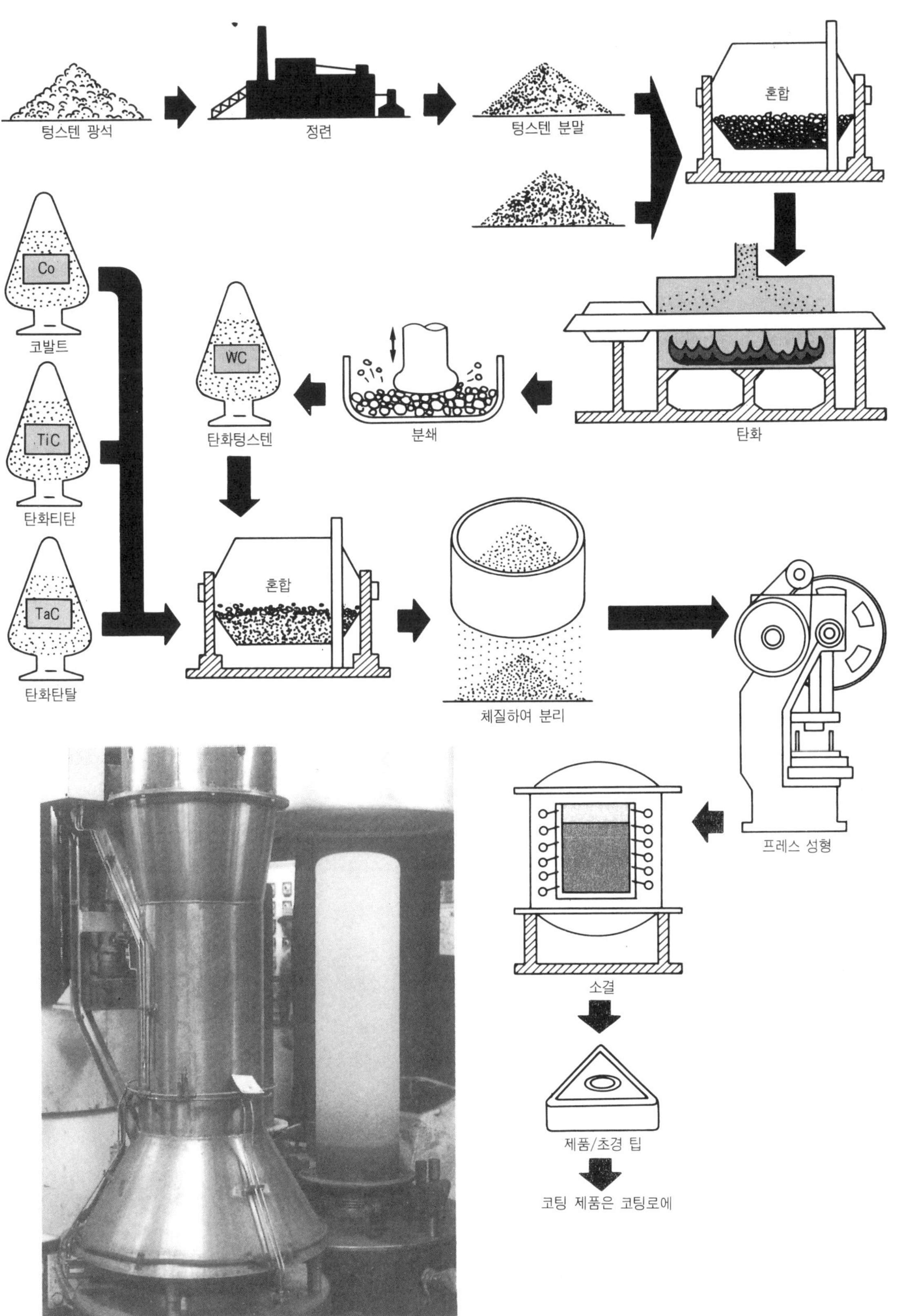

↑ 코팅로

납땜 바이트가 되기까지

　바이트의 세계에서는 스로어웨이 팁을 사용한 스로어웨이 바이트가 대세를 점유하게 되었는데 납땜 바이트는 초경 바이트의 기본적인 모델이라 할 수 있는 것이다. 대부분의 가공은 스로어웨이 바이트에 그 자리를 양보하고 있지만 현재도 꽤많이 쓰이고 있다.

　납땜 바이트는 총형 바이트나 자동 선반용 소형 바이트, 또 아주 특수한 형상의 것 등 표준화된 스로어웨이 팁으로는 대응할 수 없는 분야에서 주로 쓰인다.

　그러나 현재에도 JIS에 규정된 표준 타입의 납땜 바이트가 시판되고 있는데 여기에는 아직도 버리기 아까운 매력과 용도가 있는 것 같다. 납땜 바이트의 용도나 이점은 젖혀 두고 여기에서는 기본적인 초경 바이트의 제작 기술, 납땜을 비교해 보기로 한다.

납땜의 공정

　초경 팁을 납땜 재료를 이용하여 생크에 접합하게 되므로 우선 이 세 가지에, 납땜할 때의 환원제로 되는 플럭스와 가열 장치, 기본적으로는 이것만을 준비하면 납땜이 된다.

　가열 방법에는 버너를 쓰는 방법과 고주파 가열 장치(인덕션 히터)를 쓰는 두 가지 방법이 있으나 여기에서는 보다 일반적인 고주파 가열편을 다루기로 한다.

　공정으로는 생크와 팁에 플럭스를 발라 홀더에 은납과 팁을 올려놓고 가열한다. 은납 재료가 녹으면 자연 냉각 또는 서서히 냉각시키면 종료되는 아주 간단한 것이다. 그러나 자세히 알아보면 여러 가지의 노하우가 있다.

　① **전처리** : 생크의 팁 자리를 절삭 가공하고 초경 팁을 대략 원하는 형상으로 만든다. 생크는 강이므로 엔드 밀 등으로 특별한 문제 없이 가공된다. 이것은 절삭 가공한 상태로 납땜 공정에 들어간다. 표면 거칠기도 그다지 신경쓸 필요가 없지만 너무 거칠면 접합 강도가 저하된다. 기름끼나 녹은 금물로 이들이 조금이라도 남아 있으면 그 부분에는 납땜 재료가 녹아 붙지 않는다. 초경 팁 쪽은 팁 자리와 접하는 부분의 표면을 깨끗이 한다. 소결한 대로의 초경은 흑피가 묻은 것 같은 상태이므로 이것을 제거해야 한다.

　이 작업은 연삭 가공에 의하는 수밖에 없는데 납땜이 잘되게 하기 위하여 접합면에 이웃한 면의

① 납땜 전의 생크와 초경 팁. 팁의 바로 앞에 있는 것이 은납이고 여기에서는 저면과 측면의 두 곳에 쓰인다. 또 오른쪽의 긴 초경은 소결한 그대로의 것으로 샌드블라스트로 분사한 것보다 색이 검다.

흑피도 제거할 필요가 있다. 이 때에는 샌드블라스트란 방법을 쓴다. 이 방법에 의하면 접합면에 블라스트를 뿌려주는 것만으로도 이웃면의 흑피가 제거된다.

② 납땜 : 전처리로 기름, 녹 등을 제거하면 납땜에 들어간다. 리본 모양의 납땜 재료를 팁의 크기에 맞추어 잘라(가위로 자른다) 플럭스를 칠한 팁 자리에 놓는다. 그리고 그 위에 초경 팁을 놓고 다시 플럭스를 전면에 칠하고 가열에 들어간다. 납땜 재료는 여러 가지가 각 메이커에서 나와 있으며 이전 것에 비하면 저온

② 섕크의 팁 자리에 플럭스를 칠한다. 그 위에 은납과 팁을 올려놓고 다시 전면에 플럭스를 칠한다.

(600℃ 전후)에서 쉽게 녹는다. 초경이나 섕크도 될 수 있는 대로 온도를 높이지 않고 단단하게 접합되는 것을 구해야 한다. 또 강하게 접합하기 위해서는 은납은 될 수 있는 대로 얇은 편이 좋아서 0.5mm 정도의 두께로 다듬질하는 것이 이상적이다. 고주파 가열에서는 불과 수초만에 섕크가 빨개지고 납땜 재료도 녹는다. 여기서 주의할 점은 그 가열과 냉각 방법이다.

급격한 가열은 표면에 가까운 납땜 재료만 녹아 눈으로 보기에는 접합되어 있는 것 같아 보이지만 내부의 은납은 녹지 않은 상태이므로 트러블이 생긴다. 또 급격한 냉각은 초경 팁에 크랙이 생기는 원인이 된다. 작은 것에서는 그다지 문제가 안되나 접합 면적이 넓은 것에서는 충분한 주의가 필요하다.

③ 고주파 가열 장치로 가열하여 납땜한다.
　우선 플럭스가 녹아나오고 섕크가 빨개지며 은납이 녹는다.
　납땜이 끝날 때까지 팁을 위에서 눌러 위치를 고정해 준다.

이상적으로 하려면 천천히 가열하고 천천히 식히며 필요 이상으로 온도를 올리지 않아야 한다. 즉 균일하게 최저한으로 가열하고 천천히 냉각하는 것이 포인트이다. 그러나 고주파 가열 장치는 온도 컨트롤이 자동으로 되지 않으므로 실제 작업에서는 생크의 색을 보면서 스위치를 ON-OFF 시켜 조절한다. 그리고 냉각할 때에는 특히 겨울 작업장에서는 주의가 필요하며 단지 방랭하지 말고 납땜 후에 석회 속에 넣어서 천천히 식히는 등의 연구가 필요하다.

③ **후처리** : 납땜이 끝난 후에는 뜨거운 물로 플럭스나 재를 씻어내고 날세우기 연삭을 하면 완성된다.

④ 납땜이 끝난 바이트. 흰 플럭스가 전면에 부착되어 있고 생크도 열로 일부가 변색되어 있다. 플럭스는 뜨거운 물로 씻어낸다.

⑤ 세정되고 샌드블라스트를 거친 바이트. 이 후 날부분을 연삭 가공하면 바이트로서 완성된다.

여러 가지 클램프 방식과 그 특징

스로어웨이 팁 홀더의 구조에 관한 규격은 ISO(국제 표준화 기구)에서는 호칭 기호 붙이는 법 중에서 규정하고 있고 구조 기호로는 다음의 4종류를 정하고 있다.

 C : 구멍 없는 팁을 상면에서 클램프하는 것

 M : 구멍 있는 팁의 상면과 구멍을 클램프하는 것

 P : 구멍 있는 팁의 구멍을 클램프하는 것

 S : 구멍 있는 팁의 구멍을 나사로 클램프하는 것

어떤 클램프 구조에서나 이것들을 만족시키면 구조 기호로서 사용할 수 있지만 일반적으로 P형에서는 레버 록의 채택이 많고, ISO에서는 P형의 범주에 들어가는 편심 핀식을 E형으로 구별하고 있다. JIS에서는 「스로어웨이 팁 홀더의 호칭 기호 붙이는 법」으로 표 1과 같이 규격화를 검토하고 있다.

1 E형 홀더의 구조와 특징

E형 홀더는 다른 나라에서는 볼 수 없는 일본 독자의 것으로 그림 1과 같이 네거티브 팁의 구멍을 이용하여 편심 핀(캠 록 핀)을 회전시켜서 홀더의 한쪽 벽면에 밀어붙여 고정시키는 방식이다. 받침쇠를 넣는 것에 상관없이 설계는 가능하다. 고정 링은 핀이 빠지는 것을 방지하기 위한 것이다. E형 홀더는 부품 개수가 적고 팁을 구속하는 벽면이 1면이므로 제작하기 쉽고 또 다른 홀더에서는 생크의 높이와 날끝 높이가 일치하지만 E형 홀더에서는 재료의 손실을 막고 제작 공정수를 줄이기 위하여 날끝 높이를 생크 높이보다 0.5mm 낮게 하여 비용을 줄이고 있다. 스로어웨이 홀더 중에서는 제일 저렴하다. 한편 E형 홀더는 1면 구속이므로 삼각형, 사각형 팁이 사용되어 절삭날 형상을 제약할 수 있다. 또 팁은 회전하면서 벽면으로 이동하는 편심 핀의 머리 부분에 의하여 클램프되므로 고정 위치가 일정하지 않아 팁 날끝의 반복 위치 정밀도는 그다지 좋지 못하다. 팁을 고정시키는 힘에 대해서도 1면 구속이므로 견고하지 못하므로 경절삭에서 중(中)절삭까지의 바이트이다.

NC 선반에서 능률이 좋고 정밀도가 높은 가공을 하기 위해서는 다른 2면 구속형의 홀더 중에서 선정할 것을 권장한다.

2 P형 홀더의 구조와 특징

일본에서는 2면 구속형의 홀더를 P형이라 한다. P형의 대표적인 것으로는 레버 록식이 있다. 그림 2는 그 구조이다. 레버 록식은 조임 나사를 조이는 것에 의하여 레버의 끝부분이 밀려내려가 지점을 중심으로 회전하려고 하는 힘이 작용하여 팁을 벽면에 밀어붙이는 구조이다. 받침쇠는 스프링 핀에 의

표 1. 클램프 방식의 구조 기호

기호	칩의 클램프 방식
C	클램프 ON방식 : 스로어웨이 칩의 경사면을 누름쇠로 클램프하는 방법
E	핀 로크식 1면 구속형 : 구멍있는 스로어웨이 팁을 핀으로 1개의 측벽에 눌러 붙여서 클램프하는 방법
M	클램프 온 방식과 핀 로크 식의 2중 클램프 방법
P	핀 로크식 2면 구속형 : 구멍있는 스로어웨이 팁을 핀으로 2개의 측벽에 눌러붙여 클램프하는 방법
S	나사 멈춤식 : 구멍있는 스로어웨이 팁을 나사에 의해 클램프하는 방법
W	웨지 로크식 : 구멍 있는 스로어웨이 팁을 웨지로 핀에 눌러붙여 클램프하는 방법

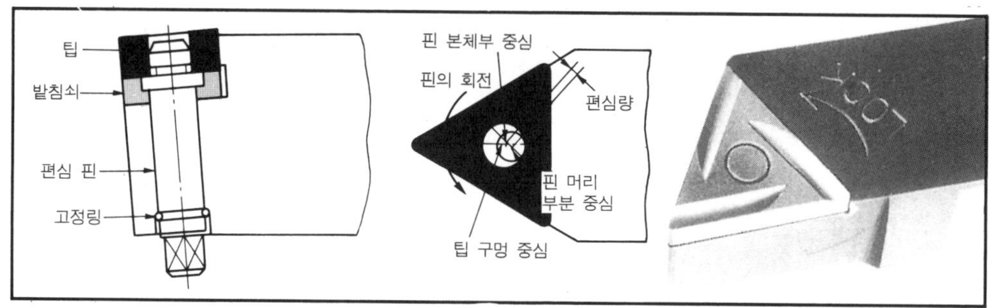

그림 1 E형 홀더의 구조

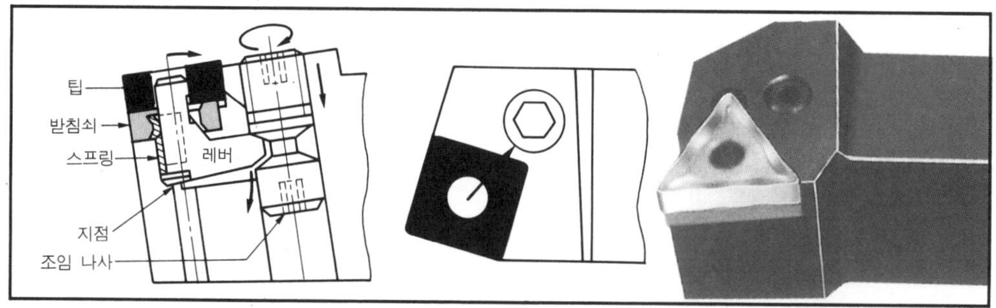

그림 2 P형 홀더의 구조

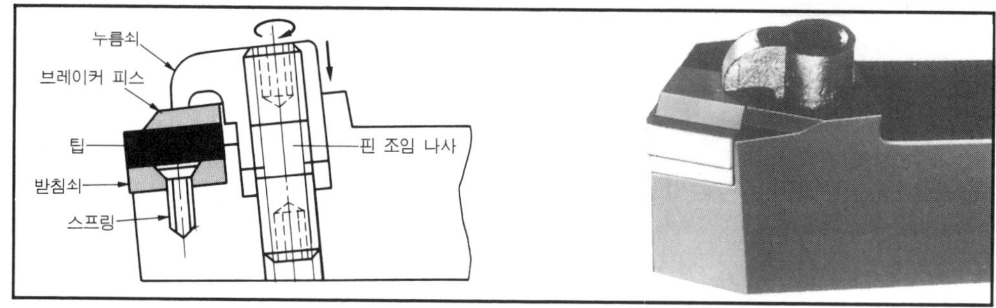

그림 3 C형 홀더의 구조

하여 홀더에 고정된다.

팁의 구속면은 2면으로 클램프할 때 팁을 구속면에 끌어당기면서 고정하므로 팁의 반복 위치 정밀도가 좋다. 레버 록식은 가장 많이 보급되어 있는 홀더로 종류도 풍부하다. 그러나 팁의 상하 방향의 구속력이 충분하다고 할 수 없으므로 단속(斷續)을 포함하는 중(重)절삭과 같이 가혹한 절삭에는 강도상 문제가 있다. 레버 록식에는 원형 팁과 같은 포지티브 팁을 쓰는 것이 있다. 이 경우 상하 방향의 구속력을 끌어내기 위하여 팁의 구멍을 테이퍼 모양으로 한 특수한 것도 있다.

③ C형 홀더의 구조와 특징

C형이란 팁을 상면에서 누름쇠에 의하여 클램프하는 방식의 것으로 일반적으로 구멍 없는 팁에 사용한다. 그러나 최근에는 접시 모양의 구멍을 가진 팁의 접시 부분을 누름쇠로 끌어당기듯이 클램프하는 나사 절삭 홀더나 세라믹 팁의 상면에 움푹패인 구멍을 클램프하는 전용 홀더 등이 발매되고 있다. 그림 3은 C형 홀더의 예이다. 받침쇠는 스프링 핀이나 접시머리 작은 나사에 의하여 고정된다. 조임 나사의 위 절반은 바른 나사, 아래 절반은 왼나사로 되어서 조임 나사의 조작에 의하여 누름쇠가 위·아래로 움직인다.

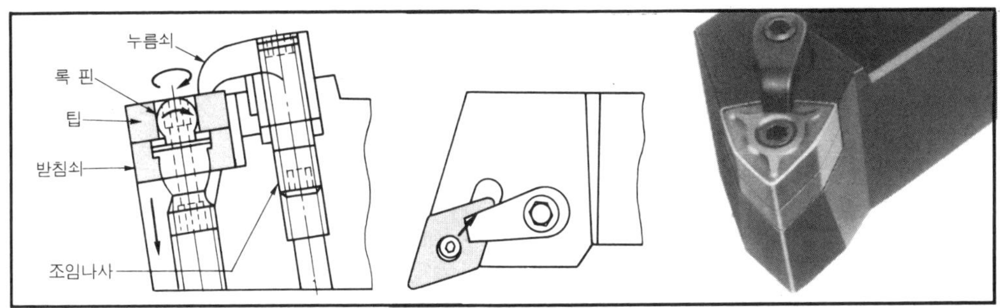

그림 4 M형 홀더의 구조

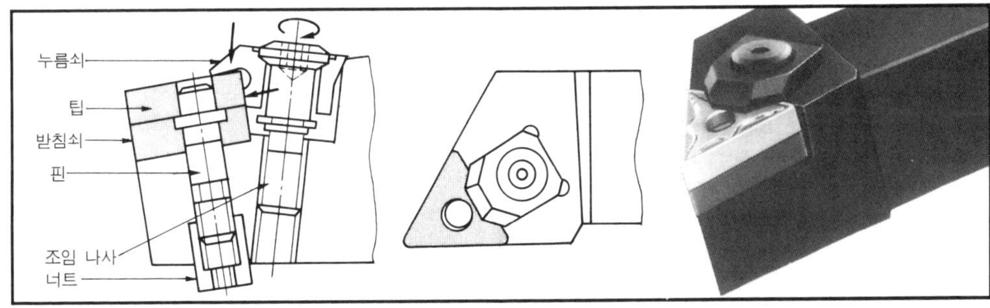

그림 5 W형 홀더의 구조

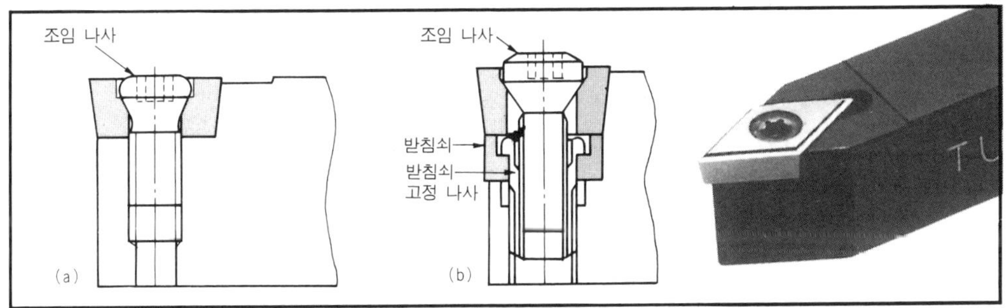

그림 6 S형 홀더의 구조

일반적으로 브레이커 홈이 없는 팁을 사용하므로 초경 합금제의 브레이커 피스를 붙여서 칩 처리를 한다. 절삭 조건에 따라서 크기가 다른 브레이커 피스를 바꾸어 칩 처리 범위를 조정하는 것과 브레이커 피스의 이동에 의하여 조정되는 것이 있다. 팁은 포지티브나 네거티브도 좋고 클램프 강도가 높기 때문에 단속 절삭에도 적당하다. 팁 조립시의 반복 위치 정밀도도 비교적 양호하여 외경 절삭 외에 나사 절삭, 홈절삭, 절단 등에 응용되고 있다.

④ M형 홀더의 구조와 특징

M형이란 P형과 C형을 조합한 멀티클램프를 말한다. 그러므로 레버 록식과 누름쇠식을 조합해도 M형 홀더이다. 또 아래에서 설명할 W형도 ISO의 정의에 따르면 엄밀히는 M형이고 실제로 이것을 M형이라 칭하는 공구 메이커도 있다. 예를 그림 4에 표시한다. 누름쇠는 C형과 같다. 록 핀은 회전에 의하여 나사로 박는다. 홀더의 나사 구멍의 중심축과 그 상부의 테이퍼 구멍의 중심측이 어긋나 있으므로 록 핀은 박히면서 한쪽으로 밀리게 된다. 중심축의 편심 방향에 의하여 록 핀의 기우는 방향이 정해진다. 이 기울기를 이용하여 팁을 클램프한다. 누름쇠가 없는 타입은 록 핀만의 조임이므로 P형이다. 록 핀을 풀고 받침쇠를 나사로 고정하여 누름쇠로 팁을 클램프하면 C형이다. M형 홀더는 핀이

2면으로 밀어붙이는 힘과 누름쇠를 상면에서 눌러붙이는 힘으로 구성되므로 구멍이 있는 네거티브 팁을 클램프하는 방법으로서는 대단히 우수하다. 단속 중(重) 절삭에서도 팁이 떠오르는 것을 방지하여 안정된 성능을 얻음과 동시에 35° 마름모형 팁과 같이 가늘고 길어 절삭 저항에 의하여 팁이 깨지는 것이 생기기 쉬운 형상에 대해서도 우수한 성능을 발휘한다.

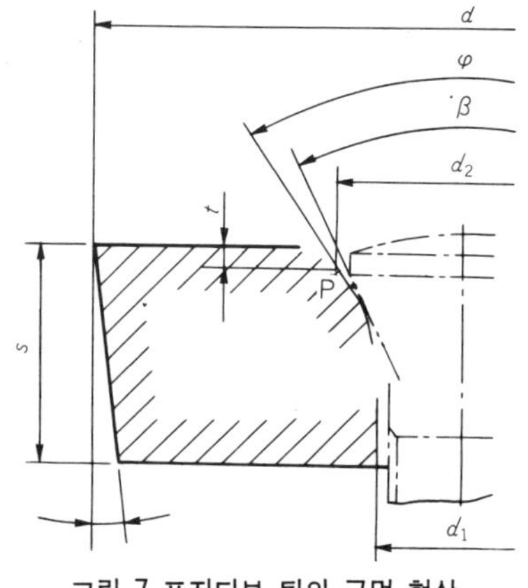

그림 7 포지티브 팁의 구멍 형상

⑤ W형 홀더의 구조와 특징

W형은 쐐기(웨지)를 응용한 클램프 방식이다. 그림 5의 예에서는 핀과 너트에 의하여 홀더에 고정되어 있다. 핀의 고정 방법에는 이 밖에 옆에서 고정 나사로 누르는 방법, 홀더에 직접적으로 나사 고정하는 방법 등이 있다. 어느 것이나 사용할 때에 핀을 조작하지 않는다. 팁의 클램프는 조임 나사로 한다. 조임 나사의 회전에 의하여 누름쇠가 내려가면 동시에 누름쇠는 쐐기 효과에 의하여 앞으로 밀려나온다. 조임 나사와 누름쇠는 어느 정도 자유롭게 되어 있으므로 누름쇠가 팁을 위로부터 누르는 힘, 앞으로 미는 힘, 누름쇠 후부의 홀더와의 접촉점의 3 점이 평형을 이루면서 팁이 고정된다. W형 홀더는 2면 구속형으로는 설정할 수 없는 모방 가공용의 날모양에 적용된다. 팁은 삼각형 또는 80° 육각형(W형 웨지)의 네거티브 팁으로 같은 1면 구속형인 E형 홀더에 비해 클램프의 신뢰성이 높은 홀더이다. 그러나 팁의 구멍을 핀으로 밀어붙여 클램프하는 방법 때문에 날끝의 반복 위치 정밀도가 낮고, 또 팁 정밀도의 영향도 직접 나타나기 쉬운 구조라 할 수 있다. 호칭 기호는 ISO를 확대 해석하여 M형이라 부르는 사고 방식과 팁의 구멍을 이용하여 벽면에 밀어붙이는 방법과 구별하여 W형이라고 하는 사고 방식이 있다.

⑥ S형 홀더의 구조와 특징

S형은 그림 6과 같이 구멍 있는 팁을 나사(스크루)로 직접 홀더에 클램프하는 방법이다. 구조가 간단할 뿐만 아니라 작은 팁의 고정도 가능하므로 소형 홀더, 보링 바이트 외에 스로어웨이식 드릴이나 엔드 밀 등 광범위하게 응용되고 있다. 팁은 거의가 포지티브 형상의 것으로 ISO에서는 여유각 11°와 7°에 대하여 규격화되어 있다. 그림 7은 구멍 형상에 관한 것으로 테이퍼 각도 β 가 40°에서 60°인 접시머리 작은 나사에 의하여 클램프되는 구멍 형상일 것, P점에서 접선이 만드는 각도 φ는 65° 이상일 것을 정하고 있다. P점에서 위의 형상은 임의이고 또 P 점의 깊이 t도 일정 범위 내에서 임의이다.

공구 메이커에서는 이들 규정에 따라 팁을 제조하고 있다. 나사의 형상은 각사마다 다르므로 팁이 다르면 다소 나사의 조임 위치가 변하나 ISO 팁은 기본적으로는 각사간의 호환성이 있다. $\beta70°$ ~90°에 관해서는 ISO에도 규격이 없다.

그림 6의 S형 구조를 보자. 팁이 홀더의 구속면쪽에 붙여져 클램프되도록 나사 구멍 위치는 팁 구멍의 중심 위치보다 처져 있다. 팁의 반복 위치 정밀도가 높고 포지티브 팁의 일반적인 사용 영역에 충분히 견딜 만큼의 클램프 강도를 갖고 있다. 그림 6(b)는 받침쇠가 있는 S형 홀더의 구조로 받침쇠 고정용의 고정 나사의 중심에 나사를 세워 이 나사를 이용하여 팁을 클램프한다.

스로어웨이 팁 홀더의 호칭기호 부여방법

1 구조(클램프 방식) 기호

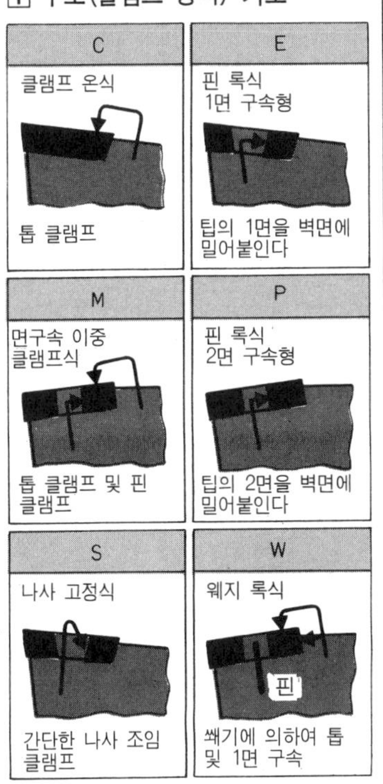

2 팁 형상 기호

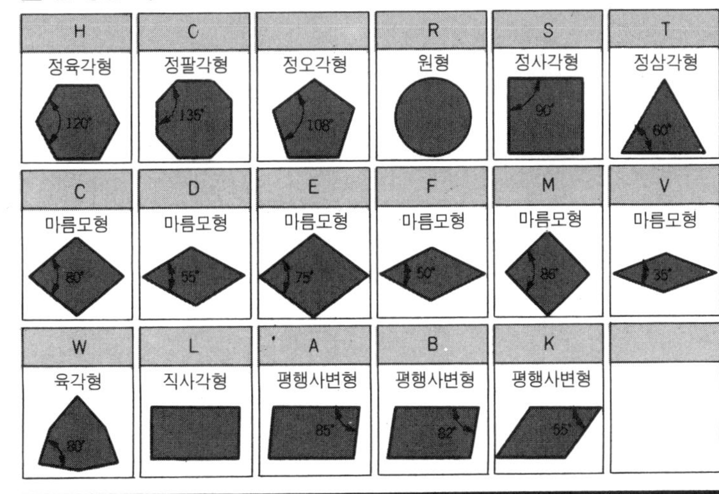

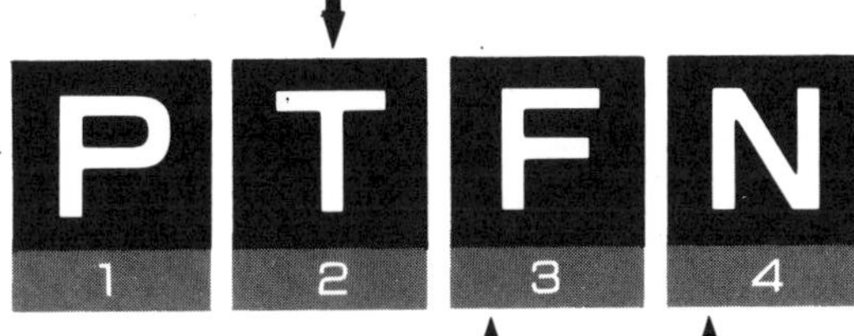

3 절삭날 형상 기호 A, B, C, D, ㄷ, M, N, V는 오프셋이 없다.

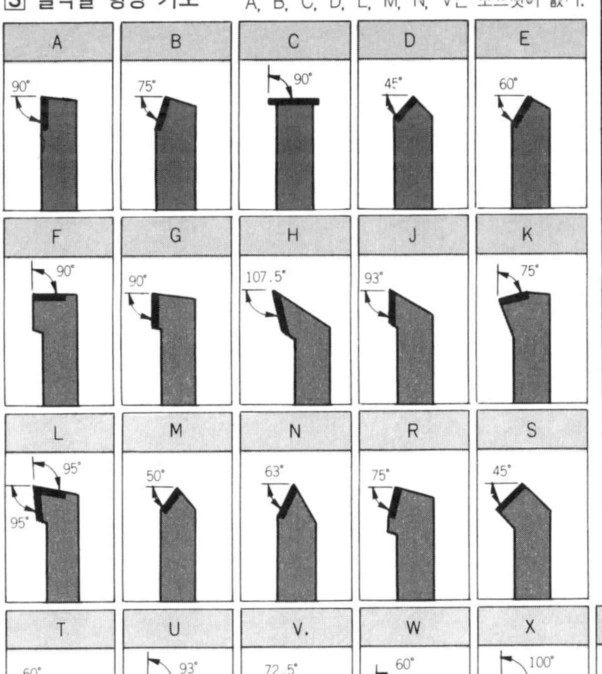

4 팁 여유각 기호

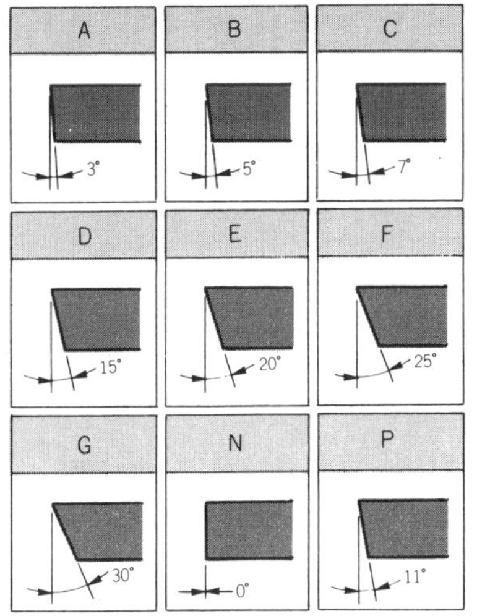

P의 경우 예외적으로 10°를 사용하는 것이 있다.

6 생크 높이 기호

· 생크 높이는 mm 단위로 표시한다.
· 생크 높이는 기준 치수 h에 의한다.
· 생크 높이 치수가 한 자리인 경우는 0을 앞에 붙여 두 자리로 표시한다
  예 : h=8mm인 경우는 "08"로 된다.

7 생크 폭기호

· 생크 폭은 mm 단위로 표시한다.
· 생크 폭은 기준 치수 b에 의한다.
· 생크 폭 치수가 한 자리인 경우는 0을 앞에 붙여 두 자리로 표시한다
  예 : b=8mm인 경우는 "08" 로 된다

9 팁 사이즈(절삭날 길이) 기호

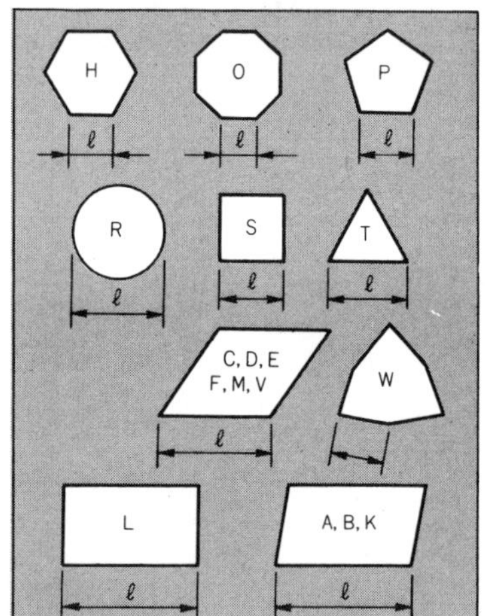

팁의 절삭날 길이 (한 변의 길이)를 mm 단위로 표시한다. 원형 팁의 지름을 mm 단위로 표시한다 소수점 이하는 버린다 팁 사이즈가 한 자리인 경우는 0을 앞에 붙여 두 자리로 표시한다

5 방향 기호

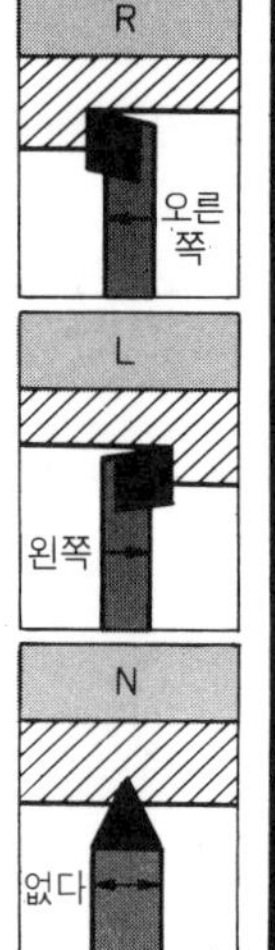

8 홀더 전체 길이 기호

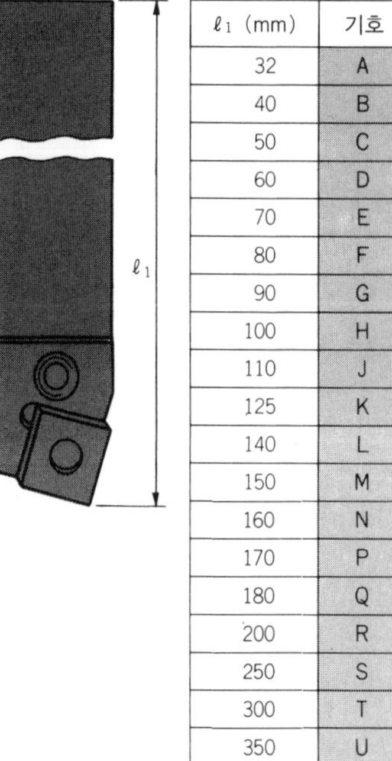

ℓ_1 (mm)	기호
32	A
40	B
50	C
60	D
70	E
80	F
90	G
100	H
110	J
125	K
140	L
150	M
160	N
170	P
180	Q
200	R
250	S
300	T
350	U
400	V
450	W
500	X
특수 치수	Y

10 팁두께 기호

두께 (mm)	기호
1.59	01
2.38	02
2.78	T2
3.18	03
3.97	T3
4.76	04
6.35	06
7.94	07
9.52	09

11 부판 기호

기호	부판의 유무
W	있다
U	없다

오해를 부를 우려가 없는 경우에는 생략해도 좋다

C형 및 E형 홀더에 대해서는 인치계의 팁 사이즈 (절삭날 길이) 기호, 팁두께 기호를 사용해도 좋다
인치계의 기호에 대해서는 * 페이지 참조

랜드와 호닝

선삭 바이트의 절삭날 요소에 랜드와 호닝날이 있는데 넓은 의미로는 양자는 같다고 할 수 있다. 그것은 절삭 기구(機構)나 그들의 효과, 역할이 같기 때문이다. 절삭날에 랜드나 호닝을 하게 되면 강도를 향상시키고 치핑이나 결손을 억제하여 절삭날의 신뢰성을 높이는 효과를 얻는다. 그러나 너무 크면 공구 마모, 절삭저항, 다듬질면 거칠기 등에 나쁜 영향을 미친다.

여기에서는 랜드와 호닝을 다음과 같이 정의하고 그 효과에 대하여 설명한다.

① 랜드 : 랜드란 경사면 또는 여유면상에 절삭날을 따라 설치한 폭이 좁은 띠모양의 면을 말한다. 경사면이 복수인 면에서 이루어질 때 절삭날 능선에서 시작되는 폭이 좁은 평탄한 부분을 랜드라 하며, 제1경사면을 말한다. 그림 1에 그 형상을 표시했다. 그것에 이어지는 경사면을 제2경사면, 제3경사면 등으로 부르는데 일반적으로 호닝부를 포함하여 랜드라 부르고 있다.

② 호닝 : 둥글기 또는 작은 모떼기를 한 절삭날을 호닝날이라 한다. 따라서 호닝은 절삭날 능선이 둥글기나 각도를 가진 면을 뜻한다. 그림 2에 표시한 것과 같이 둥근 호닝, 각도(챔퍼) 호닝, 여기에 각도 호닝의 능선에 둥글기를 준 복합(콤비네이션) 호닝의 3 종류가 있다. 막상 랜드의 효과인데, 예를 들어 두 개의 경사면으로 이루어지는 2단 경사각 공구로 칩길이를 구속했을 때 랜드폭과 절삭 저항에 대하여 "접촉 길이(랜드폭)의 축소와 함께 절삭 저항은 감소하나 제 2 경사면에 칩이 부딪쳐 마찰력은 다시 증가하기 시작한다. 이 때문에 최소의 절삭 저항을 얻는 랜드폭이 있다"라고 보고되고 있다.

일반적으로 랜드폭 L은 이송량의 $1/2 \sim 1/3$ 정도가 유효하고 그보다 너무 커지면 경사각이 변한 것으로 되어 절삭 저항이 현저하게 증가하게 된다. 또 랜드폭과 절삭 온도의 관계는 절삭 저항과의 관계와 매우 흡사하여 랜드폭이 작아지면 절삭 온도가 낮아진다. 한편 호닝의 효과는 호닝이 클수록 결손에 대한 공구 수명이 길고 그 크기가 같으면 각도 호닝보다 둥근 호닝편이 결손에 대하여 강하다는 것을 단속 절삭 테스트에 의하여 알 수 있다.

반대로 호닝이 작을수록 마모에 의한 공구 수명은 길어져 결손에 의한 경우와는 호닝 효과가 상반되고 있다. 단 이것은 플랭크 마모 V_B 기준으로 보았을 때이고, 크레이터 마모 K_T 기준에서는 호닝의 크기는 거의 영향을 주지 않는다. 또 절삭 저항은 호닝이 커짐에 따라 증가한다. 호닝 형상에서 말하자면 둥근 호닝보다 각도 호닝편이 낮은 절삭 저항을 표시하지만 그 차는 작다.

이 밖에 다듬질면 거칠기에 대해서는 연질의 피삭재에서 이송이 작을 때 호닝 크기에 의한 영향이 생긴다. 일반적으로는 호닝이 작은 쪽이 좋은 다듬질면을 얻는다.

*　　*　　*

랜드와 호닝은 그 크기나 형상에 적정도가 요구된다. 이들은 절삭 조건이나 절삭 형태, 공구 재종 등으로 달라지게 되는데 다품종 가공에서 각각의 가공에 랜드와 호닝의 크기나 형상을 바꾸는 것은 불가능하며 또 공구 관리도 어렵다. 따라서 어느 범위 내의 절삭에 대응될 수 있는 랜드, 호닝으로 해 둘 필요가 있다.

각 메이커는 컴퓨터 설계에 의한 칩 브레이커 형상을 포함한 랜드, 호닝 형상으로 특색을 냄과 동시에 팁 성능에서 경쟁하고 있다.

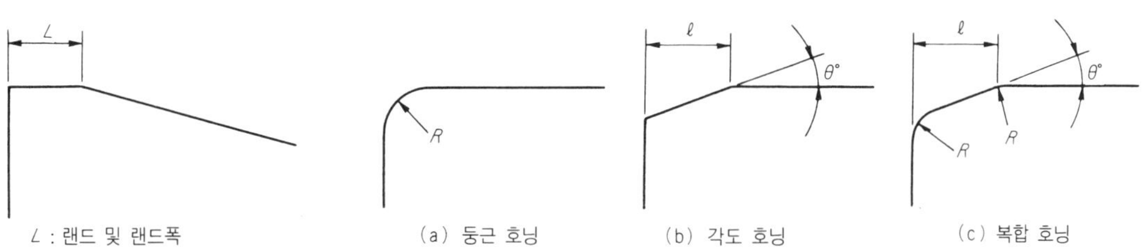

ℓ : 랜드 및 랜드폭 　　(a) 둥근 호닝 　　(b) 각도 호닝 　　(c) 복합 호닝

그림 1 랜드의 형상(절삭날 단면) 　　　　그림 2 호닝의 종류와 형상(절삭날 단면)

part·2

선삭의 메커니즘

선삭 기구와 칩의 형태

① 깎는다는 것은

금속을 "깎는다"는 것은 어떤 일일까? 대표적인 절삭 가공은 환봉의 외주를 깎는 외환 절삭(원통 절삭, 즉 선삭) 및 평면을 하나의 절삭날로 깎아내는 평면 절삭 또는 평면을 여러 개의 절삭날을 가진 공구로 가공하는 밀링 절삭이 있다.

원하는 치수로 가공하기 위하여 공작물의 표면으로부터 공구의 절삭날을 이송한 양을 절삭 깊이라 부르고, 절삭날이 일정한 두께로 절삭하기 위하여 공구 또는 공작물을 이동시키는 것을 이송이라 부르고 있다. 이 두 가지 양에 더하여 선삭일 경우에는 **그림 1**에 표시한 것과 같이 공작물의 회전 운동에 의하여 비로소 절삭날이 공작물을 연속적으로 절삭하며 칩이 생성되게 된다.

한마디로 절삭이라 하지만 "자른다"와 "깎는다"는 다소 의미가 다르다. "자른다"는 물체를 둘로 분단하는 것이고, "깎는다"는 분단에는 다름이 없으나 주체적인 형상을 만들어 내기 위하여 쓸데 없는 부분을 칩으로 제거하는 것을 의미한다. 그러나 물리적으로는 좀더 큰 차이가 있다.

칼로 사과를 자르거나 껍질을 벗기는 것은 "자른다"에 해당한다. 잘라서 분단한 사과는 처음 상태로 맞출 수가 있고 벗긴 껍질은 처음대로 본체에 감아붙일 수도 있다.

그런데 사과 모양인 강재를 바이트로 껍질을 벗기듯이 "깎는다"로 벗긴 껍질(칩)은 처음대로 본체에 감아붙일 수가 없다. 본체의 1/3 정도밖에는 감을 수가 없고 더욱이 껍질의 두께가 점점 두꺼워진다. 이것이 "자른다"와 "깎는다"의 큰 차이점이다.

이것을 **그림 2**에 의하여 좀더 알기 쉽게 설명한다. 그림은 셰이퍼에서 금속판을 오른쪽에서 왼

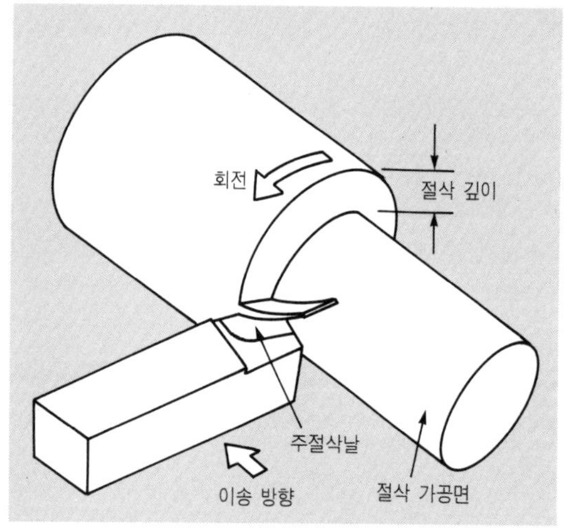

그림 1 선삭에서 회전·이송·절삭 깊이

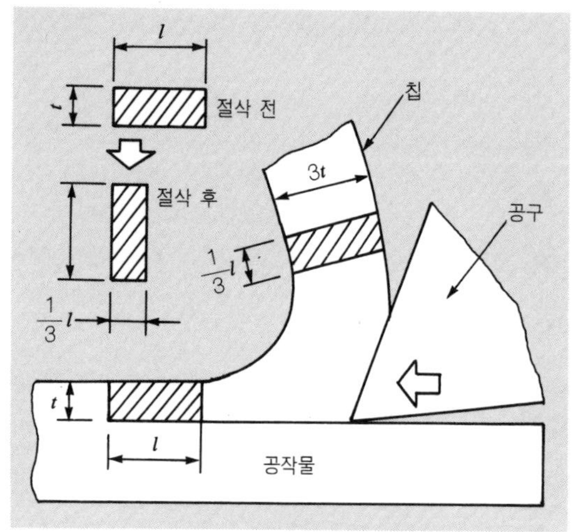

그림 2 절삭 모형과 칩의 변화

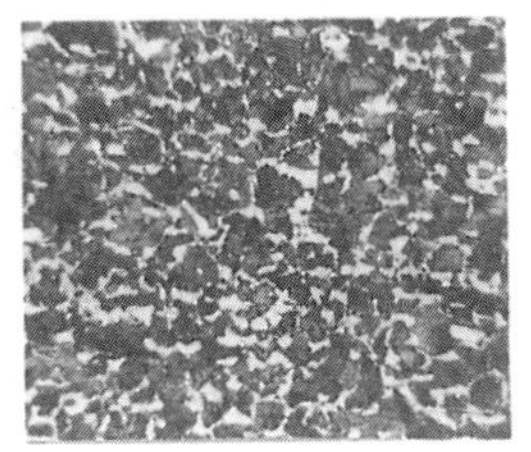

(a) 소재(S35C)의 조직

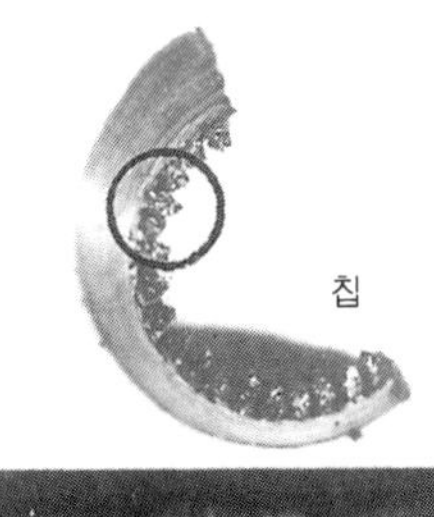

칩

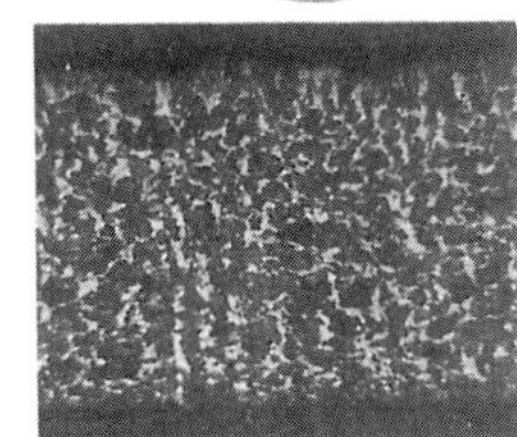

(b) 칩 가로 단면

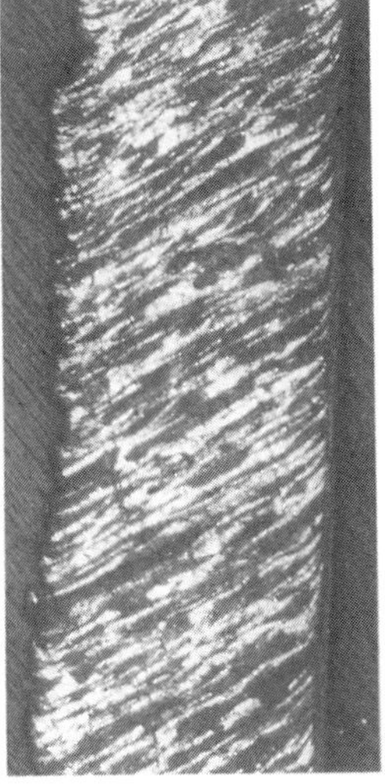

(c) 칩 세로 단면

사진 1 칩 단면의 금속 조직

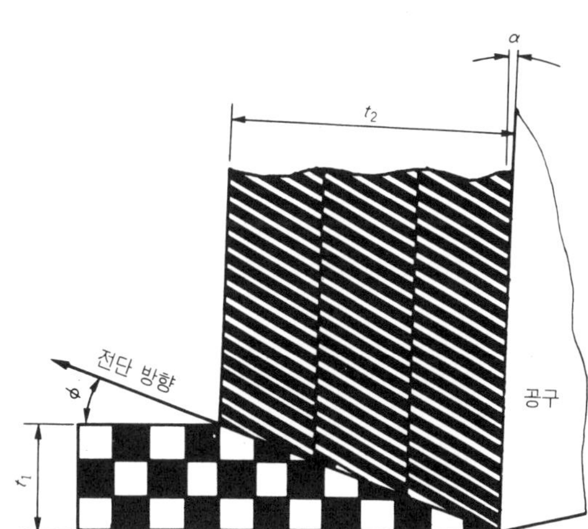

그림 3 칩 생성의 모형도

쪽으로 깎고 있는 경우이다. 절삭 깊이 t 로 깎으면 칩은 약 $3t$ 가 되어 나온다. 그림에서 빗금친 난년 $t \times l$ 이 바이트 절삭날을 지나 칩으로 되면 두께가 3배로 되고 한편 단면적은 일정하므로 길이는 약 $1/3\, l$ 로 된다. 이것은 금속이 칩으로 되는 과정에서 대단히 큰 변형을 받는 것을 의미한다.

② 칩의 전단 변형

금속의 절삭에서는 공구(절삭날)가 실제로 절삭한 거리에 대하여 생성된 칩의 길이는 대폭 짧아진다. 이와 같은 현상은 어떤 메커니즘에 의하여 발생하는가를 생각해 보자.

사진 1은 보통 선삭에 사용되는 초경 편인 바이트로 연강(S35C)의 외주 절삭을 하여 그 때 생성된 칩의 중심 부근의 금속 조직을 현미경으로 관찰한 것이다.

(a)는 절삭 전의 소재(S35C)의 금속 조직으로 페라이트와 펄라이트의 입상(粒狀) 조직으로 되어 있다. (c)는 칩 유출 방향 단면(세로 단면)의 칩 금속 조직이다. 이 단면에서는 방향성이 없는 페라이트와 펄라이트의 입상 조직이 특정 방향의 방향성을 가진 층상의 조직으로 변화해 있는 것이 보인다.

이에 대하여 (b)와 같이 칩 폭방향 단면(가로 단면)의 금속 조직은 가공 소재의 금속 조직과 그다지 변화가 없는 것 같이 보인다. 이와 같이 소재 금속의 조직은 절삭됨으로써 특정 방향에 매우 큰 소성 변형을 받고 있다는 것을 알 수 있다.

이와 같은 변형이 어떻게 하여 일어나는가를 모식적(模式的)으로 나타낸 것이 그림 3이다. 입상의 금속 조직을 정사각형의 모자이크 모양으로 가공 소재를 선정하고 공구로 소재를 눌러깎는 모양을 표시했다.

소재가 공구에 의하여 눌리면서 깎일 때 사진 1(c)와 같은 금속 조직 모양이 되는 것은 그림 3에서 전단 방향으로 소재가 연속적으로 미끄러져(전단 변형), 이 미끄러짐이 축적되어 정사각형의 모자이크가 칩 중에서는 극단적인 직사각형의 모자이크로 변화되는 것으로 생각하면 사진 1의 금속 조직의 변화가 이해된다.

사실 이와 같은 소성 변화가 일어나고 있는 것은 여러 가지 실험에 의하여 증명되고 있다.

다만 실제로는 이와 같은 전단 변형은 그림 3과 같이 절삭날에서 일직선으로 발생할 정도로 단순하지는 않고 어느 정도의 폭을 가진 영역에서 좀더 복잡한 변형이 일어나지만 기본적으로는 그림과 같다.

이와 같이 금속은 절삭에 의하여 매우 큰 전단 변형을 받으므로 금속끼리의 내부 마찰에 의하여 큰 발열이 일어나는 것을 이해할 수 있다. 느린 절삭 속도로 깎아도 칩은 뜨거워 손으로 집을 수 없는 이유가 여기에 있다. 또 전단 변형에 의하여 가공 경화가 일어나 칩은 소재보다 더 딱딱해진다.

③ 전단각

그림 3에 표시한 전단 방향과 절삭 속도의 방향이 이루는 각을 전단각 ϕ 라 부른다. 전단각 ϕ 는 절삭에서 중요한 요소로 깎기 쉬운 정도를 알 수 있는 척도의 하나이다. 전단각 ϕ 를 알려면 공구의 경사각 α 와 절삭 두께 t_1(선삭에서는 이송에 해당) 및 칩두께 t_2 를 사용한다.

그림 3을 참고로 공구와 칩두께 t_2 의 기하학적 관계로부터

$$\tan\phi = \frac{(t_1/t_2)\cos\alpha}{1-(t_1/t_2)\sin\alpha} \cdots\cdots\cdots (1)$$

이 유도된다. 칩두께 t_2 를 측정하면 공구 경사각 α 와 절삭 두께 t_1 은 이미 알고 있으므로 전단각 ϕ 를 계산해서 구할 수 있다. 그림 3에서 판단할 수 있듯이 소재의 정사각형 모자이크가 칩에서는 가늘고 긴 모자이크로 되는데 전단각이 작으면 전단 변형의 비율은 커져 결과적으로 칩두께가 보다 두꺼워진다. 전단각이 크면 변형량도 적고 칩두께도 상대적으로 얇아진다. 위 식에서 t_1/t_2 의 값을 절삭비라 부르며, 전단각의 대용으로 절삭에서 절삭성의 기준으로 쓰인다. 절삭비가 크면 절

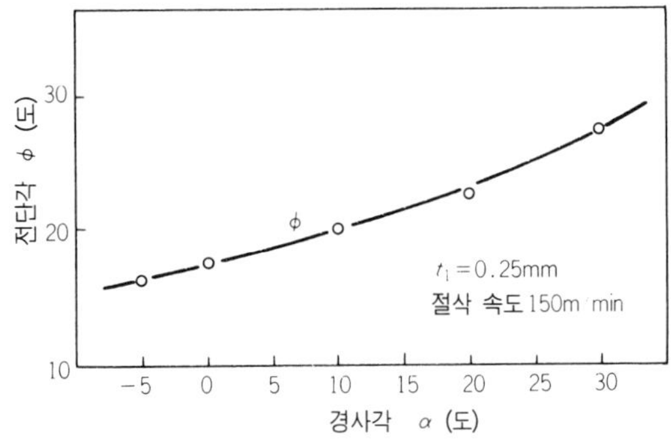

그림 4 연강의 전단각과 공구 경사각의 관계

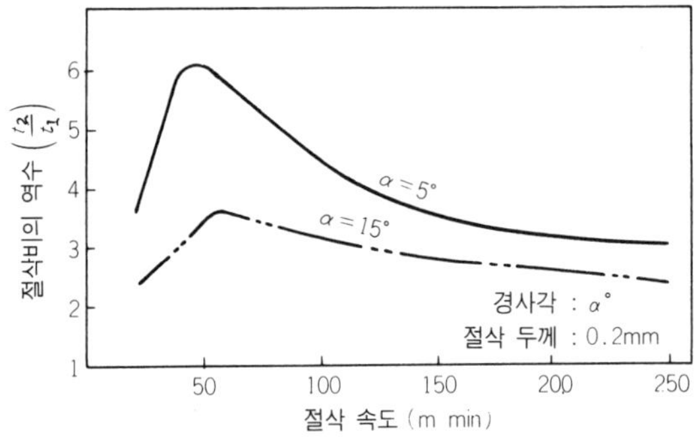

그림 5 칩두께의 절삭 속도에 의한 변화

삭성이 좋다고 할 수 있다.

다음에 구체적으로 전단각을 측정한 예를 표시한다.

그림 4는 연강을 초경 공구 P20으로 공구의 경사각 α 를 변화시켜 절삭했을 때의 전단각 ϕ 의 변화이다. 경사각을 크게 하면 전단각도 커진다. 경사각 $5° \sim 10°$ 에서는 전단각은 $20°$ 정도로 매우 작다. 전단각은 보통의 탄소강을 깎을 때 경사각이나 절삭 속도, 절삭유의 유무 등에 의하여 $10° \sim 40°$ 범위에서 변화한다.

다음에 칩두께에 대한 절삭 속도의 영향을 조사한 결과를 **그림 5**에 표시했다. 이 그림도 연강을 초경 공구 P10으로 선삭했을 때의 예인데 그림의 세로축에는 절삭비 (t_1/t_2) 의 역수를 표시하고 있다. 절삭 속도 50m/min 정도까지는 칩의 두께가 두꺼워지고 있으나 그 이상의 절삭 속도에서는 칩두께가 점점 얇아진다.

경사각에 의해서도 다르지만 초경 공구의 일반적인 절삭 속도에서는 칩두께가 이송의 $2.5 \sim 3$배 정도라고 생각하면 좋을 것이다. 저속 구역에서 칩두께의 최대값이 보이는 것은 칩 생성 기구가 약간 달라지면 다음에 설명할 구성 날끝 등의 영향이 있기 때문이다.

여하간에 칩두께가 얇아지면 전단 변형에 필요한 힘이 작아도 되고 절삭 저항이 감소되므로 경사각을 크게 하고 절삭 속도를 증가시키면 절삭성을 향상시키는 효과가 있다. 그러나 경사각을 크게 하면 날끝 강도가 떨어져 기계적으로 결손될 위험이 증가되고 절삭 속도의 증가는 절삭 온도를 증대시키므로 공구의 급속한 수명 저하로 이어진다. 이런 사정에 의하여 실용적인 경사각과 절삭 속도는 자연히 정해지게 된다.

④ 칩의 형태

그림 3에서 설명한 칩 생성의 메커니즘은 강종류 등을 좋은 절삭 조건에서 절삭했을 때 볼 수 있는 이상적인 칩 생성 형태이며, 칩 형태로는 유동형 칩이라 부른다. 그러나 가공 소재의 재질이나 절삭 조건의 차이에 따라 기타의 칩 생성 형태도 많이 관찰된다. **그림 6**에 그 대표적인 칩 형태를 표시한다.

(1) 전단형 칩

이 형태는 그림 6(a)에 표시한 것과 같이 공구 날끝이 a에서 b까지 진행하면 abcd의 부분은

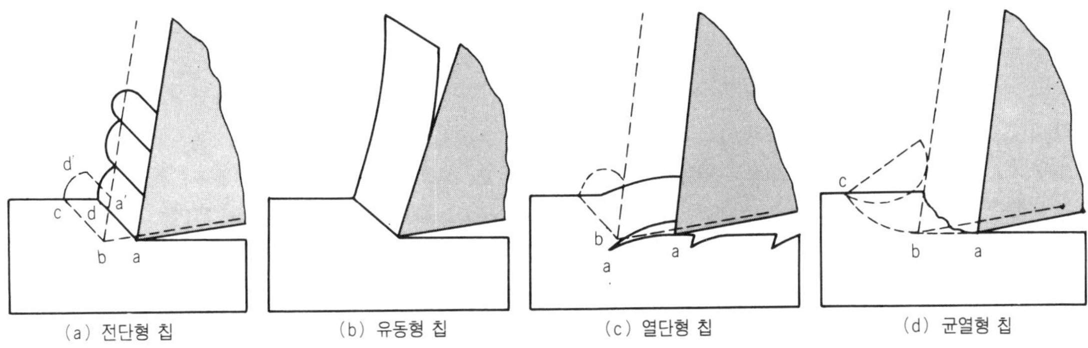

그림 6 칩 형태의 분류

ab를 따라 전단을 일으켜 본체에서 분리되고 다시 ab에서 윗부분이 공구 경사면을 따라 위쪽으로 미끄러져 재료는 압축되어 a′bcd′ 로 되고 그 후 bc를 따라 전단이 일어나 소재에서 분리되어 칩으로 된다.

이것이 주기적으로 되풀이되는데 작은 전단과 큰 전단이 번갈아 발생하고 절삭 저항도 그것에 맞춰 변화되므로 다듬질면이나 진동 발생 등의 면에서는 좋은 절삭 형태라고 할 수 없다.

이 형태는 얼마간 깨지기 쉽고 전단 미끄럼을 일으키기 쉬운 금속(4-6 황동, 고급 주철 등)및 작은 경사각, 큰 절삭 두께의 강 절삭에서 볼 수 있는 현상이다. 사진 2는 4-6 황동의 전단형 칩의 단면 사진이다.

(2) 유동형 칩

이것은 그림 6(b)에 표시한 것과 같이 전단형 칩 생성에서 전단의 발생 주기가 짧은 간격으로 연속적으로 일어날 때 생성되는 칩이다. 사진 1, 그림 3에 표시한 칩 형태가 이에 해당하며, 절삭 저항의 변동이 적고 다듬질면이나 진동면에서도 이상적인 절삭 형태라 할 수 있다.

어떤 절삭에서나 이 칩 생성 형태로 되도록 노력할 필요가 있다.

(3) 열단형 칩

이 형태의 칩은 연성이 큰 재료(순알루미늄, 저탄소강 등)에서 공구 경사면의 미끄러짐이 나쁠 때 발생한다.

그림 6(c)와 같이 칩이 공구 경사면에 녹아붙어서 칩이 공구 경사면 위쪽으로 배출되지 않기 때문에 aa′와 같이 아래쪽에 균열이 발생한다. 어느 정도 압축이 진행되면 bc를 따라 전단이 발생하여 분리되지만 아래쪽에 생긴 균열에 의하여 다듬질면에 뜯긴 자국이 남게 된다.

(4) 균열형 칩

그림 6(d)와 같이 날끝이 a에서 b로 나가기까지는 칩을 압축시켜 b에 도달하면 재료는 bc를 따라 순식간에 균열을 일으켜 분리되는 형태이며, 취성 재료(주철 등)의 칩에서 관찰된다. 칩의 소성 변형 비율이 적은 절삭이다. 이 형태는 전단형 칩의 극단적인 예라고 할 수 있다.

이상은 칩의 형태를 크게 나눈 것인데 실제의 칩에서는 중간적인 것이나 복합적인 칩 생성 형태

사진 2 4-6 황동의 전단형 칩의 단면

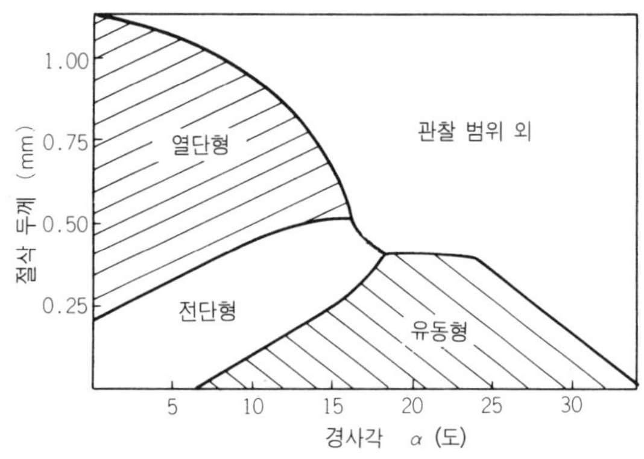

그림 7 연강의 경사각과 절삭 두께에 의한 칩 형태의 변화

로 되는 예가 많다. 칩 생성 형태는 가공 소재에 의해서만 결정되는 것이 아니라 공구 형상, 경사각, 절삭 두께, 절삭 속도, 절삭유의 종류 등 여러 가지 요인이 영향을 미치고 있다.

예를 들어 연강을 저속에서 절삭하고 공구의 경사각 α와 절삭 두께 t_1을 변화시켜 칩 형태와의 대응을 보면 그림 7과 같이 되는 것을 알 수 있다. 경사각을 크게 하고 절삭 두께를 작게 하면 유동형이 되고 반대로 하면 전단형이나 열단형이 된다.

이 영역은 절삭 속도나 절삭유의 유무에 의해서도 변화되는데 가능한 한 유동형 칩이 생기는 절삭 조건을 찾아내 절삭하는 것이 절삭 안정성, 다듬질면 정밀도 등의 면에서 필요하다.

날끝 형상과 기능

●선삭의 메커니즘②

선삭 공구는 작업 목적에 따라 여러 가지 모양의 공구가 사용되고 공구 재질도 많은 종류가 실용되고 있다. 실제 사용되고 있는 공구의 모양, 각도, 정밀도도 작업 목적에 적합하고 공구 재질의 결점을 커버하여 장점을 유효하게 사용하도록 연구되고 있다.

공구의 형상, 각도는 다양하지만 여기에서는 그 기본적인 형상의 의미와 역할에 대하여 생각해보자.

1 바이트 각부의 명칭

절삭 자체는 공구 절삭날의 주절삭날과 앞면 절삭날(부절삭날이라고도 한다)로 하게 되는데 칩 생성을 원활하게 하고 좋은 다듬질면을 얻기 위해서 공구에는 여러 가지 형상과 각도가 부쳐져 있다. 그림 1은 대표적인 선삭 공구인 경사검 바이트의 각부 명칭을 나타낸 것이다. 그림 중에 표시한 옆면 절삭날이 일반 주절삭날이 되고 절삭날은 경사면과 앞면 여유면 및 옆면 여유면의 교차선으로 이루어진다.

그림 2는 우측 경사검 바이트의 절삭날 기준 표시법을 나타낸 것이다. 그림과 같이 바이트 날부분의 여러 각도는 주절삭날에 수직 또는 평행한 평면 및 섕크 중심선을 기준으로 표시되고 있다. 섕크 저면 및 중심선만을 기준으로 표현하는 섕크 기준 표시법도 있다.

편인 바이트 등 대부분의 선삭용 바이트의 여러 각도는 그림 2와 같이 7가지 요소로 표현할 수가 있고 각도의 양(+), 음(−)은 그림에 표시한 상태를 모두 양수로 표현한다. 날부분의 여러 각도의 표현 방법은 그림 중에 각도를 기호로 표시하는데 그것을 그림 속의 순서로 정부의 부호를 붙여서 나란히 하여 전체를 괄호로 묶어 표현하는 것이 일반적이다. 바이트의 여러 각도는 바이트 자체로도 표현되지만 실제로는 바이트를 공구대에 고정하고 공작물을 절삭할 때 공작물과 바이트 사이의 여러 각도가 중요하게 된다. 그 예를 그림 3에 표시했다.

섕크 축심을 편심시키고 있는데 이 예와 같이 공작물과의 상대 위치 관계가 고정되고 비로소 고정각, 절삭각, 작용 앞면 절삭날각 등이 수치로 표현된다. 이 관계 중에 여유각과 경사각은 바이트의 절삭성에 직접 영향을 주므로 바이트 자체에서 생각한 각도와 절삭 중의 각도가 일치되도록 바이트 고정시에 주의가 필요하다.

2 창성형과 성형형의 공구

절삭 공구는 공작 기계를 써서 공작물의 여유 부분을 절삭하여 칩으로 제거한 것에 의해 독자적인 형상과 정밀도의 공작물을 만들기 위하여 사용된다. 이 형상과 정밀도를 만들기 위하여 절삭 공구의 방법에는 창성형과 성형형의 두 가지가 있으며 다듬질면의 정밀도와 깊은 관계가 있다. 성

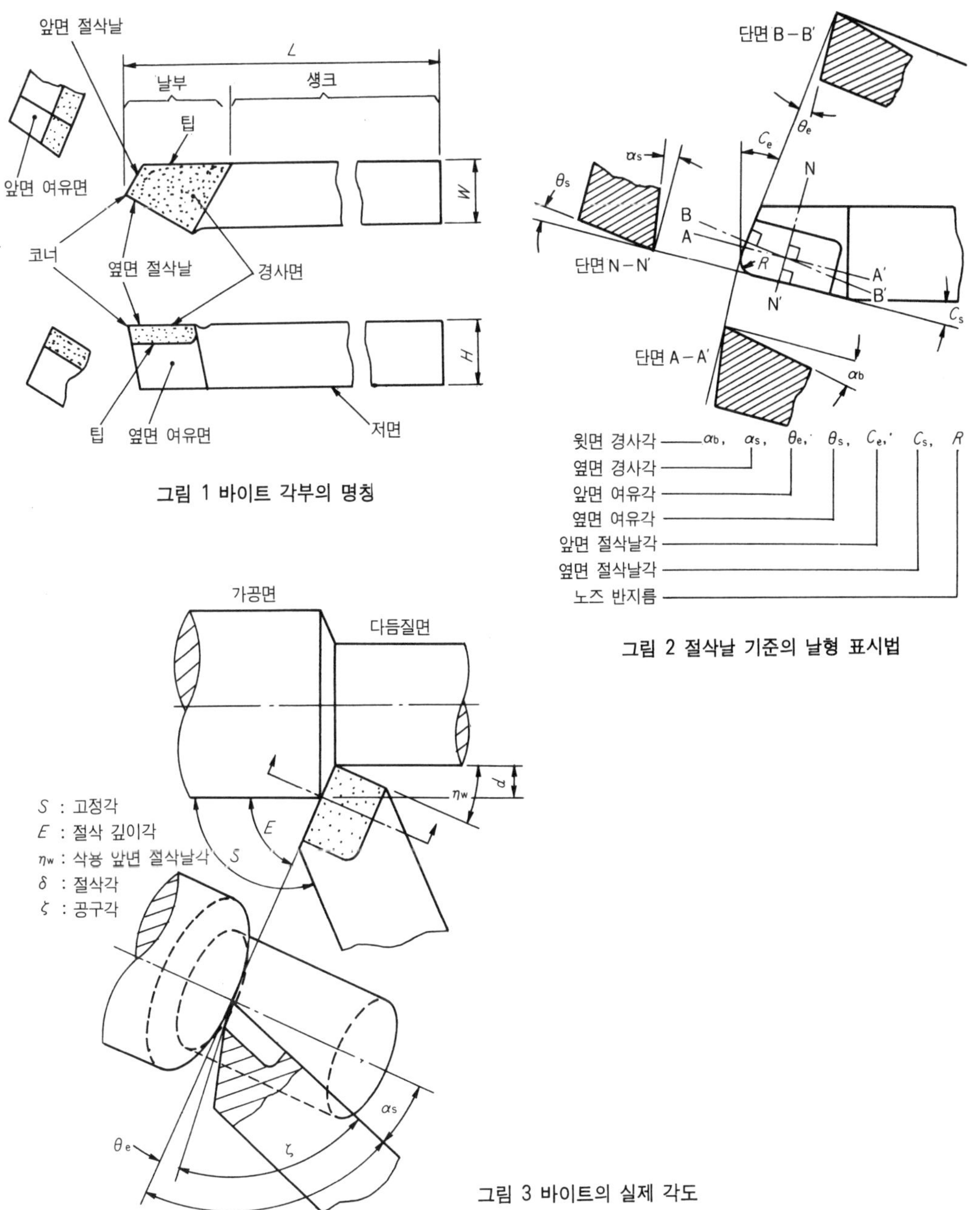

그림 1 바이트 각부의 명칭

그림 2 절삭날 기준의 날형 표시법

그림 3 바이트의 실제 각도

형형 공구에 의하여 절삭할 때는 칩 생성의 대부분을 담당하는 절삭날(주절삭날)의 형상을 카피한 다듬질면으로 된다. 즉 공작 기계의 모형과는 직접적인 관계없이 공구의 형상과 정밀도가 공작물에 카피된 다듬질면이다. 보통 나사 절삭 바이트나 총형 바이트가 성형형에 해당된다. 선삭에서 뿐만 아니라 절삭 가공에서도 가능한 한 피하고 싶은 가공법이다. 창성형 가공법의 다듬질면은 이송 마크를 동반한 면에서 절삭날의 끝부분을 카피한 아주 작은 요철이 있으나 전체적으로는 선반의 안내면 운동 정밀도를 카피한 면으로 되어 공작 기계의 정밀도에 의한 다듬질면을 얻을 수 있다.

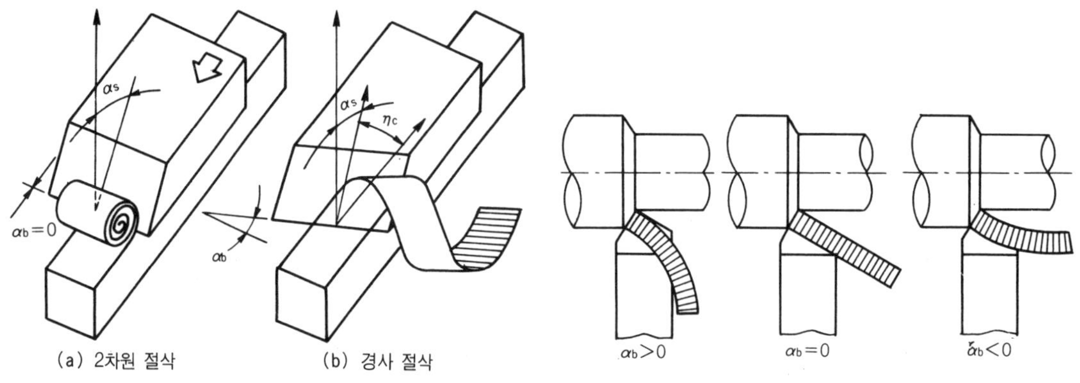

그림 4 두 개의 경사각과 칩의 유출 방향

그림 5 윗면 경사각의 양(+), 음(−)과 칩 유출 방향

기계 가공의 원칙에 따른 다듬질면으로 공구 절삭날(노즈 또는 앞면 절삭날)의 형상은 다듬질면 거칠기에 영향을 미치는데 다듬질면 전체는 공구 형상과 다른 형상으로 가공할 수 있다. 경사검 바이트, 편인 바이트, 보링 바이트 등 대부분의 선삭 공구는 창성형 공구이다.

③ 경사각

일반적으로 경사각이라 하는데 참경사각이란 무엇인가를 생각해 보자. 바이트의 경사각에는 그림 2와 같이 옆면 경사각 α_s 와 윗면 경사각 α_b가 있고 이들 각도의 기능을 모델로 본다.

그림 4(a)는 일반적으로 2차원 절삭이라 부르며 주절삭날이 절삭 속도 방향에 대하여 직각으로 되어 있다. 공구의 참경사각은 절삭 속도 방향과 칩 유출 방향을 동시에 포함하는 평면 내에서 측정한 공구 경사면과 절삭 속도 방향에 수직인 직선과 이루는 각이다. 그러므로 (a)와 같은 2차원 절삭에서는 수직 경사각이 참경사각이 되고 이 각도가 클수록 절삭시 공구의 절삭성이 좋아진다.

이 2차원 절삭은 그림 2에서 윗면 경사각 α_b가 0이 될 때의 절삭에 상당한다고 생각해도 좋다.

다음 그림 4(b)에 윗면 경사각 α_b를 더한 절삭 모델로 경사 절삭을 표시했다. 주절삭날을 절삭 속도 방향에 직각인 방향에서 α_b만큼 기울여서 절삭하면 칩은 절삭날 수직선에서 η_c만큼 기울어져 유출된다.

칩 유출각 η_c는 실험에 의하면 대략 절삭날 경사각(윗면 경사각 α_b)과 같으므로 참경사각은 수직 경사각과 같아도 윗면 경사각을 크게 하면 커진다.

절삭에서는 이 성질이 중요하다. 날끝의 강도를 변화시키지 않고 공구의 절삭성을 좋게 할 수가 있다.

윗면 경사각에 의하여 칩 유출 방향이 같은 각도만큼 변화되는 성질도 중요하다. 그림 5는 경사검 바이트에 의하여 원통 절삭하는 그림인데 윗면 경사각 α_b의 양, 음에 의하여 칩 유출 방향이 변화되는 모양을 표시한 것이다. α_b가 음수이면 칩은 공작물에 가까운 방향으로 유출되어 칩이 컬(curl)되면 칩과 다듬질면이 접촉되는 경우도 있다. α_b를 양수로 하면 칩은 공작물에서 보다 떨어진 방향으로 유출되어 칩이 컬되면 보다 안정된 절삭이 가능하게 된다. 선삭 공구에서 이와 같은 성질을 바이트에 활용한 예로 절단 공구의 칩 제거 바이트나 셰이빙 절삭법이 있다. 옆면 경사각은 바이트의 절삭성에 직접 관계되어 중요시되는데 윗면 경사각은 선삭 바이트에서는 바이트의 구조상 너무 큰 각도는 잡을 수 없는 것이 보통이다. 그러나 경사검 바이트나 나사 절삭 바이트에서는 적극적으로 활용해야 한다.

④ 옆면 절삭날각

옆면 절삭날각은 선삭할 때 이송 방향에 대한 절삭날의 기울기를 나타내는 각도이다. **그림 6**에 표시한 것과 같이 실제 절삭 두께와 절삭에 관여하는 절삭날 길이에 관계되는 각도이다. 옆면 절삭날각 C_s 를 주면 절삭 깊이 d 와 이송 f 에 대하여 경사겸 바이트의 절삭 두께 t 와 실제 절삭날 길이 l은 다음과 같이 된다.

$$l = \frac{d}{\cos C_s} \cdots\cdots\cdots\cdots\cdots\cdots\cdots\cdots\cdots\cdots\cdots\cdots\cdots\cdots\cdots \text{(1)}$$

$$t = f \cdot \cos C_s \cdots\cdots\cdots\cdots\cdots\cdots\cdots\cdots\cdots\cdots\cdots\cdots\cdots\cdots \text{(2)}$$

위 식에서 알 수 있듯이 옆면 절삭날각의 증가에 의하여 실제 절삭날 길이는 길어지고 절삭 두께는 얇아지므로 편인 바이트(옆면 절삭날각=0)에 비해 단위 절삭날 길이당의 절삭 동력은 감소하여(절삭 단면적은 변하지 않으므로) 공구 수명을 늘릴 수 있다. 또 편인 바이트에 비해 옆면 절삭날각에 의하여 날끝 강도가 증가하므로 경사겸 바이트는 중(重)절삭용 공구라 할 수 있다.

그러나 옆면 절삭날각을 크게 잡으면 절삭 다듬질 상면에 수직인 절삭력(배분력)이 증가하므로 긴 공작물 등에는 공작물 진동 발생의 원인이 되고 또 층이 진 축의 절삭 등에서는 절삭 종단에 삼각 군살이 남는 등의 문제가 생긴다. 옆면 절삭날각의 실용 범위는 $0° \sim 30°$ 정도이다.

다음은 앞면 절삭날각이다. 이 각도는 앞면 절삭날에 붙인다. 편인 바이트 등 원통 절삭용 공구에서는 노즈에 부속되는 2차적인 절삭날을 확보하기 위하여 또는 다듬질면과 공구 사이에 알맞는 여유(칩이 끼이지 않을 정도)를 확보하고 공구 날끝 강도를 저하시키지 않을 정도로 성형된다.

⑤ 여유각

그림 2에 표시한 것과 같이 여유각은 공구 절삭날 뒷면의 각도로, 작용 여유각은 절삭 속도 방향과 공구 여유면이 이루는 각도로 정의된다. 여유각은 공작물 다듬질 상면과 공구의 절삭날 이외의 부분과의 접촉을 방지하여 절삭을 부드럽게 하기 위하여 준다.

선삭용 공구에는 앞면 여유각과 옆면 여유각이 있는데 일반적으로 $8°$ 전후의 각도가 사용되고 있

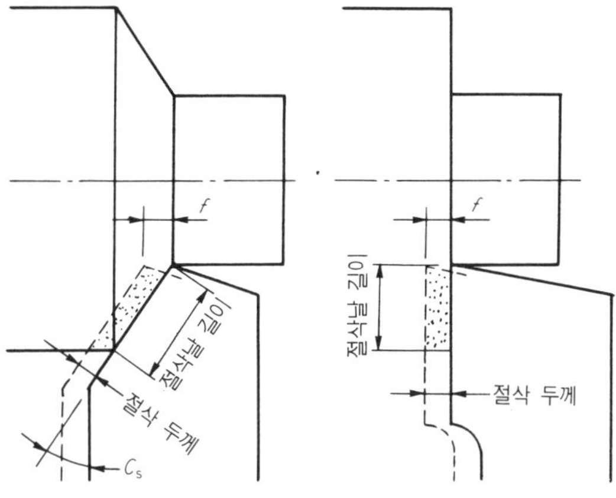

그림 6 옆면 절삭날각과 절삭날 길이, 절삭 두께의 관계

다. 여유각이 작으면 날끝 강도는 강해지나 계속 절삭에 의한 공구의 여유면 마모의 생장 속도가 빨라져 공구 수명이 짧아진다. 여유각을 크게 잡으면 날끝 강도가 저하하고 절삭날의 결손이나 여유면 마모가 증대되는 등 역효과가 난다. 공구 여유면과 절삭 다듬질면의 접촉은 절삭 저항 이송 분력이나 배분력의 이상 상승 원인으로 되고 여유면 마모폭이 0.7mm 정도를 넘으면 정상 절삭을 할 수 없다. 이런 의미에서 공구 여유각의 관리는 공구 경사각 이상으로 중요하다고 할 수 있다.

6 노즈 반지름

일반적으로 옆면 절삭날과 앞면 절삭날 사이에 있어서 선삭 다듬질면을 창성할 때 직접 관여하는 중요한 절삭날 부분이다. 구성 날끝이 생기지 않는 절삭 상태에서는 노즈 반지름을 R, 이송을 f라 하면 $f^2/8R$로 개략적인 다듬질면 거칠기 R_{max}가 계산된다. 이송을 일정하게 했을 때 이 식의 노즈 반지름을 크게 잡으면 다듬질면 거칠기는 좋아진다. 그러나 다듬질 절삭 등 절삭 깊이가 작은 절삭에서는 그림 7의 (b)와 같이 절삭 깊이에 대하여 절삭날 길이가 길어져 그 분량만큼 절삭 두께가 감소되어 결과적으로 절삭 온도가 내려가므로 강종류의 절삭에서는 오히려 구성 날끝이 생겨 다듬질면 거칠기가 나빠진다.

또 과대한 노즈 반지름은 공작물 반지름 방향의 절삭력(배분력)을 증대시켜(비절삭 저항이 적은 절삭 두께에서는 증가된다) 진동 발생이나 공작물 원통도 불량의 원인이 된다. 일반적으로 노즈 반지름은 0.2~1mm 정도가 사용되는데 중(重)절삭에서는 날끝 강도 때문에 크게 잡고, 다듬질 절삭에서는 작게 잡는다.

노즈 반지름의 다른 역할로는 그림 7에 표시한 칩 유출 방향에 대한 영향이 있다.

실험에 의하면 그림 7과 같은 절삭에서는 칩은 그림에 표시한 절삭날 양단 AB를 잇는 직선에 직각인 방향으로 칩을 유출시킨다. 이 성질은 칩 처리에 이용된다. 그림 4에서 설명한 윗면 경사각이 음수인 공구에서도 노즈 반지름을 조금 크게 하면 칩은 다듬질면에서 떨어진 방향으로 제어할 수 있다.

7 칩 브레이커

선삭 작업에서 칩 처리도 중요한 요소이다. 주철과 같이 분말 모양으로 칩이 배출되는 절삭에서

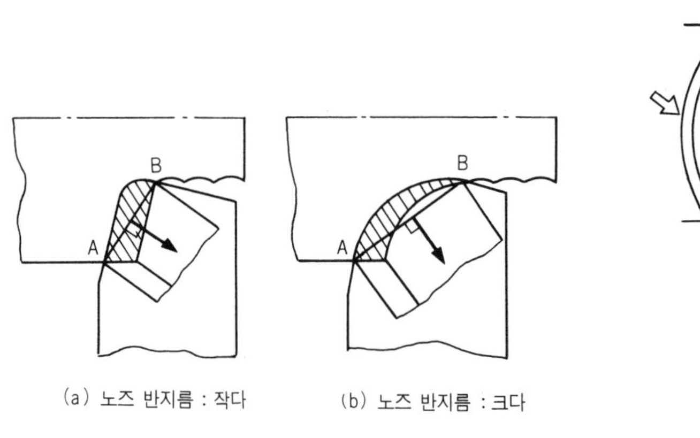

그림 7 노즈 반지름과 절삭날 길이 및 칩 유출 방향

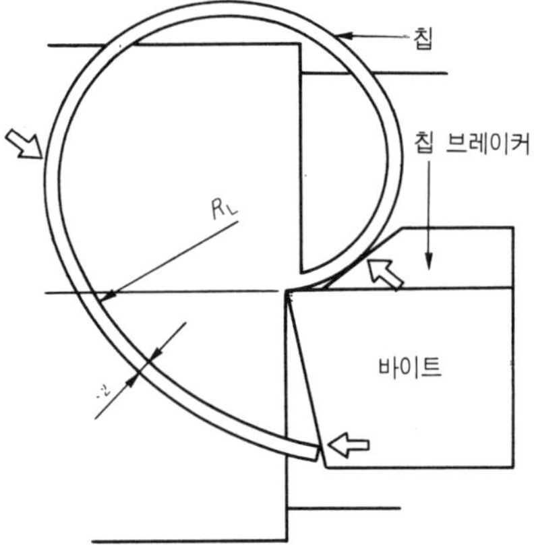

그림 8 칩 절단의 원리

는 문제가 되지 않으나 강이나 알루미늄 합금 등 연성이 풍부한 공작물에서는 유동형 칩이 생성된다. 단단하며 예리한 절삭날과 같고 또한 고온인 칩이 절삭 속도의 1/3 전후의 속도로 배출된다.

이와 같은 칩을 강제적으로 분단 처리하는 역할을 하는 것이 칩 브레이커이다. 칩 브레이커는 공구의 경사면을 파서 성형하거나 브레이커 피스를 겹쳐서 만든다. 칩 브레이커는 기본적으로는 칩을 강제적으로 구부려 곡률 반지름을 작게 만들어 유출시키는 역할을 하는 것이다. 구부러져서 유출된 칩은 **그림 8**과 같이 공구의 여유면에 접촉되어 곡률 반지름을 증대시킨다. 이 때 발생하는 굽힘 모멘트에 의하여 가공 경화된 칩이 절단된다.

칩 브레이커의 형상, 치수는 절삭 조건에 따라 다르며, 스로어웨이 팁에서는 프레스로 칩 브레이커가 성형되므로 칩 절단 범위가 넓은 복잡한 형상의 브레이커가 개발되어 있다.

절삭 저항과 비절삭 저항

금속 절삭에서 칩은 바이트 날끝에 의하여 큰 전단 변형을 받아 경사면을 따라 배출된다. 금속이 전단 변형을 받으려면 큰 힘이 필요하다. 절삭에 의하여 발생하는 이 힘을 일반적으로 절삭 저항이라 부르는데 절삭 저항은 공작물의 변형, 바이트의 변형, 절삭 동력, 공작물의 고정 방법, 가공 순서 등을 결정하는 중요한 요소가 된다.

절삭 저항의 대소, 절삭 저항이 발생하는 방향 등은 공작물의 재질, 공구 형상, 절삭 깊이, 이송, 절삭 속도 등에 의해서도 달라진다.

정밀도가 좋은 공작물을 안전하고 빨리 가공하기 위해서는 절삭 저항에 대한 이해가 필요하다.

1 절삭 저항이란

금속 절삭에서는 공구 날끝에 의하여 공작물이 깎이며 칩이 생성될 때 금속은 큰 소성 변형을 받는다. 이 소성 변형에 필요한 힘이 절삭 저항으로 공구에 걸린다. 절삭할 때 칩 생성의 기본적인 메커니즘은 공작물의 전단 변형인데 공구와 공작물의 상대적인 관계를 그림 1에 모델로 표시했다.

그림 1에서 공구 절삭날은 절삭 속도 방향에 대하여 직각, 절삭 깊이(절삭 두께) t_1, 절삭폭 b, 공구의 경사각을 α로 했다. 절삭에서 칩의 전단 변형은 주로 공구 날끝에서 절삭 속도 방향에 대하여 각도 ϕ의 방향에 발생하며 이 각을 전단각이라 한다. 전단각 ϕ는 제1절 3 항에서 설명한 바와 같이 배출된 칩의 두께 t_2를 측정하면 계산에 의하여 구할 수 있다.

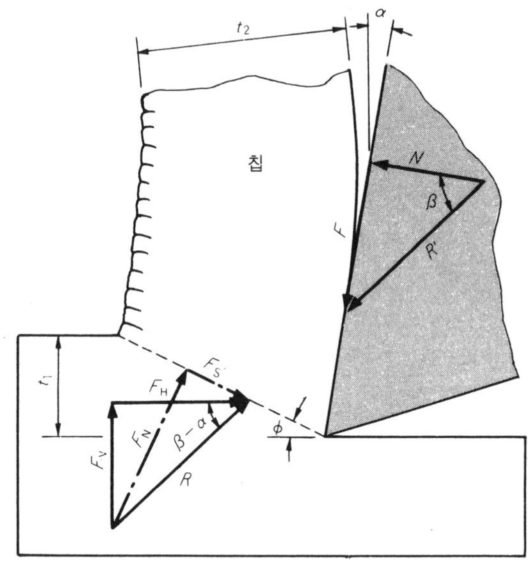

그림 1 절삭 저항의 균형

금속이 탄성 변형 영역을 넘어 소성 변형을 받을 때 금속의 전단 변형에 필요한 전단 응력을 τ_s(단위 면적당의 전단력)라고 하면 전단각 방향(전단면이라 한다)에 필요한 힘 F_S 는

$$F_s = \tau_s \times \frac{bt_1}{\sin\phi} \quad\cdots\cdots\cdots\cdots\cdots\cdots\cdots\cdots\cdots\cdots\cdots\cdots\cdots\cdots\cdots\cdots\cdots\cdots\cdots\cdots \quad (1)$$

로 계산된다. 공구에 의하여 금속이 절삭될 때 단순히 전단력 F_S 만이 발생하는 것이 아니라 실제로는 전단면에 수직인 압축력 F_N 도 작용한다.

금속의 소성 변형은 일반적으로 이 두 힘(수직력과 전단력)에 의하여 발생된다. 절삭에서는 이 두 힘이 합성되어 절삭 저항 R로 된다.

그림 1에서 전단력 F_S와 수직력 F_N 의 합력으로 절삭 저항 R를 구하는데 이 힘을 측정할 때는 절삭 저항의 방향을 알 수 없으므로 직접 절삭 저항을 측정할 수는 없다. 그래서 절삭 저항을 절삭 속도 방향과 절삭 속도에 수직인 방향으로 나누어 생각하고 측정하는 방법을 사용한다. 그림 1에서 F_H, F_V 가 이에 해당하며 F_H 를 절삭 저항 수평 분력, F_V 를 절삭 저항 수직 분력이라 부른다.

이 절삭 저항은 공구쪽의 반력 R' 와 평형으로 힘의 균형이 유지되는데 공구 경사면에서 절삭 저항을 분해하여 생각해 보면 경사면에 수직인 힘 N과 수평인 힘 F가 존재하며 절삭 저항 R가 측정되면 공구 경사면의 마찰력, 압축력도 그림 1의 기하학적 관계에 의하여 구할 수 있다.

그림 1에 표시한 절삭 모델은 2차원 절삭의 경우인데 선삭과 같이 공구에 윗면 경사각이나 노즈 반지름이 있을 경우에는 절삭 저항의 방향도 3차원적으로 생각하지 않으면 정확한 측정을 할 수 없다.

그림 2는 경사검 바이트에 의한 선삭을 그림으로 표시한 것이다. 편인 바이트의 원통 절삭에서는 F_H와 F_V 가 주분력이 되는데 옆면 절삭날각이나 노즈 반지름이 있으면 F_H 와 F_V 에 수직인 힘 F_T 도 무시할 수 없다. F_H, F_V, F_T 의 합성력에 의하여 절삭 저항 R가 구해진다.

선삭에서는 F_H를 절삭 저항 주분력, F_V 를 절삭 저항 이송 분력, F_T 를 절삭 저항 배분력이라 부른다. 각각의 분력의 방향은 절삭 속도 방향, 이송 방향, 절삭 깊이 방향과 일치한다. 이 세 가

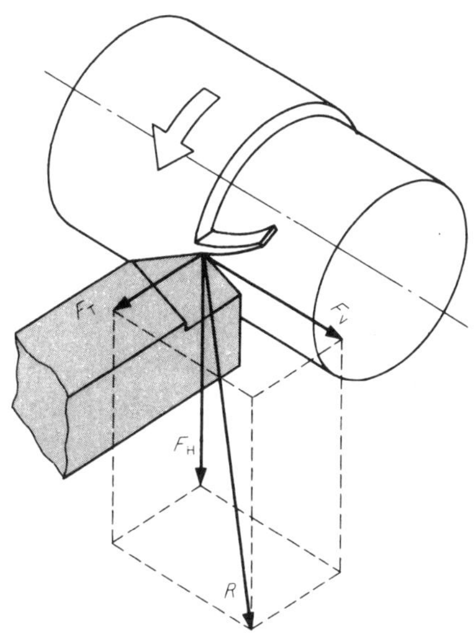

그림 2 선삭에서 절삭 저항의 3분력

지 힘을 총칭하여 절삭 저항의 3분력이라 부른다.

절삭 저항 3분력을 동시에 측정하려면 공구 동력계를 사용한다. 공구 동력계는 절삭 저항을 응력 게이지의 늘어남 또는 줄어듦에 의한 전기 저항의 변화를 검출하여 이것을 전압으로 변환시켜 표시한다.

공구 동력계로 절삭 저항을 측정할 때에는 미리 공구 동력계의 교정을 해야 한다. 공구 날끝 부분에 이미 알고 있는 값의 힘을 가해서 그 때의 출력 전압(응력)을 기록하고 이 값을 기준으로 절삭 저항을 측정한다.

② 비절삭 저항이란

절삭 저항의 3분력 중에서 공작물의 회전력에 대한 직접적인 반력으로 되는 주분력 F_H 는 공작물의 절삭 난이도 또는 바이트의 절삭성을 나타내는 척도로 쓰이고 있다. 그러나 절삭 저항은 절삭 깊이와 이송을 크게 하면 커지므로 공작물의 재질간의 절삭 난이도를 비교하는 데 불편하다. 그래서 일정한 단면적을 절삭하는 데 필요한 주분력으로 환산하여 절삭 저항을 비교하는 방법을 쓰고 있다. 이것이 비절삭 저항이다.

비절삭 저항은 공작물의 절삭 난이도를 나타내는 하나의 척도로 공구에 걸리는 절삭 속도 방향의 절삭력(절삭 저항 주분력 F_H)을 그 때의 절삭 단면적으로 나눈 값이다. 즉 단위 절삭 단면적 당의 절삭 저항으로 표시된다.

$$K = \frac{F_H}{s} ≒ \frac{F_H}{d \times f} \qquad\qquad\qquad\qquad (2)$$

여기서 K : 비절삭 저항

　　　　s : 절삭 단면적(약 $d \times f$) (그림 3)

　　　　d : 절삭 깊이

　　　　f : 이송

이 K 의 값이 클수록 깎기 어려워진다. 실제 절삭에서 공작물마다의 비절삭 저항이 알려져 있

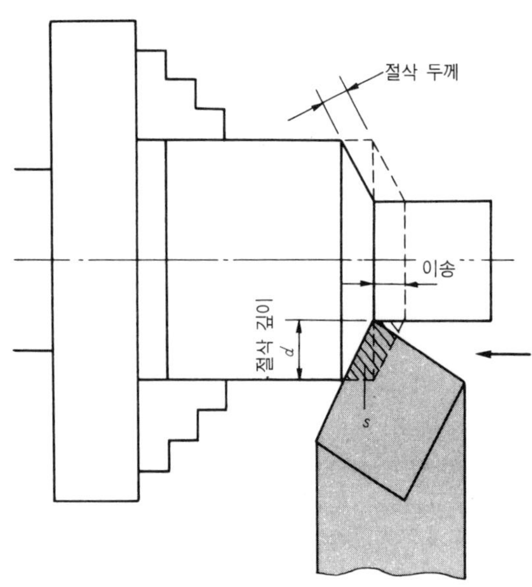

그림 3 선삭에서 절삭 단면적

표 1 공작물 재질과 비(比)절삭 저항 (K, kg/mm²)

공작물 재료	인장 강도 또는 경도	이송 f (mm/rev)				
		0.04	0.1	0.2	0.4	1.0
탄소강	40 (kg/mm²)	350	290	250	212	173
	60 〃	430	356	300	255	212
	80 〃	500	410	350	300	245
합금강	100 〃 100	550	450	385	330	270
	140 〃	650	530	460	395	320
	180 〃	855	600	600	510	420
주철	120 (HB)	185	142	118	97	75
	160 〃	260	200	166	137	105
	200 〃	340	260	215	178	137
알루미늄 합금	80 〃	138	115	97	83	68
알루미늄		107	89	75	65	137

표 2 K_δ 의 값 (益子)

공작물 재료	칩 형상	경 사 각 α				
		40°	30°	20°	10°	0°
		절 삭 각 δ				
		50°	60°	70°	80°	90°
강재, 동, 경합금 등	유동형	0.66	0.750	0.84	0.92	1.00
주철, 황동, 청동 등	전단형 또는 균열형	0.59	0.69	0.80	0.90	1.00

표 3 K_K 의 값 (益子)

공작물 재료	고 정 각 Cs'				
	30°	45°	60°	75°	90°
강	1.27	1.16	1.09	1.04	1.00
주철	1.21	1.13	1.07	1.03	1.00
경합금	1.15	1.09	1.05	1.02	1.00
황동, 청동	1.10	1.06	1.04	1.02	1.00

으면 식 (2)에서 절삭 저항 주분력 F_H는

$$F_H = d \times f \times K \quad\cdots\cdots\cdots\cdots (3)$$

에서 계산되어 편리하다.

표 1은 대표적인 금속 재료에 대하여 바이트의 경사각을 $0°$로 하고 이송을 변화시켜 절삭했을 때의 절삭 저항을 비절삭 저항 K로 하여 종합한 것이다. 표에서 알 수 있듯이 비절삭 저항 K는 대부분의 금속에서 절삭 단면적이 같아도 이송(절삭 두께)이 클수록 감소되는 성질이 있다.

K의 값은 이송에 의하여 달라지는데 연강일 때 실용적으로는 약 $250\,\mathrm{kg/mm}^2$ 정도이다. 그러나 경사각이나 옆면 절삭날각을 변화시키면 비절삭 저항도 변하므로 이것을 수정할 필요가 있다. 경사각에 의한 수정 계수 K_δ 및 고정각($C'_S = 90 - C_S$)에 의한 수정 계수 K_k가 **표 2, 3**과 같이 제안되어 사용되고 있다.

이에 의해 실용적인 비절삭 저항 K'는

$$K' = K \times K_\delta \times K_k \quad\cdots\cdots\cdots\cdots (4)$$

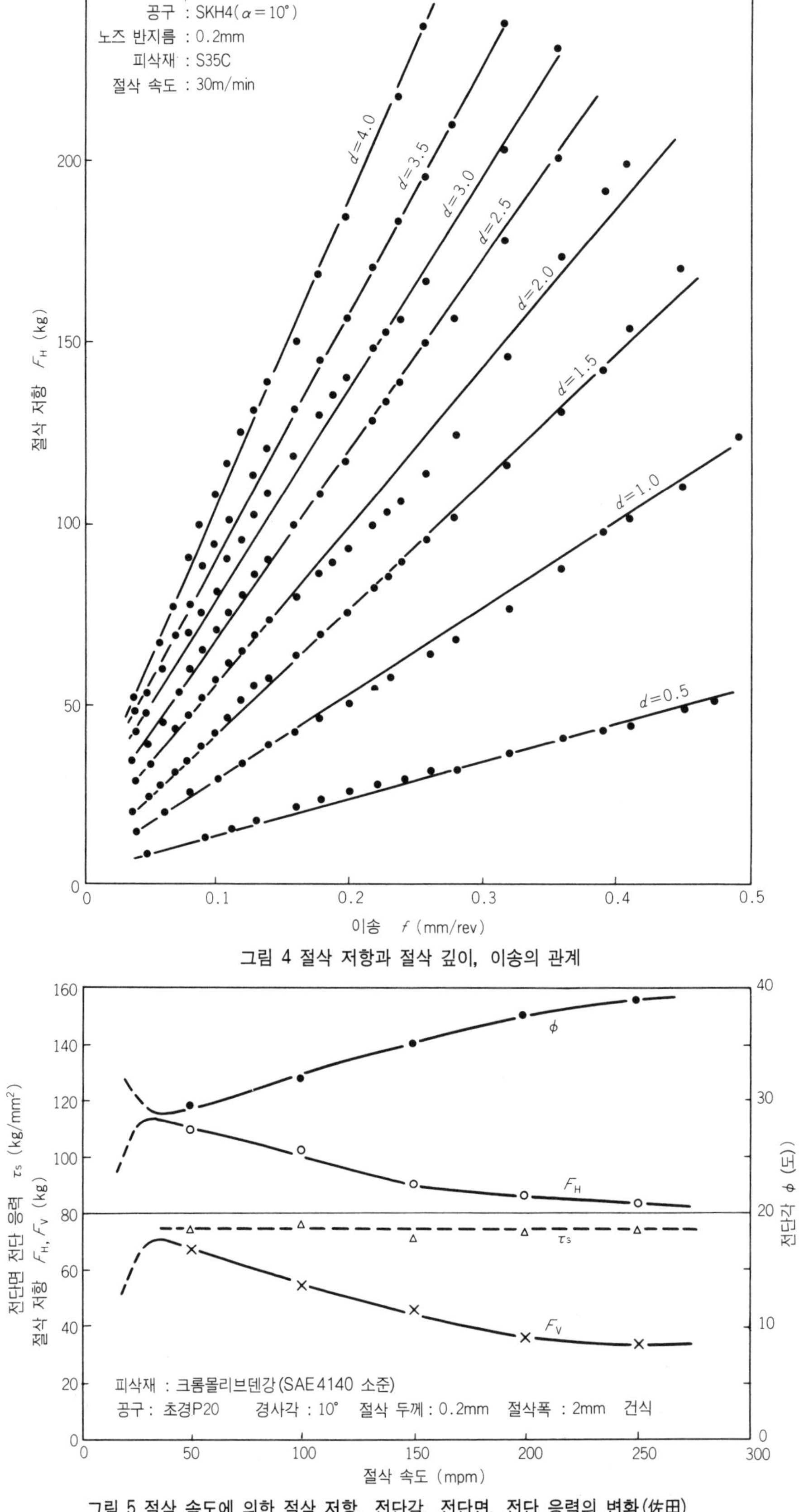

그림 4 절삭 저항과 절삭 깊이, 이송의 관계

그림 5 절삭 속도에 의한 절삭 저항, 전단각, 전단면, 전단 응력의 변화(佐田)

로 된다. 옆면 절삭날각 C_S를 크게 하면 K'는 증가하고 경사각 α를 크게 하면 K'는 감소된다. 여기에서는 절삭 속도, 절삭 깊이는 고려하고 있지 않으나 실용상 이 두 가지 요소는 그다지 비절삭 저항에 영향을 주지 않는 것으로 생각해도 된다.

표 1~3을 써서 식 (4)에서 비절삭 저항 K'를 계산하여 K'를 K로 바꿔 읽어서 식 (3)에 대입하면 실제의 절삭 저항 주분력 F_H의 개략적인 값을 알 수 있다.

③ 절삭 저항과 절삭 조건

절삭 저항 3분력에는 각각 중요한 의미가 있다. 주분력에 절삭 속도를 곱하면 절삭 동력으로 환산되며 선반 주축 모터의 최대 출력보다 작아야 된다. 또 선삭에서는 주분력에 의한 우력은 공작물 고정의 안전성에 직접 관계된다.

이송 분력은 주축의 스러스트 하중으로 되고 배분력은 공구와 공작물의 상대 변위에 직접 관계되어 다듬질 치수 정밀도에 영향을 준다.

그러므로 절삭 저항에 관한 이해는 중요하다. 여러 가지 절삭 조건하에서 절삭 저항을 측정한 결과를 알아보자.

(1) 편인(片刃) 바이트의 고찰

그림 4는 편인 바이트로서 절삭 깊이, 이송을 변화시켜 원통 절삭했을 때의 주분력의 측정값이다. 절삭 조건은 그림 속에 표시되어 있는데 연강 절삭에서는 이송을 증가시키면 주분력이 직선적으로 증가된다. 이것은 절삭 깊이를 변화시켜도 마찬가지이다.

그러나 이송을 두 배로 했으므로 주분력도 두 배로 된다고는 할 수 없다. 이것은 측정한 그림 속의 직선을 이송 0까지 연장해도 주분력은 0으로 되지 않는 것에 기인한다. 이것은 절삭시의 치수 효과라 부르며 절삭날의 둥글기와 공작물의 비소성 변형 등도 원인이라고 생각된다.

이 때문에 앞에서 설명한 바와 같이 비절삭 저항은 이송이 클수록 작아지는 현상이 일어난다. 그림의 예에서는 절삭 깊이 2mm, 이송 0.2mm, 주분력 100kg이므로 비절삭 저항은 약 250kg/mm^2로 계산된다.

그림 5는 절삭 속도를 변화시켰을 때의 주분력 F_H, 이송 분력 F_V의 변화를 나타낸 것이다. 그림 중에는 전단각 ϕ, 전단 응력 τ_S도 표시되어 있다. 이 값은 각각 칩 두께와 절삭 저항의 측정 결과를 사용해서 제1절의 식 (1) 및 본절의 식 (1)에 의하여 계산한 것이다.

크롬몰리브덴강의 절삭뿐만 아니라 금속의 절삭에서는 절삭 속도를 증가시키면 절삭 저항은 조금 감소된다. 이것을 속도 효과라 부르며 절삭 속도의 증가에 의하여 칩 두께가 얇아지는 것이 관찰된다. 이것이 그림 중의 전단각 ϕ의 값의 증가로 표시되어 있다. 절삭 속도의 증가에 의하여 공구의 절삭성이 좋아진다고도 할 수 있다.

그러나 식 (1)에 표시한 전단 응력은 측정 결과에서도 일정한 값을 나타내고 있다. 공작물 재료의 전단 강도는 이 속도 영역에서는 변화되지 않는 것을 알 수 있다. 그러나 이 전단 강도는 재료 시험 등에서 얻는 값과는 조금 다르게 되어 있다.

또 이송 분력은 주분력의 감소에 따라 서서히 감소되고 있다. 절삭 속도의 증가는 절삭 저항을 감소시키는 효과가 있는데 실용상은 특정 공구 재료의 절삭 속도를 두 배로 하는 등 극단적인 속도 변경은 공구 수명을 대폭 단축시키므로 절삭 속도의 증가로 절삭 저항을 줄이는 효과는 바람직

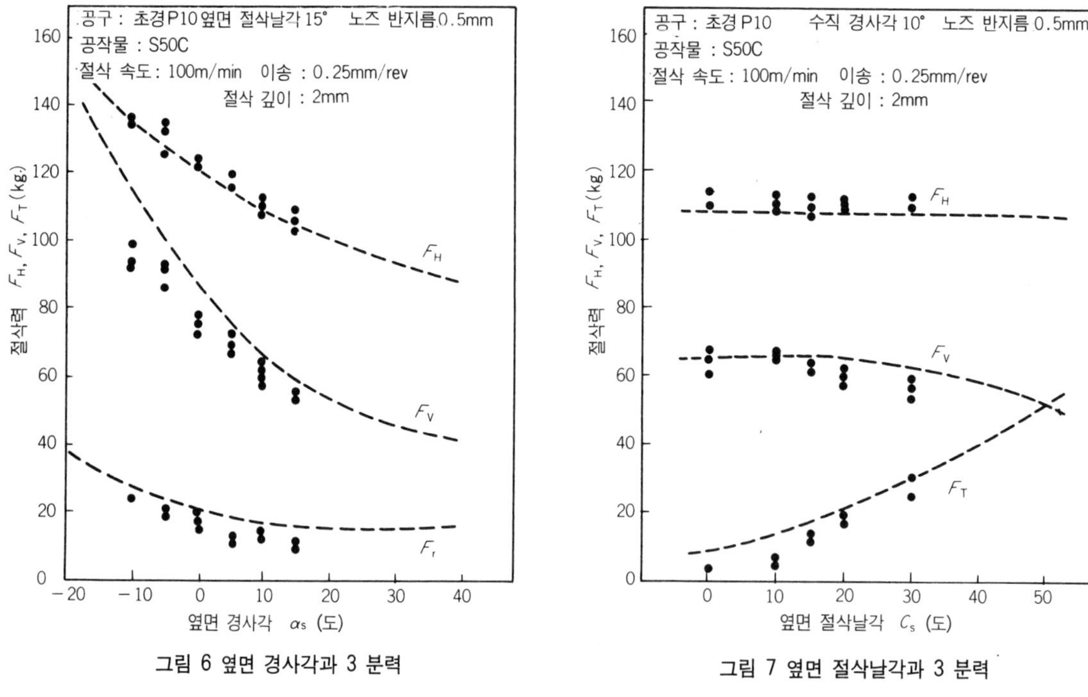

그림 6 옆면 경사각과 3 분력   그림 7 옆면 절삭날각과 3 분력

하지 않다. 다만 주분력과 이송 분력의 비는 대략 2대 1인 것을 이해해 둘 필요가 있다.

(2) 경사검 바이트의 고찰

여기에서는 경사검 바이트에 의한 원통 절삭시의 절삭 저항 3분력에 대하여 설명한다.

그림 6은 옆면 절삭날각이 15°인 초경 공구로 공구의 절삭날 수직 경사각(옆면 경사각)을 변화시켜 원통 절삭했을 때의 3분력의 변화이다.

절삭 저항 3분력 모두가 옆면 경사각을 크게 잡으면 크게 감소되고 있다. 절삭 단면적이 같으면 공구 경사각을 크게 하는 것이 절삭 저항을 감소시키는 데 효과적이다. 그러나 초경 공구 등 소결 공구에서는 공구 재질로서의 항절력이 작아서 공구 경사각을 크게 하면 절삭날 결손의 원인이 되므로 경사각을 크게 할 수 없다.

그 점에 있어서 고속도 공구강은 항절력이 높아 공구 경사각은 30° 정도까지 크게 할 수 있어서 유리한 절삭을 할 수 있다. 일반적인 원통 절삭에서는 그림에서 판단할 수 있듯이 주분력, 이송 분력, 배분력의 비는 10 : 5 : 2 정도이다.

그림 7은 옆면 경사각을 일정하게 하고 경사검 바이트의 옆면 절삭날각을 변화시켰을 때의 절삭 저항 3분력의 변화를 나타낸 것이다. 옆면 절삭날각 0° ~ 30°는 실용 범위의 각도로 옆면 절삭날각을 크게 하면 실질적인 이송(절삭 두께)이 작아지고 절삭날 길이가 길어지므로 공구 수명과 칩 처리면에서 유리한 절삭법이다. 그러나 절삭 저항면에서는 주분력, 이송 분력에 큰 변화가 없으므로 배분력 F_T는 옆면 절삭날각의 증가에 의하여 대폭 증대되고 있다.

배분력은 공작물과 공구를 상대적으로 분리시키는 방향으로 작용하므로 가늘고 긴 공작물, 얇은 공작물에는 공작 정밀도와 진동 발생 등의 점에서 큰 적(敵)이다. 옆면 절삭날각은 날끝의 강도란 점에서 유리하게 작용하므로 경사검 바이트 등에서는 강성이 높은 공작물의 중(重)절삭에 알맞는 공구 형상이라 할 수 있다.

배분력에 관해서는 중요한 성질이 또 하나 있다. 지금까지 배분력은 양수라 생각해 왔으나 공작물의 재질에 따라서는 음수로 되는 경우도 있다. 그림 8은 탄소강과 쾌삭 황동의 배분력 변화를 경사각의 변화에 대하여 본 것이다. 이 실험은 2차원 절삭의 데이터이므로 이 배분력은 선삭(편인 바이트)에서 이송 분력에 해당한다. 그림과 같이 탄소강에서는 경사각이 $40°$로 되어도 배분력은 0으로 되지 않지만 황동에서는 $\alpha = 15°$ 정도에서 배분력은 0으로 되고 그 이상의 경사각에서는 음수로 되고 있다. 이것을 공구쪽에서 보면 절삭력에 의하여 공구가 공작물 속으로 끌려 들어가고 있는 것을 의미한다.

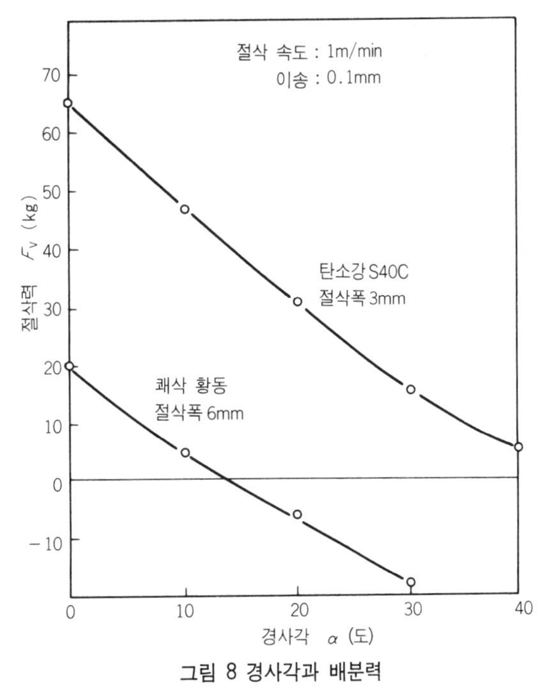

그림 8 경사각과 배분력

그림 9는 배분력이 양수, 0, 음수인 경우의 절삭 저항 R의 방향을 표시한 것인데 연필을 안전 면도기 날로 깎을 때 날이 연필의 심쪽으로 끌려 들어가는 것과 같은 현상이다. 연필을 깎을 때 날이 끌려 들어가면 그 방향으로 날이 나가지만 공작 기계에서는 다른 현상으로 된다.

배분력이 음수인 절삭 상태에서는 공구가 공구대의 이송 나사의 백래시 분량만큼 끌려 들어가면시 순간적으로 공구 날끝이 결손되거나 끌려들어가 정지 상태가 연속적으로 발생하여 결국 진동 발생과 같은 현상이 일어난다. 배분력이 지나치게 크거나 음수로 되면 절삭 상태로서는 좋은 상태라고 할 수 없다.

공구의 형상이나 절삭 조건을 변화시키면 절삭 저항 3분력이 변화되는 상태를 주로 경사검 바이트에서 알아보았는데 선삭에서 작업 형태는 다양하다. 단면 절삭, 절단, 보링 등 사용 공구를 바꾸면 절삭 저항의 방향이 변화된다. 그러나 절삭날과 공작물의 관계에서 보면 큰 차이가 없으므로 경사검 바이트의 예에서 다른 절삭 형태일 때의 절삭 저항의 크기, 방향도 추정되리라 생각한다.

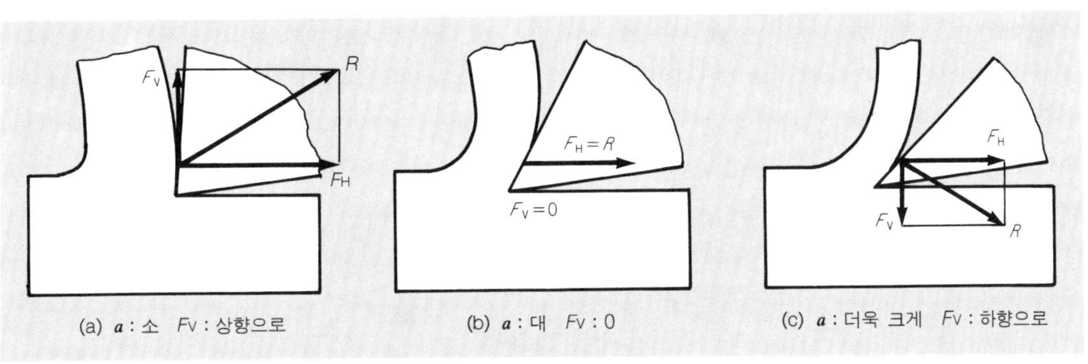

그림 9 절삭 저항의 방향

절삭 조건을 결정하기 위한 조건

● 선삭의 메커니즘 ④

선삭 가공에서 절삭 조건을 엄밀히 생각하면 선반의 정적·동적 정밀도, 강성, 공작물의 재질·치수, 공구의 재질·형상 및 정밀도, 공작물의 고정·유지 방법, 공구의 절삭 깊이·이송·절삭 속도, 절삭제의 종류와 유무 등 다수의 사항이 포함되어 있다.

또 절삭 조건을 정하는 근거로는 공작물에 요구되는 치수 정밀도, 형상 정밀도(원통도, 동심도 등), 표면 정밀도(거칠기, 가공 표면의 응력, 조직의 변질 등), 가공 비용, 가공 개수, 설비 기계나 공구의 성능과 유무 등을 들 수 있다.

이들 공작물에 요구되는 사항 중에서 가장 중요시되는 항목은 당연한 일이지만 그 공작물의 사용 목적과 절삭 조건을 정하는 방법에 따라 달라지게 된다. 또 절삭 조건을 합리적으로 어떤 순서로 정해 나갈 것인지도 매우 어려운 문제이다.

여기에서는 선삭할 때 발생되는 다양한 문제점 또는 선삭을 제한하는 사항에 대하여 알아보자.

① 힘의 제한

절삭 가공이란 공구 날끝에 의하여 공작물의 쓸데없는 부분을 제거하여 목적한 형상과 정밀도를 구체화하는 가공법이므로 제거 속도를 얼마나 빠르게 하느냐, 가공 정밀도를 어떻게 실현하느냐가 포인트로 된다.

선삭에서 칩의 제거 속도 V_C는 공구의 절삭 깊이를 d, 이송을 f, 절삭 속도를 V라 하면 절삭 단면적 s는 $s \fallingdotseq d \times f$이므로

$$V_C \fallingdotseq d \times f \times V \cdots\cdots (1)$$

로 주어진다. 따라서 가공 능률을 좋게 하려면 d, f, V를 각각 최대한 크게 하면 된다. 그러나 가공 능률을 좋게 하려면 여러 가지 문제가 발생된다. 그 하나가 절삭력에 관한 문제이다.

앞의 절 ②항에서 설명한 바와 같이 공구에 걸리는 절삭 속도 방향의 절삭력, 즉 절삭 주분력 F_H는 절삭 깊이 d, 이송 f 및 비절삭 저항 K의 곱으로 구할 수 있다. 이 F_H의 값은 선반 주베어링의 수명과 기계의 미끄럼면의 마모에 관계된다. 어느 선반에서는 설계상의 허용 하중에 상한이 있어서 이것을 넘는 절삭은 선반의 수명을 단축시킨다. 또 절삭력은 공작물을 밀어 굽히는 작용도 한다. 공구나 공작물도 주철이나 강 등의 탄성체로 지지되어 있으므로 절삭력이 존재하는 한 공구의 절삭 깊이 분량만큼 공작물이 제거될 것이라는 단순 계산은 성립되지 않는 것이 일반적이다. 그러므로 절삭 저항에서 보면 같은 절삭 단면적을 절삭하는 것이라면 절삭 깊이를 줄이고 이송을 크게 하는 절삭이 유리하다고 할 수 있다.

이 밖에 절삭 저항을 감소시키는 수단으로 공구의 경사각을 크게 하는 것이 유효하다. 공구의 이상으로는 공구를 칼과 같이 하는 것인데 강의 절삭에서는 날끝 강도의 문제로 한계가 있어서 인성이 높은 고속도 공구강 공구에서도 $30°$ 전후가 상한일 것이다. 또 절삭 속도를 증가시키는 것도

절삭 저항을 감소시키는 데 효과가 있다.

다음에 공작물의 고정력이나 변형면에서의 절삭력을 알아보자.

그림 1은 선반의 단동 척으로 공작물(S35C)을 5mm 정도 처킹하고 원통 절삭했을 때의 공작물의 고정력을 조사한 것이다. 척 고정력 Q가 1000kg일 때 지름 ϕ80mm의 환봉은 1500 kg·cm 정도의 굽힘 모멘트로 공작물이 척에서 밀려나오는 것을 표시하고 있다. 공작물이 척에서 돌출하는 길이 L을 80mm로 하면 절삭 저항 주분력 F_H는 약 200kg으로 되고 절삭 단면적으로 환산하면 연강에서 약 1mm²의 절삭이다.

이 실험에서 구한 단동 척의 공작물 고정 능력은 공작물 직경을 D라 하면

$$F_H \times L = 2.17 \times (Q \times D)^{0.71} \quad \cdots\cdots\cdots\cdots\cdots\cdots\cdots\cdots\cdots\cdots\cdots\cdots\cdots (2)$$

로 된다. 실제 문제로서 척 고정력은 사람의 힘으로 2000kg 전후이다.

절삭력에 관해서는 절삭 동력 문제가 있다. 자세한 것은 다음 절에서 설명하겠지만 소요 절삭 동력이 사용하는 선반 주축용 모터의 정격 출력보다 작지 않으면 절삭에 무리가 있다. 허용되는 절삭 저항 주분력 F_H와 절삭 속도 V의 범위는 그림 2와 같이 표시된다. 이 그림에서 선반의 허용 하중 및 척 고정력의 한계를 넘으면 절삭 깊이 d, 이송 f, 절삭 속도 V를 취할 수 있는 대강의 범위를 알 수 있다.

② 온도의 제한

칩의 단위 시간당의 제거 체적은 식 (1)에 의하여 절삭 깊이 d× 이송 f× 절삭 속도 V로 계산되며 앞의 절의 설명에 의해 d와 f의 곱(절삭 단면적)으로 절삭 저항도 대강 예상할 수 있다. 또

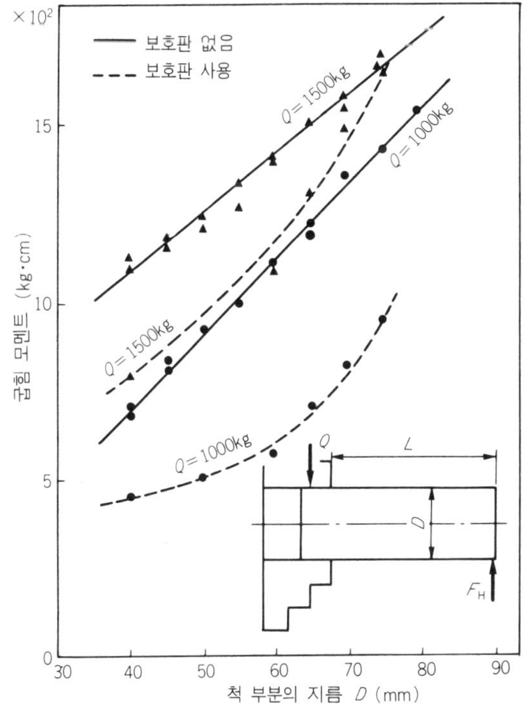

그림 1 척의 고정 능력

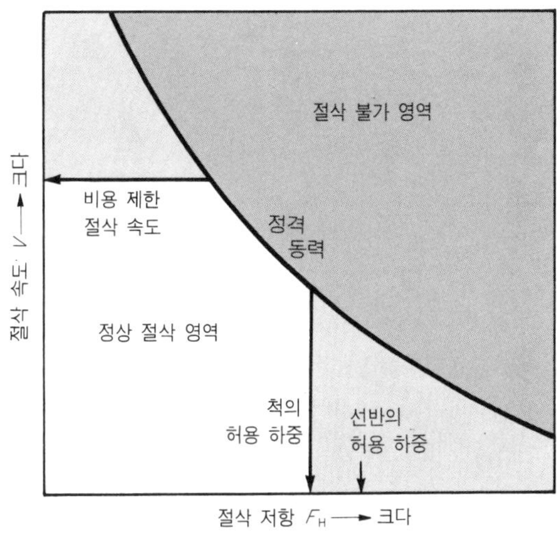

그림 2 절삭 저항·절삭 속도의 허용 범위

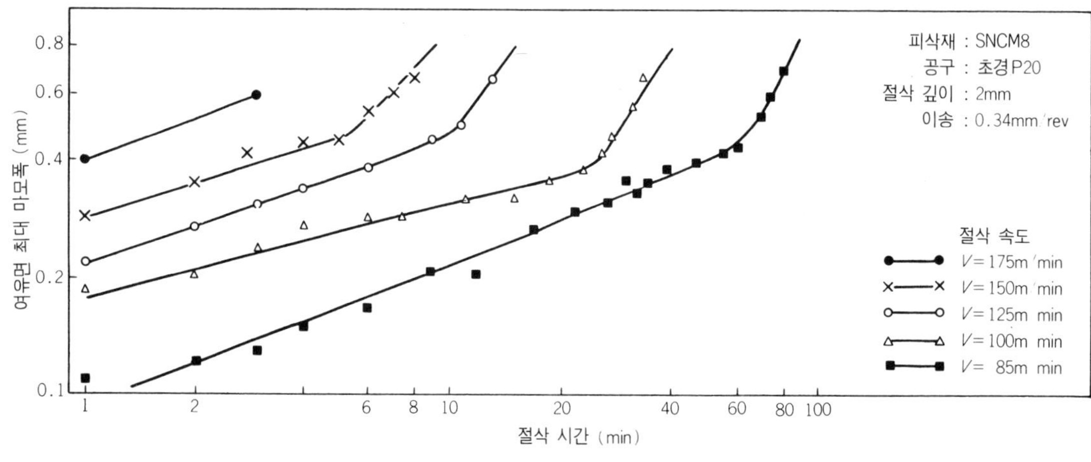

그림 3 절삭 시간과 공구 여유면 마모폭

그림 2에 의하면 절삭 동력의 허용 범위에서 허용 최대 절삭 속도가 구해지고 이 절삭 속도를 쓰면 칩 제거의 가공 능률은 최대로 된다. 이와 같은 최대 절삭 속도를 써도 문제가 없는지 생각해 보자.

그림 3은 합금강을 초경 공구(P20)로 절삭했을 때 공구 여유면의 마모폭을 절삭 시간에 대하여 기록한 그림이다. 공구 여유면의 마모는 일반적으로 절삭 초기를 제외하고 절삭 시간의 경과에 대하여 직선적으로 증가하나 그 증가 비율은 절삭 속도에 비해 매우 민감하다.

예를 들면 여유면 마모폭이 0.4mm에 달하는 절삭 시간은 절삭 속도 85m/min에서는 40분 이상이지만, 절삭 속도 175m/min에서는 약 1분에 이미 0.4mm 의 마모폭으로 되어 있다. 절삭 속도를 약 2배로 하면 공구의 마모는 약 40배 속도로 된다.

공구의 여유면 마모폭 0.4mm는 일반적으로 공구가 수명에 달했다고 판단되는 마모이므로 절삭 단면적 $d{\times}f$를 같게 해도 절삭 속도를 2배로 하면 단위 시간당의 칩 제거 체적은 2배로 되는데, 공구 수명은 1/40로 되어 공구 교환 횟수가 40배로 되며 절삭 시간보다 공구를 교환하는 시간이 많아진다. 이런 것으로 절삭 속도를 증가시키는 것은 큰 문제점이다.

선삭 가공의 직접적인 가공 비용은 공작물의 소재 비용을 별도로 하면 공구 비용, 전력 비용, 기계 상각 비용, 노무비가 있다. 선삭에서 칩을 생성하기 위하여 절삭 단면적을 일정하게 하고 절삭 속도를 바꾸어 깎았을 때 가공 비용을 정성적(定性的)으로 표시한 것이 그림 4이다.

우선 전기료에 대해서는 절삭 속도를 증가시켜도 절삭 저항의 감소는 작으므로 절삭 동력은 절삭 속도에 비례되는 것으로 생각되어 단위 칩 체적당의 비용은 변하지 않는다.

다음에 절삭 속도를 증가시키면 칩을 제거하기 위한 절삭 시간은 반비례하여 감소되므로 기계 상각비와 노무비는 직선적으로 감소된다. 그런데 공구 비용은 공구 수명이 절삭 속도의 증가에 따라 짧아지므로 급격히 증가한다.

이들 총비용을 합계하면 그림 중의 합계 비용이 나온다. 그림에서도 알 수 있듯이 합계 비용은 아래로 볼록한 곡선으로 되며 특정한 절삭 속도에서 최소 비용이 존재하고 있음을 표시하고 있다. 이에 의해 절삭 속도에 관해서는 절삭 동력에 관한 제한 외에 공구 수명 또는 가공 비용으로 판단되는 제한이 존재하게 된다.

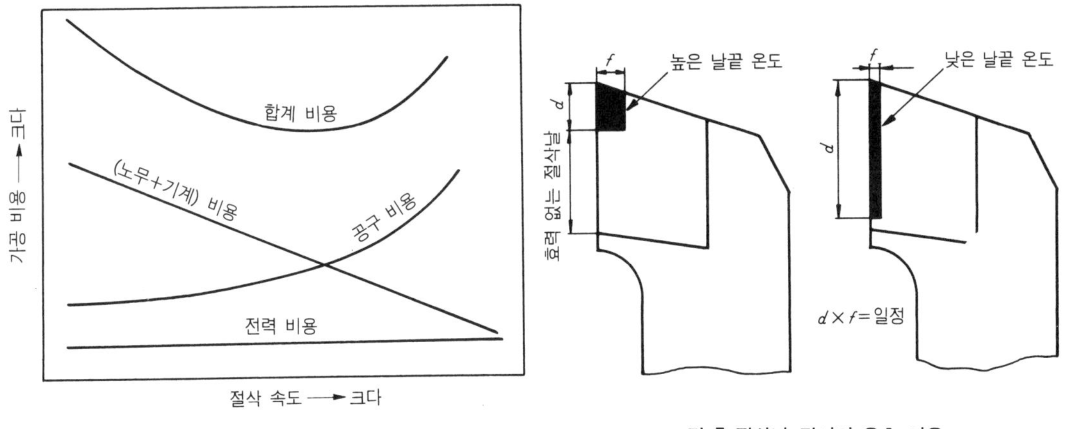

그림 4 절삭 속도에 의한 가공 비용의 변화　　　　그림 5 절삭날 길이의 유효 이용

공구 수명에 대해서는 별도의 항목에서 자세히 설명하겠지만 공구 수명이 절삭 속도에 민감한 이유는 절삭에 의하여 발생되는 절삭 온도가 높기 때문이다. 절삭 동력이란 점에서도 판단되듯이 주축용 모터에 들어간 전력의 대부분은 공구 날끝의 절삭 영역에 소비되어 대부분이 열로 방출된다. 절삭점에서 수 kW의 전열기의 열량이 발생되는 절삭이 일반적이므로 이 고열이 공구 마모에 큰 영향을 준다.

정상적인 공구 마모의 주원인은 기계적인 접촉에 의한 마모와 고온에 기인하는 화학 반응, 금속 분자의 확산에 의한 공구 재질의 변질을 들 수 있다. 절삭 온도의 상승에 의하여 공구 재질의 변질이 급속히 조장되고 이것에 기계적인 마찰이 더해져 공구 마모가 절삭 속도의 상승에 따라 급격히 증대된다고 이해되고 있다.

칩 제거 체적은 절삭 깊이와 이송, 절삭 속도의 곱이므로 이 곱이 일정하면 절삭 동력은 그다지 큰 차가 없다. 절삭 속도를 일정하게 하고 절삭 깊이와 이송의 조합을 바꾸면 절삭 온도가 어떻게 되는지 생각해 보자.

비(比)절삭 저항은 이송이 작을수록 커지는데(3절 참조) 절삭 단면적 $d \times f$를 같게 하면 단위 절삭날 길이당의 절삭 동력은 이송이 작을수록 작고 절삭 온도가 낮아져(**그림 5**) 공구 수명이란 점에서 유리하게 된다.

같은 가공 능률에서 절삭 속도가 같으면 이송을 크게 하는 것보다 절삭 깊이를 크게 하는 편이 공구 수명이 길어진다고 할 수 있다. 반대로 공구 수명이 같으면 절삭 단면적이 같아도 절삭 깊이가 큰 조건쪽이 절삭 속도를 높게 잡아 결과적으로 가공 능률이 향상된다.

③ 기타 제한

칩 제거율을 같게 했을 때 절삭 저항에 의한 안전성과 공작물의 변형면에서 절삭 깊이보다 이송을 높이는 편이 유리하고 공구 수명과 비용면에서는 절삭 깊이를 크게 하는 편이 유리하다. 그런데 선삭 가공에서는 칩이 연속 배출되는 가공이 많아 칩 처리가 문제가 된다. 연속 유동형 칩을 분단할 목적으로 칩 브레이커가 있는 공구가 개발되어 최근에는 그 성능이 향상되고 있다. 그러나 칩 브레이커는 만능이 아니며 한 규격의 팁은 어느 범위 내에서 유효하다. 칩 절단은 특히 큰 절삭 깊이, 낮은 이송 절삭에서 문제점이 발생한다. 따라서 공구 수명 등의 면에서 절삭 깊이 우선

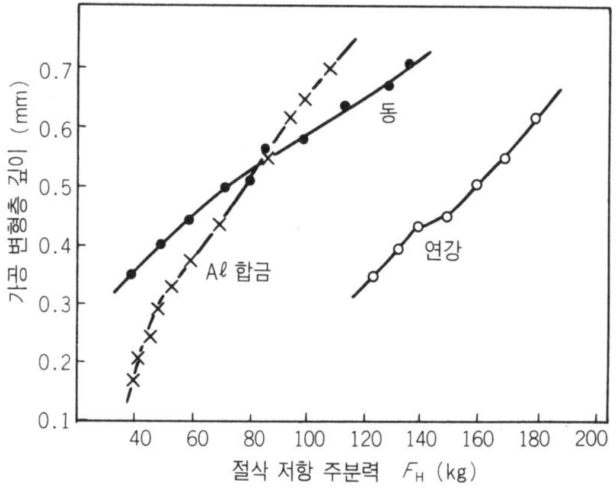

그림 6 절삭 저항과 가공 변질층 깊이의 관계(山本)

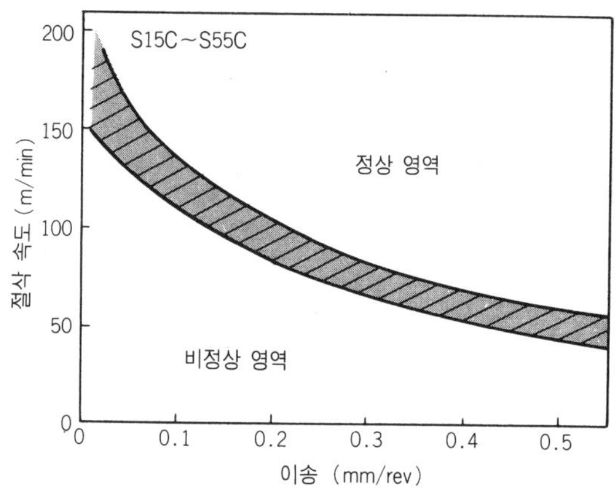

그림 7 다듬질면 거칠기의 정상 영역과 비정상 영역(竹山)

인 절삭 조건을 채택하면 칩 처리에 문제가 생겨 절삭 깊이와 이송의 균형을 잡을 필요가 있다.

또 절삭 깊이 우선의 절삭 조건에서는 절삭에 관여하는 실제 절삭날 길이가 길어져 절삭계의 안정성이 나빠지므로 공구에 채터링 등을 일으켜 절삭을 불가능하게 하는 위험이 커지므로 과대하게 높은 절삭 깊이, 낮은 이송 절삭은 실제로는 어렵다.

다음에 절삭 조건과 공작물 다듬질면의 관계를 알아보자. 그림 6은 절삭 저항과 다듬질면 바로 아래의 공작물 모재의 가공 변형 관계를 나타낸 것이다. 절삭에서는 공구 날끝이 공작물에 압입되어 금속이 소성 유동하면서 칩으로 배출된다. 이 강렬한 압력은 칩뿐만 아니라 공작물 다듬질면에도 작용하여 결과적으로 그림 6과 같이 가공 변형으로 상상 이상의 깊은 영향을 미친다.

그림과 같이 가공 변형은 절삭 저항이 클수록 깊어진다. 당연한 것이지만 가공 변형의 크기는 절삭 저항이 클수록 그리고 가공 표면에 가까울수록 커진다. 또 절삭열에 의하여 가공 표면의 금속 조직은 크게 변질된다.

금속 조직의 변질과 가공 변형의 잔류는 가공 표면의 내식성 저하나 아주 작은 크랙을 발생시키므로 가공 표면의 성질이 문제가 될 때에는 저절삭 저항, 저절삭 온도의 선삭에 신경을 써야 한다.

마지막으로 다듬질면 거칠기에 대해서 약간 언급해 둔다.

선삭의 다듬질면 거칠기 R_{max}는 이론적으로 공구 날끝의 노즈 반지름 R와 이송 f에 의하여 창성되는 이송 마크의 요철 높이에 의하여 $f^2/8R$로 계산되지만 날끝에 칩이 부착되는(구성 날끝) 절삭 조건에서는 이 값이 매우 커진다. 고속 절삭일수록 계산값에 가까워지는데 이송과 절삭 속도의 조합에 의하여 그림 7과 같이 된다.

이 예는 탄소강의 예인데 이송과 절삭 속도의 곱이 일정값 이상인 영역에서 계산 거칠기값에 가까운 다듬질면 거칠기가 얻어진다. 그림의 왼쪽 아래 영역은 절삭 온도가 낮고 구성 날끝의 영향으로 계산대로 되지 않는다. 이와 같은 것은 앞에서 설명한 단위 절삭날 길이당의 절삭 동력으로 설명된다. 이 값이 일정값 이상에서는 절삭 온도가 높아져 구성 날끝이 없어지기 때문이다. 이 점을 고려하여 도면상의 다듬질면 거칠기 이하로 되도록 노즈 반지름과 이송의 최대값의 척도를 계산에 의하여 예상할 수 있다.

다듬질면 거칠기에 대해서는 별도의 항에서 설명한다.

소요 동력과 가공 능률

공작 기계의 주축용 모터에는 AC(교류)와 DC(직류) 모터가 쓰이며 모터의 라벨이나 시방서를 보면 정격 5.5kW, 10kW등의 표시를 볼 수 있다. 이것은 기본적으로는 모터의 최대 소비 전력을 표시한 것이다.

선반에서 절삭하면 바이트에 절삭력이 걸리고 이것을 이겨낼 수 있는 힘이 주축쪽에 있지 않으면 주축은 회전을 멈춘다. 또 같은 절삭력이라도 절삭 속도가 다르면 선삭하는 일의 비율(일률)이 달라 주축용 모터에 걸리는 부담이 다르다.

절삭에서 이 일률을 절삭 동력이라 부르며 주축용 모터의 정격 출력에 의하여 허용되는 최대 절삭 동력도 제한된다.

① 절삭 동력

절삭에서 공작 기계의 일률(절삭 동력)은 절삭 저항 주분력 F_H와 절삭 속도 V(m/min)의 곱으로 계산되며 미터 마력(PS)으로 1PS=75kg·m/sec 이면 절삭 마력 N_C는

$$N_c = \frac{F_H \cdot V}{75 \times 60} \text{(PS)} \quad \cdots\cdots\cdots (1)$$

로 된다. 여기에서 1PS=0.736kW이므로 공작물 직경을 D(mm), 주축 회전수를 n(rpm)이라 하면 절삭 동력 N은

$$N = \frac{\pi \cdot D \cdot n}{1000} \cdot F_H \cdot \frac{1}{4500} \times 0.736 \text{(kW)} \quad \cdots\cdots\cdots (2)$$

로 계산된다. N은 절삭에서 정미 절삭 동력인데 실제 절삭 동력에서는 이것에 이송 동력이 가산된다. 그러나 이송 동력(이송 분력×이송 속도)은 이송 속도가 절삭 속도에 비해 매우 작으므로 (보통 1% 이하) 무시해도 되는 값이다. 또 주축용 모터에서 주축에 동력이 전달되는 사이에 벨트나 기어에서도 동력이 소비되므로 주축용 모터에 부하되는 동력은 식 (2)로 계산된 값의 1.2배 정도로 생각해야 한다.

이 값이 주축용 모터의 정격 출력보다 작으면 정상 절삭이지만 크면 과부하 상태로 되어 극단적인 경우에는 모터가 정지하거나 과열 상태로 되어 정상적인 절삭이 계속되지 못하게 된다.

② 절삭 동력과 가공 능률

그림 1과 같은 가공 도면을 가상했을 때 가장 가공 능률이 좋은 절삭 깊이, 이송, 절삭 속도의 조합은 어떤 것인가. 여기에서 가공 능률이란 칩 제거율이 최대, 가공 비용이 최소로 되는 능률을 의미한다.

도면에서는 공작물 지름이 80mm이고 가공 여유는 20mm이다. 이 가공 여유를 그림 2와 같이

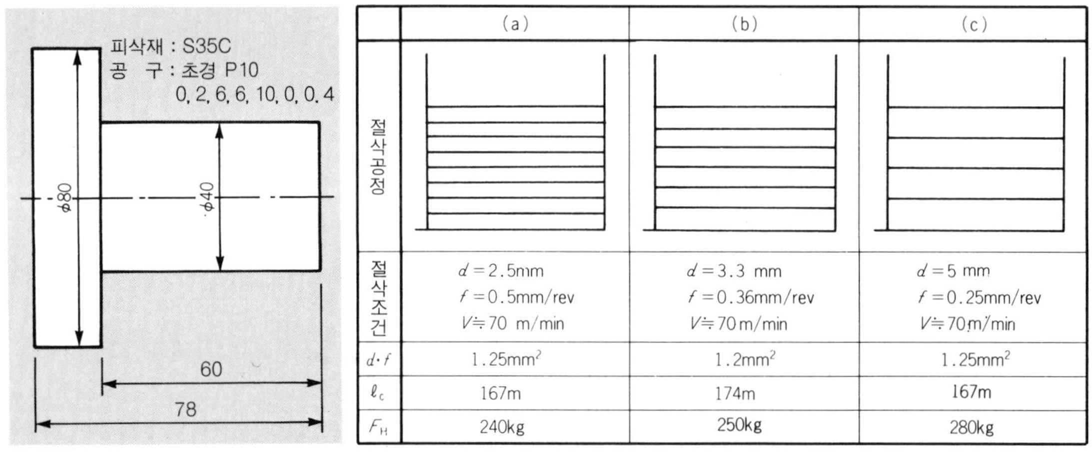

그림 1 가공도

	(a)	(b)	(c)
절삭공정			
절삭조건	$d=2.5$mm $f=0.5$mm/rev $V\fallingdotseq 70$ m/min	$d=3.3$ mm $f=0.36$mm/rev $V\fallingdotseq 70$ m/min	$d=5$ mm $f=0.25$mm/rev $V\fallingdotseq 70$ m/min
$d \cdot f$	1.25mm^2	1.2mm^2	1.25mm^2
ℓ_c	167m	174m	167m
F_H	240kg	250kg	280kg

그림 2 가공 공정과 절삭 저항 주분력

절삭 횟수를 8, 6, 4의 세 가지로 하고 이송은 절삭 단면적 $d \times f$가 일정하도록 정하여 절삭해 보았다. 공구는 초경 P10 인 편인 바이트이다. 총절삭 거리 l_c는 약 170m로 같으나 이 절삭에서 측정된 절삭 저항 주분력 F_H는 그림 2 의 아래 부분에 표시한 것과 같다. (a)와 같이 절삭 깊이를 작게 하고 이송을 크게 한 절삭에서는 (c)와 같은 절삭에 대하여 약 15%(40kg) 정도 절삭 저항이 작아지고 있다.

그림 2의 실측 주분력의 크기는 3절의 식 (3), (4)로 계산한 값과 거의 같게 된다. 이 실측값에 의하여 식 (2)를 써서 절삭 동력을 계산하면 그림 2(a)의 경우 2.75kW, (c)의 경우 3.2kW로 된다. 사용한 선반의 모터는 3.7kW이므로 기계의 효율을 가미하면 (c)에서는 모터의 정격을 넘는 절삭이 된다.

이와 같이 같은 절삭 단면적의 절삭에서도 절삭 길이를 작게 하고 이송을 크게 한 절삭쪽이 절삭 저항이 작고 절삭 동력에도 여유가 있으므로 절삭 깊이와 절삭 속도를 크게 할 수 있어서 가공 능률이 좋은 절삭이 가능하게 된다. 이것은 금속 절삭 일반에 해당된다.

공작물을 단단히 고정할 수 없는 가공을 포함하여 선반의 정격 출력 한계까지 칩 제거율을 향상시키고 싶을 때에는 이송을 우선시하는 사고 방식이 순리일 것이다. 그러나 이송을 크게 하면 좋다고만은 할 수 없다. 칩 처리나 공구 결손 문제가 따르므로 자연히 상한이 있다.

다음은 가공을 비용면에서 보자. 간단하게 하기 위하여 절삭에 직접 필요한 비용으로 그림 2의 절삭을 평가한다. 직접 비용을 P로 하고 칩을 생성하고 있는 정미 절삭 시간 T_C에 필요한 인건비와 기계 상각비, 유지비의 합계 평균 단가를 $A(円/min)$, 절삭에 소요된 공구비(공구의 수명 시간을 T_L로 하고 공구 교환 비용을 B円으로 하면 $B \times T_C/T_L$), 전력비 C_P 가 있어서 P 는

$$P = A \cdot T_C + B \cdot \frac{T_C}{T_L} + C_P \cdots\cdots\cdots\cdots\cdots\cdots\cdots\cdots\cdots\cdots\cdots\cdots\cdots\cdots (3)$$

로 계산된다. 여기서 공구 수명 방정식은 기계 기술 연구소에서 발표한 선삭 표준을 사용하여 $A=26円/min$, $B=600円/1$날, $C_P=15円/1$kWh로 한다. 그림 2의 절삭 깊이와 이송은 그대로 두고 절삭 속도를 여러 가지로 바꾸어 가공 비용의 변화를 구하면 **그림 3**과 같이 된다. 그림 2의 (a), (b), (c)가 그림 3의 (a), (b), (c)에 대응되고 있다. 각 그림 모두 절삭 속도의 증가에 따

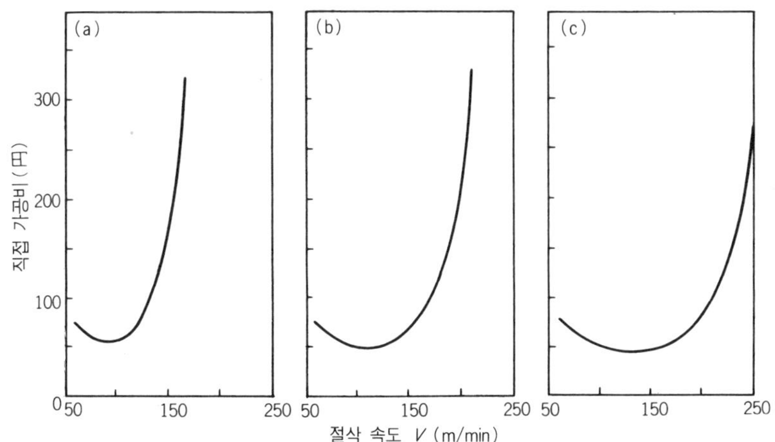

그림 3 절삭 속도를 변화시킬 때의 가공 비용의 변화

라 가공비는 감소하며 어느 속도에서 최소값으로 되고 그 이상의 절삭 속도에서는 가공비가 다시 증가된다.

이것을 정성적으로 설명하면 절삭 속도의 증가에 의해 절삭 시간이 감소하여 인건비와 기계 비용은 저렴해지나 공구 수명은 절삭 속도의 증가에 따라 급격히 단축되므로 공구비는 속도의 증가에 따라 급증된다. 이 두 가지 비용의 합으로 가공 비용이 최소인 절삭 속도가 존재하게 된다. 이 경향은 이송의 변화에도 해당된다.

그림 3에서 (a)의 절삭은 절삭 속도 $V=90$m/min으로 가공 비용이 58円으로 되고 (c)와 같이 절삭 횟수 4회의 절삭에서는 $V=135$m/min로 비용이 45円으로 최소값이 얻어진다. 즉 절삭 단면적은 같아도 이송을 작게 하고 절삭 깊이를 크게 하는 편이 비용면에서 유리하다는 것을 알 수 있다.

단, $V=135$m/min의 절삭을 하려면 절삭 동력으로 약 6.2kW가 필요하게 되어 3.7kW의 선반에서는 실행 불가능하므로 7kW 이상의 선반이 필요하게 된다.

구성 날끝의 생성과 그 득실

●선삭의 메커니즘⑥

① 구성 날끝의 특징

사진 1은 경사각 $\alpha=20°$의 고속도 공구강 공구를 써서 탄소강(SK 7)을 절삭 속도 $V=10\text{m/min}$, 이송 $f=0.2\text{mm/rev}$로 절삭했을 때의 날끝 근처의 칩과 공작물을 확대한 사진이다. 바이트와 칩 사이의 끝부분에 둥글게 뭉친 이물질을 관찰할 수 있는데 이것이 구성 날끝이다.

영어로는 빌트업 에지(built-up edge) 또는 빌트업 노즈(built-up nose)라 한다. 이 단어는 큰 소성 변형을 받아 가공 경화된 칩의 일부가 공구의 경사면에 부착되어 공구 절삭날의 일부로 되어 절삭하게 됨으로써 붙여진 이름이다.

구성 날끝은 균일한 것이 아니라 작은 칩이 층모양으로 겹쳐 쌓인 것 같이 구성되어 있고 끊임없이 성장, 탈락을 되풀이하고 있다. 핵으로 되는 구성 날끝이 경사면에 부착되면 다음의 작은 칩이 부착 성장되어 간다.

구성 날끝이 어느 정도 성장하면 이번에는 전체 또는 일부가 탈락하여 칩의 뒷면이나 다듬질면에 압입되어 사라진다.

이 때문에 공구의 경사각도 구성 날끝에 의하여 늘 변화하고 구성 날끝의 끝부분도 공구 날끝에 의하여 공작물쪽을 파고들어가는 모양으로 성장하므로 칩두께와 공작물의 다듬질 치수, 다듬질면 거칠기가 불규칙하게 변화하게 된다.

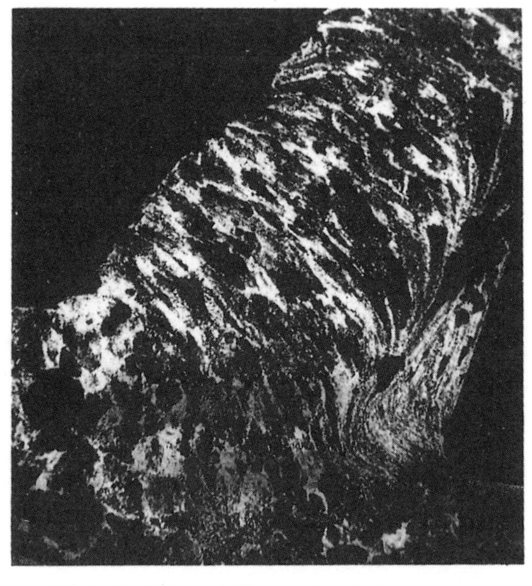

사진 1 날끝(경사각 20°) 끝부분에 부착된 구성 날끝

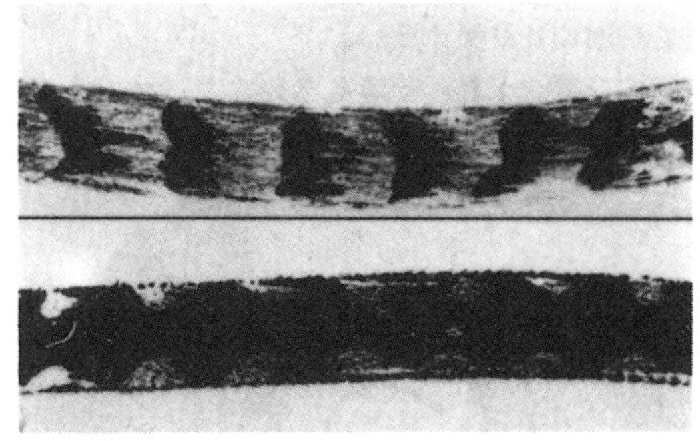

사진 2 칩에 의한 구성 날끝의 판별

여러 가지 조건으로 절삭했을 때의 구성 날끝의 경사각을 측정해 보면 최대 $30° \sim 40°$ 로 되고 그 이상으로는 되지 않는다. 그러므로 안정적인 구성 날끝이 부착되게 하는 절삭 조건에서는 예를 들어 경사각이 $0°$ 인 공구로 절삭해도 실제로는 경사각 $30°$ 정도의 공구로 깎는 것과 같게 된다.

구성 날끝은 어떤 금속에서나 발생하는 것이 아니라 강, 알루미늄 합금, 4－6 황동 등 어느 정도 단단하고 또 연성이 있는 금속에서만 발생한다. 특히 고속도 공구강 공구로 강을 절삭할 때는 불가피하게 발생된다.

구성 날끝이 되어 있는지 없는지의 판단은 간단하다. 즉 칩과 함께 나온 구성 날끝의 잔해는 칩의 뒷면에 남으므로 이에 의해 구성 날끝이 붙은 채로 깎았는지 어떤지를 판정할 수 있다.

사진 2는 칩의 뒷면을 나타낸 것이다. 위에는 전면에 구성 날끝이 붙어 있어서 주기적으로 탈락한 것, 아래는 칩의 중앙부에는 구성 날끝이 없고 칩폭의 양단에 구성 날끝이 남아 있다. 양단에 구성 날끝이 남은 것은 양단부의 절삭 온도가 낮기 때문이다.

또 탈락된 구성 날끝의 일부는 공구 여유면쪽으로 달아나 다듬질면에 남아서 다듬질면의 정밀도와 미관을 해친다. 이지면(梨地面)과 같이 난반사하는 다듬질면은 구성 날끝이 붙어 있는 증거다.

다음은 구성 날끝이 붙거나 안붙는 이유를 생각해 보자.

선반의 주축 회전수를 일정하게 하고 초경 공구로 강의 단면을 깎을 때 바깥 둘레 가까운 쪽에 광택면이 얻어지고 중심부에 가까울수록 이지면의 다듬질면으로 되는 것을 자주 보게 된다.

외주부에는 구성 날끝이 없고 중심부에는 구성 날끝이 붙어 있다.

단면 선삭에서는 외주부와 중심 부근의 절삭 속도에 큰 차가 있다. 여기서 절삭 속도와 이송, 공구의 경사각을 $-10°$, $0°$, $10°$ 의 세 가지로 바꾸어 구성 날끝이 붙고 안붙는 한계를 조사해 보았다. **그림 1**에 의해 이송이 작으면 높은 절삭 속도까지 구성 날끝이 붙고, 이송을 크게 하면 낮은 절삭 속도에서도 구성 날끝이 붙지 않는다는 것, 또 경사각은 작을수록 구성 날끝이 붙는 절삭 조건은 가볍게 되어 있다는 것을 알게 된다.

절삭 깊이는 2mm로 일정하므로 이송의 크기에 따라 절삭 저항은 변화하기 때문에 그림의 곡선에서 절삭 속도와 절삭 저항의 곱(절삭 동력이라 생각해도 좋다)이 대략 일정한 값을 경계로 해서 구성 날끝이 붙고 안붙는 것이 결정된다고 생각된다. 경사각이 작아지면 절삭 저항이 커지므로 절

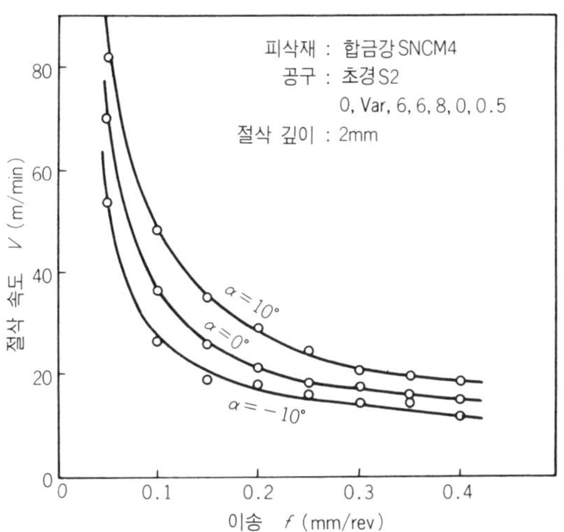

그림 1 절삭 속도와 이송, 구성 날끝의 소멸(佐田)

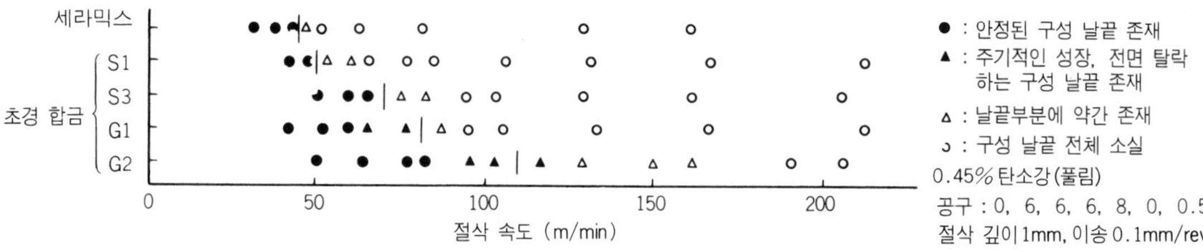

그림 2 공구 재질에 의한 구성 날끝 소멸 속도의 다름(中山)

삭 속도, 이송이 다소 작아도 구성 날끝이 부착되기 어려워지는 것으로도 이것은 반증된다.

절삭 속도와 이송의 곱이 대략 같은 값에서 구성 날끝이 소멸된다는 것을 추궁해 가면 절삭 온도가 일정값 이상으로 되었을 때 소멸하게 된다.

가공 경화된 칩의 일부가 경사면에 붙어 구성 날끝이 되는데 절삭 온도가 높아지면 금속은 연화된다. 어느 일정 온도 이상에서는 칩의 열연화와 가공 경화가 상쇄되어 경사면의 구성 날끝의 강도가 칩 본체와 큰 차가 없어져 칩의 퇴적이란 현상이 일어나지 않는 것으로 생각된다.

칩의 가공 경화가 열연화되는 온도는 금속의 재결정 온도와 같으므로 **그림 1**의 한계선은 절삭 온도가 공작물의 재결정 온도로 되면 절삭 속도와 이송의 조합을 나타내고 있다고 말할 수 있다.

또 공구 재질의 차에 의한 구성 날끝의 소실 절삭 속도를 비교하면 **그림 2**와 같이 된다. 공구 재질은 위로부터 차례로 열전도율이 높아지는데 세라믹과 같이 열전도율이 낮은 공구는 느린 절삭 속도에서도 구성 날끝이 소실되고 있다. 열전도율이 낮으면 열의 이동이 느려 절삭 온도가 높아지므로 절삭 속도가 느려도 금속의 재결정 온도에 도달하기 때문에 구성 날끝이 붙지 않는 것이다.

② 구성 날끝의 득실

① 날끝의 보호 ····· 구성 날끝은 절삭날의 끝부분에 부착하여 절삭날을 대신하므로 구성 날끝이 안정적으로 붙으면 공구는 마모되지 않는다. 고속도 공구강 바이트로 탄소강을 깎을 때 등에 유효하다.

② 절삭 저항의 감소 ····· 그림 3은 절삭 속도를 변화시켰을 때의 절삭 저항의 변화를 표시한 것이다. 그림 중의 B점은 구성 날끝이 가장 안정적으로 부착되는 조건으로 이 때 절삭 저항은 극소값을 나타내고 있다. 속도가 빨라지면 구성 날끝은 서서히 소멸되며 그림 중의 A점에서 완전 소멸 상태로 되어 절삭 저항도 공구 본래의 경사각의 공구값으로 된다.

그 후는 속도의 증가에 의하여 서서히 절삭 저항은 감소된다. 이와 같이 구성 날끝의 존재에 의하여 절삭 저항이 낮아지는 절삭 조건이 있다.

③ 적극적인 이용 ····· 구성 날끝을 적극적으로 이용하는 바이트가 있다. SWC 바이트라 하며 홋카이도 대학의 星光一 박사가 발명했다(그림 4). SWC 는 Silver White Chip의 약어로 절삭 열이 낮으므로 그 이름대로 은백색의 칩이 생성된다. 물론 황삭 전용 바이트이다. 날끝의 성형이 어렵고, 공구 재료 종류가 진보한 것 등으로 지금은 거의 쓰이지 않는다.

④ 다듬질면의 열화 ····· 이것이 최대의 결점이다. 구성 날끝은 생성과 탈락을 되풀이하므로 다듬질면이 나빠져 기계 가공에서는 황삭을 제외하고는 치명적이다.

⑤ 치수의 불안정 ····· 구성 날끝은 공구 절삭날의 끝부분에서 튀어나온 모양으로 부착되므로 예정 절삭 깊이보다 많이 깎게 되어 그 생성, 탈락에 의하여 깎아나가는 양이 달라진다.

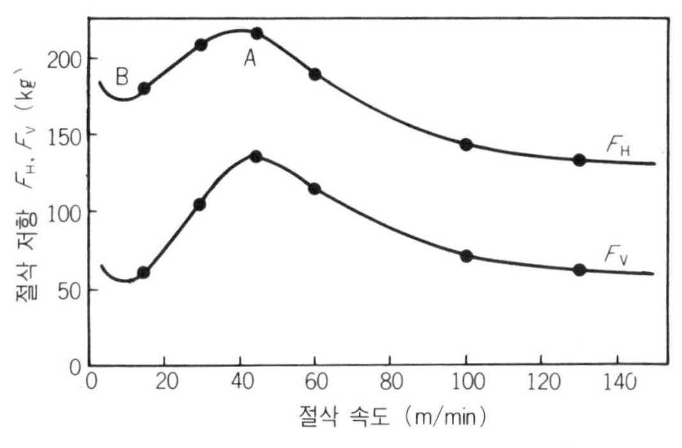

그림 3 구성 날끝의 생성, 소멸과 절삭 저항

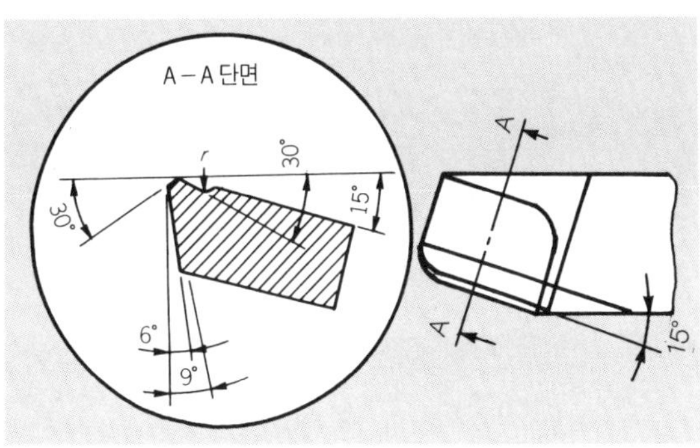

그림 4 SWC 바이트의 날끝 형상

다듬질 절삭에서는 다듬질 치수가 불안정하게 된다.

⑥ **공구 수명에 대한 악영향** ····· 구성 날끝은 생성, 탈락을 되풀이하므로 절삭력의 크기와 방향이 끊임없이 변동된다. 세라믹 공구나 초경 공구는 공구의 인성이 낮으므로 절삭력의 변동이나 구성 날끝의 큰 탈락은 절삭날의 치핑의 원인이 된다. 따라서 세라믹 공구나 초경 공구에서는 구성 날끝이 없는 상태에서 깎는 것이 바람직하다.

③ 구성 날끝을 없애는 방법

① **절삭 온도를 공작물의 재결정 온도 이상으로 한다** ····· 절삭 속도 또는 이송을 높게 하면 된다. 단, 고속도 공구강 공구로 절삭할 때 탄소강의 재결정 온도가 약 560℃ 정도로 절삭 온도가 높아지면 공구 자체도 급격히 연화되어 절삭할 수 없게 되므로 고속도 공구강으로 탄소강을 구성 날끝 없이 절삭하는 것은 어렵다.

② **공구의 경사각을 30° 이상으로 한다** ····· 초경 공구의 경사각을 30°로 하는 것은 날끝 강도란 점에서 무리이지만 고속도 공구강의 다듬질 바이트에는 예전부터 경사각을 30° 정도로 기울게 했다. 큰 경사각에 의하여 절삭성을 좋게 함과 동시에 구성 날끝을 붙기 어렵게 하여 좋은 다듬질면을 얻으려 한 것이다.

③ **양질의 절삭유를 쓴다** ····· 고속도 공구강의 다듬질 바이트에는 식물유나 광물유 중 극압유 등의 절삭유가 좋다. 절삭 속도 15m/min 정도까지의 저절삭 속도에서는 절삭유가 경사면의 윤활제로 되어 구성 날끝의 부착을 방지한다. 그러나 그 이상의 절삭 속도에서는 윤활 효과는 그다지 기대할 수 없다.

④ **공구에 진동을 준다** ····· 절삭중, 절삭력이 끊임없이 변화하는 절삭을 하면 구성 날끝은 붙기 어려워진다. 진동 절삭법이라고 하면 공구에 강제 진동을 주어 절삭하는 방법도 있는데 가까운 예로 스프링 바이트의 절삭이 이에 해당한다. 스프링 바이트는 섕크를 약하게 하고 있으므로 아주 작은 진동을 동반하는 절삭으로 되어 구성 날끝이 붙기 어려워 다듬질 바이트로 유효하다.

다듬질면 거칠기에 영향을 주는 인자

다듬질면 거칠기는 칩의 생성 기구, 공구 절삭날의 형상과 정밀도, 구성 날끝의 유무, 공작 기계의 운동 정밀도, 공구의 마모, 절삭 조건 등 여러 가지 요인의 영향을 받는다. 또 가공의 형식에 따라서도 다르나 여기에서는 선삭면의 다듬질면 거칠기에 큰 영향을 미치는 요소에 대하여 설명한다.

☐1 거칠기란

편인 바이트에 의한 원통 절삭에 대하여 생각해 보면 다듬질 원통부에는 바이트가 이송되어 노즈부 모양이 공작물에 연속적으로 전사되어 피치가 매우 가느다란 나사면으로 다듬어진다.

사진 1은 이송 0.1mm/rev인 원통 절삭 다듬질면의 현미경 사진이다. 규칙적인 세로 무늬의 피치가 바이트의 이송량에 해당하며 가느다란 나사면이란 것을 알 수 있다. 또 다듬질면을 세로 방향으로 보면 불규칙한 아주 작은 요철이 관찰된다.

이와 같이 기계 가공의 다듬질면에는 방향성이 있어서 다듬질면 거칠기를 생각할 때에는 절삭 속도 방향의 거칠기(세로 방향 거칠기)와 절삭 속도 방향에 수직인 방향의 거칠기(가로 방향 거칠기)의 양자를 고려하여 필요에 따라 나누어 쓰게 된다. 그러나 가로 방향 거칠기는 세로 방향 거칠기보다 거칠으므로 일반적으로 거칠기라 하면 가로 방향 거칠기를 말한다.

다듬질면 거칠기에 대해서는 JIS B0601에 규정되어 있으며 다듬질면의 요철을 촉침식 거칠기 측정기 등으로 측정하여 다듬질면 거칠기를 구한다.

그림 1은 거칠기의 측정 예이다. 일본에서는 표면 거칠기의 표시 방법으로 R_{max}(최대 높이)와 R_a(중심선 평균 거칠기)를 일반적으로 사용하고 있는데 현재 JIS에서는 R_a를 우선시하고 있다.

R_{max}는 그림 1(a)와 같이 거칠기 곡선의 산과 골짜기의 높이를 표시하여 최대 높이 거칠기를 나타낸다. 또 R_a는 중심선 평균 거칠기라 부르며 그림 1(b)와 같이 거칠기 곡선의 중심을 기준으

사진 1 원통 절삭의 다듬질면 확대 사진

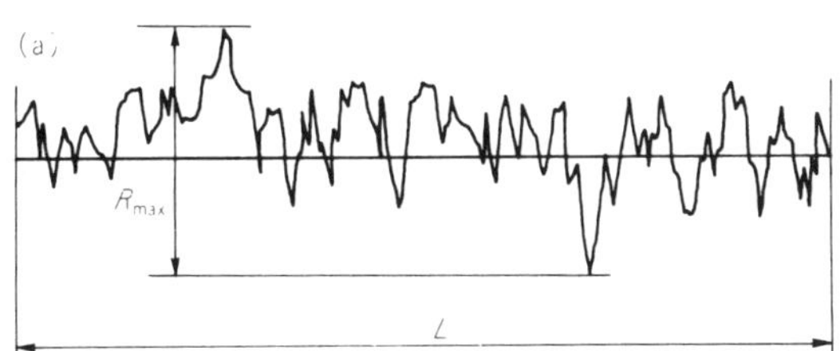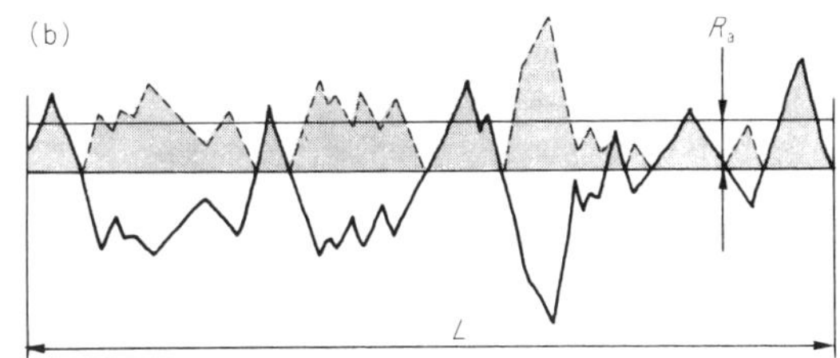

그림 1 다듬질면 거칠기 R_{max} 와 R_a의 정의

로 산과 골짜기의 높이(깊이)의 평균값을 표시한다. 그림의 엷은 먹을 칠한 산과 골짜기 부분은 총면적을 A, 측정 거리를 L로 하면 $R_a = A/L$로 계산된다.

R_{max}와 R_a는 계산 방법이 다르므로 같은 다듬질면에서도 측정값은 달라서 R_{max}와 R_a의 관계도 거칠기 곡선의 형상에 따라 폭이 있어서 일정하지 않지만, 표준으로 R_{max}는 R_a의 5~10배가 된다.

다음에 절삭면의 세로 방향 거칠기와 가로 방향 거칠기에 대하여 알아보자.

② 세로 방향 거칠기

바이트의 절삭날이 예리하여 유동형 칩이 생성되는 절삭 조건에서는 선삭면의 세로 방향 거칠기는 기계의 진동이나 주축의 회전 진동이 다듬질면 거칠기에 나타나는데 이것을 최소한으로 억제하면 다이아몬드 바이트에 의한 거울면 절삭과 같은 대단히 좋은 다듬질면을 얻는다.

그러나 칩 생성 형태가 그림 2와 같이 유동형 칩 이외의 절삭에서는 칩의 생성 메커니즘에 의하

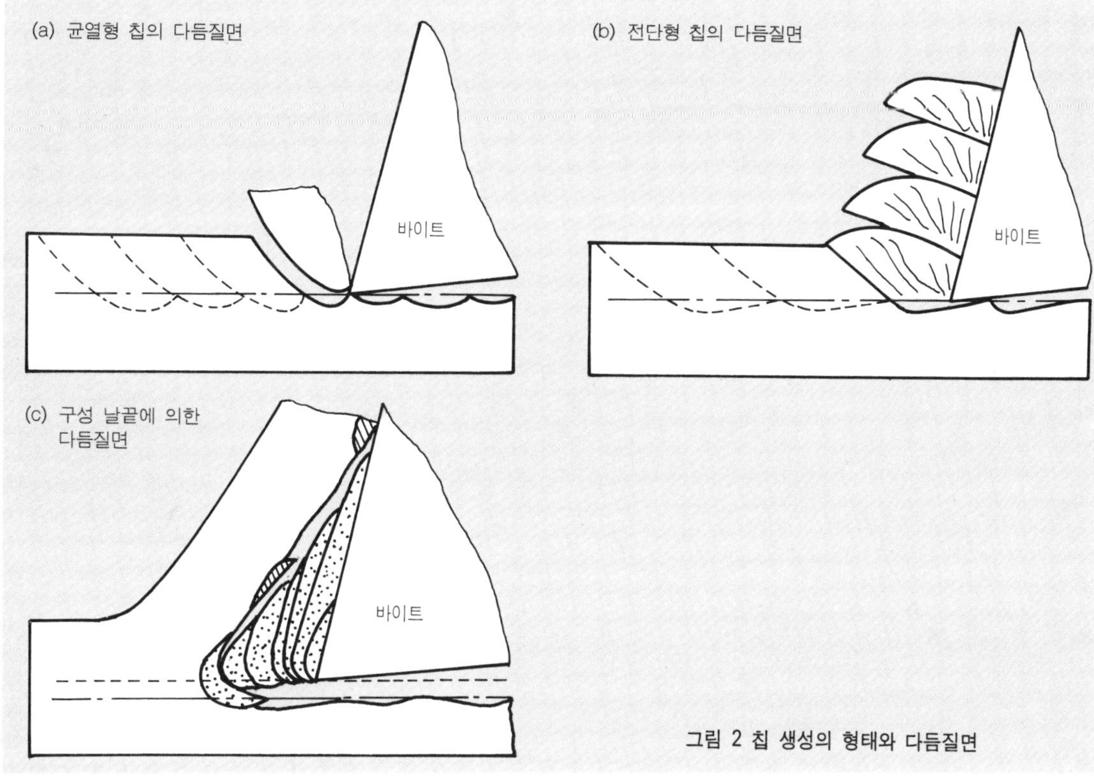

그림 2 칩 생성의 형태와 다듬질면

여 다듬질면 거칠기가 필연적으로 나빠진다.

그림 2(a)는 주철의 대표격인 균열형 또는 순알루미늄 절삭에서 관찰되는 열단형 칩의 생성 형태를 나타낸 것이다. 이 형식의 절삭에서는 칩 생성이 불규칙하게 되고 바이트 절삭날 바로 밑의 일부도 칩으로 되므로 절삭 두께가 두꺼울수록 다듬질면 거칠기는 나빠진다.

그림 2(b)는 전단형 칩을 규칙적으로 생성하는 절삭인데 절삭 저항이 크게 변동되어 공구와 공작물의 상대 변위가 일어나므로 다듬질면 거칠기가 나빠지는 예이다.

그림 3은 니켈크롬강을 평삭했을 때의 공구 경사각, 절삭 두께와 세로 방향 거칠기의 3자의 관계를 나타낸 실험 결과이다. 그림 중의 I, II, III은 각각 유동형, 전단형, 열단형 칩을 생성하는 영역을 나타내며 IV 영역은 절삭에 채터링이 생겨 거칠기가 악화된 것을 나타낸다.

절삭 조건의 차이에 의하여 칩의 생성 형태가 변화하고 다듬질면 거칠기에 큰 영향을 준다는 것을 알 수 있다.

분명히 열단형 칩이나 균열형 칩의 절삭에서는 다듬질면 거칠기의 향상을 바랄 수 없다. 다듬질면 거칠기가 문제로 되는 가공에서는 절삭 속도, 절삭 두께(이송), 공구 경사각, 절삭제 등 절삭 조건을 연구해서 유동형 칩이 생기는 조건을 찾아내거나 칩의 크기가 작아지도록 경절삭해야 한다.

그림 2(c)는 강의 저속 절삭에서 발생되는 구성 날끝이 붙은 절삭 상태이다. 이 절삭에서 칩은 유동형으로 좋지만 공구 경사면에 구성 날끝이 부착되어 구성 날끝이 생장, 탈락을 되풀이한다. 구성 날끝의 끝부분은 절삭날보다 다듬질면 방향으로 돌출되므로 공작물을 너무 깎아버리는 현상(과절삭 상태)을 일으킨다. 이 결과에 의하여 세로 방향 거칠기는 매우 나빠진다. 탄소강을 고속도 공구강 바이트로 깎을 때 관찰되는 다듬질면은 크던 작던간에 구성 날끝을 동반하는 절삭이므

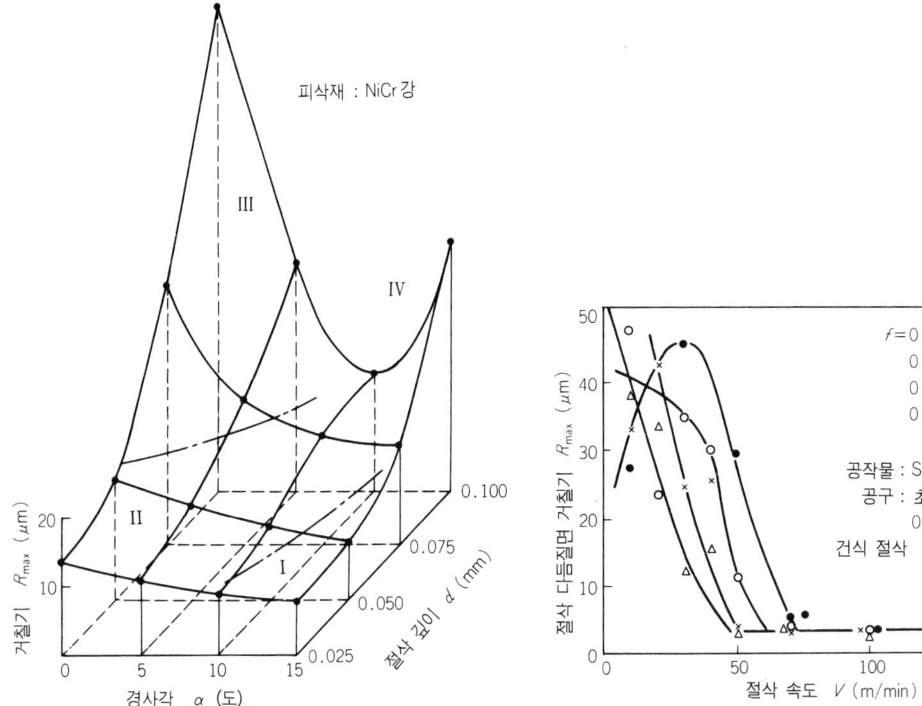

그림 3 세로 방향의 거칠기, 경사각, 절삭 깊이의 관계(大越)   그림 4 다듬질면 거칠기의 절삭 속도와 이송에 의한 변화(佐田)

로 이지(梨地)의 다듬질면이 된다. 구성 날끝이 부착되는 한 절삭날을 아무리 예리하게 해도 실제의 절삭날은 구성 날끝이므로 다듬질면의 개선은 바랄 수 없다. 구성 날끝은 공작물 재료의 재결정 온도 이상의 절삭 온도에서는 소멸되므로 절삭 속도를 높이는 것이 가장 간단히 소멸시키는 방법이다.

그림 4는 원통 절삭에서 주절삭날(옆면 절삭날)에 의한 다듬질면의 세로 방향 거칠기가 절삭 속도 및 이송에 의하여 어떻게 변화하는가를 조사한 것이다. 공작물은 크롬몰리브덴강, 공구는 초경합금이다. 그림에서는 4가지 이송 f의 데이터가 표시되어 있는데 절삭 속도 $V=40\text{m/min}$ 이하의 저속 절삭에서는 구성 날끝이 부착되고 다듬질면 거칠기도 불안정하여 $20\mu\text{m} \sim 45\mu\text{m}$ $R_{\max}$인 대단히 나쁜 면으로 되어 있다. 그러나 절삭 속도의 증가에 따라 다듬질면 거칠기는 급속히 향상되어 $V=70\text{m/min}$ 이상에서는 이송에 관계없이 $3\,\mu\text{m}$ $R_{\max}$ 정도의 좋은 거칠기 결과로 되고 있다. 이와 같이 이송의 대소에 의하여 다듬질면 거칠기가 일정하게 되는 절삭 속도가 다르다. 이것은 절삭 동력에서 보아도 이송이 클수록 절삭 저항이 크고 조금 저속에서도 절삭 온도가 높아지므로 이송이 작은 절삭보다도 낮은 절삭 속도에서 공작물의 재결정 온도 이상의 절삭 온도로 되기 때문이다. 구성 날끝이 절삭열로 소멸되면 공구 절삭날 자신이 절삭하므로 바이트의 옆면 절삭날의 정밀도가 다듬질면에 전사되어 이송에 관계없이 옆면 절삭날로 절삭된 다듬질면의 세로 방향 거칠기는 일정하게 되어 금속 광택면을 얻게 된다. 이와 같이 절삭 속도 방향의 다듬질면 거칠기는 구성 날끝의 부착에 의하여 매우 큰 영향을 받는다. 칩의 생성 형태를 포함하여 다듬질면 거칠기를 향상시키려면 구성 날끝이 부착되지 않고 동시에 유동형 칩이 생성되는 절삭 조건이 필요하게 된다.

③ 가로 방향 거칠기

가로 방향 거칠기는 사진 1의 바이트 이송 마크에 대하여 직각 방향으로 측정한 표면 거칠기를 말하며, 표면 거칠기라 하면 일반적으로 가로 방향 거칠기를 나타낸다. 가로 방향 거칠기에도 앞에서 설명한 세로 방향 거칠기가 영향을 미치는데 이 거칠기의 기본형은 바이트의 노즈 형상이 절삭 이송에 의하여 이송 마크로 남아 표면 거칠기를 형성하는 것이다.

그림 5는 바이트 날끝과 이송에 의하여 형성되는 다듬질면 거칠기이다. (a)는 노즈 반지름이 R인 공구가 이송 f로 절삭했을 때의 $R_{\max}$를 나타낸다. 이 $R_{\max}$는 기하학적으로 정해지고 근사식으로는

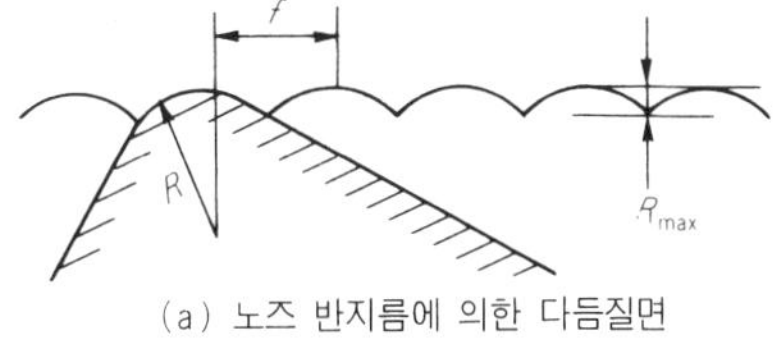

그림 5 바이트의 이송 마크에 의한 다듬질면 거칠기

$$R_{max} \fallingdotseq \frac{f^2}{8R} \quad \cdots\cdots\cdots\cdots\cdots\cdots\cdots\cdots\cdots\cdots\cdots\cdots\cdots\cdots\cdots\cdots\cdots \quad (1)$$

로 계산된다. 이와 같이 R_{max}는 이송의 2배에 비례하고 노즈 반지름의 크기에 반비례하는 관계가 있다.

또 그림 5(b)와 같이 노즈 반지름이 없는 직선 절삭날 바이트에 의한 거칠기 R_{max}는 다음식으로 구해진다.

$$R_{max} \fallingdotseq \frac{f}{\tan C_s + \cot C_e} \quad \cdots\cdots\cdots\cdots\cdots\cdots\cdots\cdots\cdots\cdots\cdots\cdots\cdots\cdots \quad (2)$$

여기서 C_s : 옆면 절삭날각

　　　　C_e : 앞면 절삭날각

노즈 반지름을 가진 공구로 원통 다듬질 절삭의 다듬질면 거칠기를 작게 하려면 식 (1)에서 판단할 수 있듯이 이송을 작게 하고 노즈 반지름을 크게 하면 좋겠지만 실제로는 어떨까.

그림 6에 특수강을 초경 공구(노즈 반지름 0.5mm)로 절삭 속도를 바꾸어 원통 절삭했을 때의 다듬질면 거칠기 곡선을 표시했다. 이송은 0.1mm/rev이다.

그림의 최하부에 이상적인 다듬질면 거칠기를 표시했는데 최상부의 절삭 속도 $V=20$m/min에

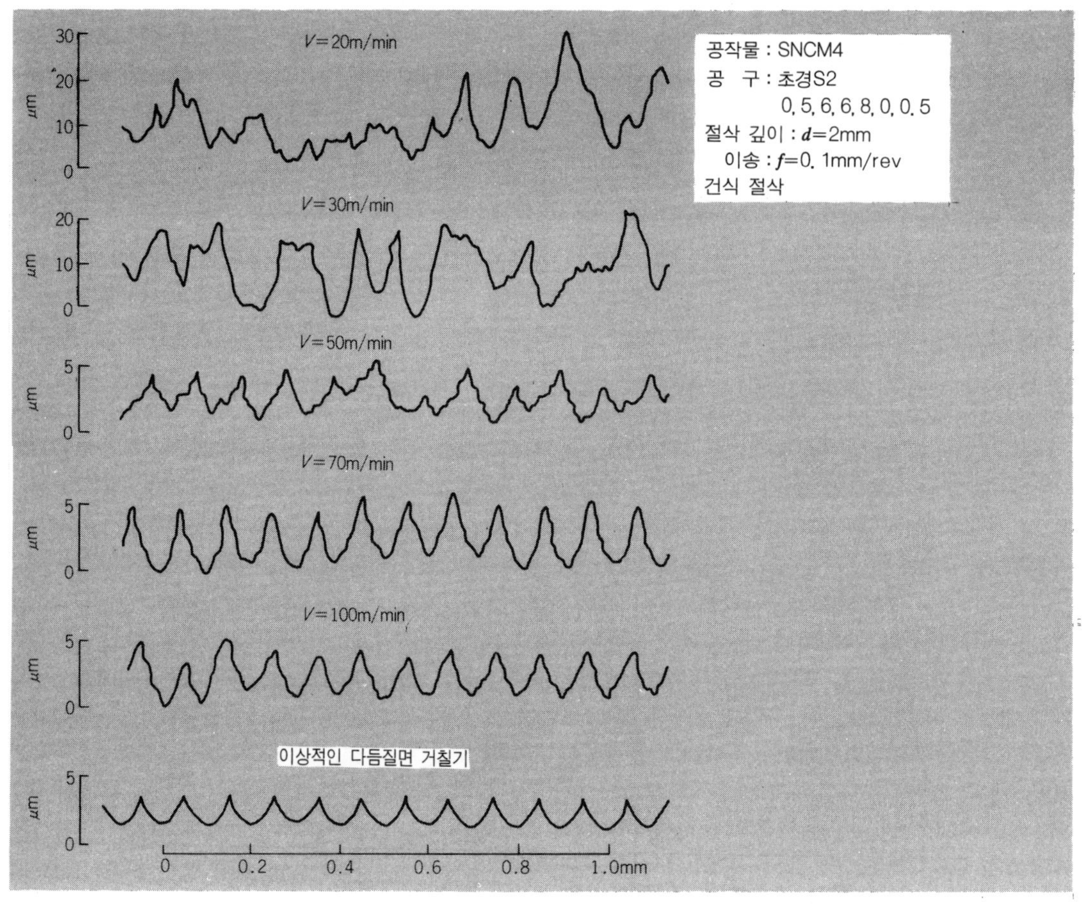

그림 6 선삭 다듬질면 프로필의 절삭 속도에 의한 변화(佐田)

서는 이송 마크도 판단할 수 없을 정도로 거칠기 곡선이 흐트러져 R_{max}도 20μm 이상을 나타내고 있다. 절삭 속도의 상승에 따라 거칠기 곡선은 규칙적으로 되어 $V=70$ m/min 이상에서는 이상 거칠기 곡선에 가까운 다듬질면 거칠기로 되고 있다.

저절삭 속도에서 거칠기 곡선이 흐트러지는 원인은 구성 날끝의 부착이다. 구성 날끝의 크기와 생성, 탈락의 주기가 불규칙하므로 다듬질면 거칠기도 거칠고 불규칙하게 된다. 세로 방향 거칠기와 마찬가지로 가로 방향 거칠기도 구성 날끝의 부착은 큰 영향을 미친다.

절삭 속도의 증가에 따라 절삭 온도도 상승하여 구성 날끝이 소멸되므로 이상적인 이송 마크에 가까운 표면 거칠기로 된다. 그러나 $V=100$m/min의 거칠기 곡선도 이상 거칠기 곡선에 비해 거칠기가 조금 커졌다.

가로 방향 거칠기의 기본은 이송 마크인데 절삭할 때에는 주축의 흔들림이나 기계 및 공구의 진동 등에 의해서도 다듬질면 거칠기가 증대되는 것은 알려져 있다.

그림 6은 이송 0.1mm/rev일 때인데 이송을 바꾸어 절삭 속도와 다듬질면 거칠기와의 대응을 알아본 것이 **그림 7**이다. 그림의 세로축은 대수(對數) 눈금으로 되어 있다. 공작물은 S45C, 공구는 초경 P20, 노즈 반지름은 0.8mm이다. 이송은 0.02에서 0.6mm/rev까지 6단계로 바꾸고 있는데 이송이 클수록 다듬질면 거칠기가 일정한 값으로 안정되는 절삭 속도는 낮아지고 있다.

예를 들어 $f=0.4$mm/rev에서는 약 50m/min, $f=0.05$mm/rev에서는 약 100m/min가 다듬질면 거칠기가 안정되는 하한 절삭 속도이다. 절삭 깊이는 일정하므로 이송이 커지면 같은 절삭 속도에서도 단위 절삭날 길이당의 일률이 증가하여 절삭 온도가 높아지므로 구성 날끝이 소멸되는 절삭 온도에 달하는 절삭 속도는 이송이 클수록 낮아지게 된다.

$f=0.6$mm/rev로 되면 30m/min 정도의 절삭 속도에서 구성 날끝이 소멸된다고 생각된다. 탄소강에서는 구성 날끝이 소멸되는 온도는 약 600℃ 이다.

절삭 속도가 증가하여 다듬질면 거칠기가 일정값으로 되어 있으나 거칠기는 이송의 대소에 의하여 매우 다르다. 원통 절삭의 이송 마크의 요철은 식 (1)로 계산되므로 이송 $f=0.6$mm/rev에서는 계산상 표면 거칠기는 56μm R_{max}로 되어 그림 7의 실측값과 거의 일치된다.

공구가 새 것일 때에는 가로 이송 거칠기는 구성 날끝과 노즈 반지름 및 이송에 의하여 지배된다고 생각해도 상관없지만 공구가 마모되면 공구 마모가 다듬질면 거칠기에 영향을 준다. 다듬질

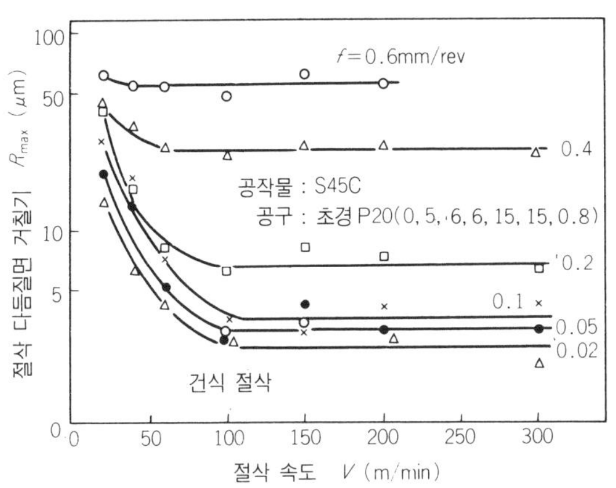

그림 7 이송, 절삭 속도와 다듬질면 거칠기의 관계(竹山)

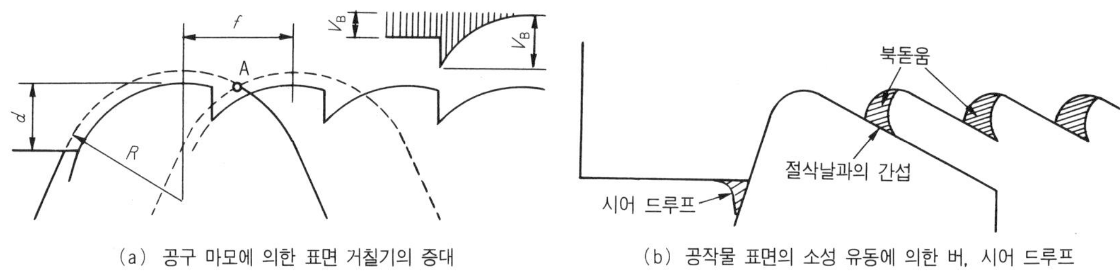

그림 8 공구의 열화에 의한 다듬질면 거칠기의 증대

면 거칠기에 영향을 주는 공구 마모는 앞면 여유면 마모로 특히 경계 마모가 관계된다.

그림 8은 공구가 마모되었을 때의 이송 마크의 모양을 나타낸다. 앞면 여유면 경계 마모는 (a) 와 같이 이송 마크의 가장 높은 곳(A점)을 중심으로 발생하여 공구의 여유면에 V자형의 홈이 형성되어 있는 것이다. 이 홈에 의하여 공구의 노즈 형상이 그림과 같이 변화되어 결과적으로 이송 마크의 최대 높이를 증대시킨다. 일반적으로 공구 마모의 진행에 따라 다듬질면 거칠기도 나빠지고 심할 때는 다듬질면이 보풀어진 것 같이 된다.

또 절삭날은 특히 경계 마모부에서 마모나 아주 작은 결손에 의하여 둥그스름한 모양을 가지며, 예리한 절삭날은 절삭 시간의 경과와 더불어 무디어져서 절삭성이 나빠진다. 이로 인하여 경계 마모가 발생되는 절삭날 부분에서는 그림 8(b)와 같이 공작물 표면이 소성 유동되어 결과적으로는 버(burr)와 같은 북돋움이 생긴다. 이것도 다듬질면 거칠기가 나빠지는 원인이 된다.

다듬질면 거칠기에 대하여 세로 방향 거칠기와 가로 방향 거칠기로 나누어 설명했는데 다듬질면 거칠기에 영향을 미치는 요인을 요약하면 다음과 같다.

① 칩의 생성 기구에 의하여 불규칙하게 결정되는 거칠기

② 구성 날끝의 생성, 탈락에 의하여 발생되는 거칠기

③ 공구의 노즈 형상과 이송에 의하여 결정되는 기하학적 거칠기

④ 공구 또는 기계의 진동 등 공구와 공작물의 상대 위치의 변화에 의한 거칠기

⑤ 공구의 열화(劣化)에 따라 발생되는 거칠기

다듬질면 거칠기를 향상시키기 위해서는 위에서 설명한 ③ 이외의 요인은 될 수 있는 대로 제거할 수 있는 가공 조건을 선택할 필요가 있다.

공구 수명과 판정 기준

　공구 수명이란 글자대로 절삭날이 절삭을 속행하는데 사정이 안좋아서 새로운 공구와 교환해야 하는 것을 말한다. 공구의 수명이 긴가 짧은가는 매우 델리커트한 현상으로 사용하는 공구의 재질, 공작 기계의 종류, 그 강성과 정밀도, 공작물의 재질과 기계적 성질, 같은 재질에서도 열처리 정도와 흑피의 유무, 절삭 속도, 절삭 깊이, 이송, 단속 절삭인가 연속 절삭인가, 절삭제의 유무 등 절삭 조건에 따라 크게 좌우된다.

① 공구의 수명이란

　공구의 수명은 새로운 공구의 절삭 개시에서 마모, 결손 등에 의한 공구 교환까지의 총절삭 시간 또는 총절삭 거리로 정의할 수 있다.

　선삭 공구의 마모 형태는 다양하나 일반적인 형태를 도시하면 **그림 1**과 같다. (a)는 공구 절삭날에 생기는 대표적인 마모를 공구의 노즈 앞쪽에서 본 그림이다. 공구 마모는 이송과 절삭 깊이에 의하여 절삭에 관여하고 있는 절삭날 AB의 경사면쪽과 여유면쪽에 발생된다. 사진 1은 공구 마모의 현미경 사진이다.

　경사면에 발생되는 마모는 경사면 마모 또는 크레이터 마모(달면의 크레이터-움푹패인 홈-과 같은 뜻)라 부르며, 절삭날에서 조금 경사면의 안쪽으로 들어간 부분이 가장 깊게 되고 절삭날 부분은 그다지 마모되지 않은 채 전체적으로는 작은 판모양의 오목면으로 된다. 사진 1(a)는 초경 공구의 경사면 마모인데 경사면이 패여 절삭날이 패인 부분의 제방과 같은 모양으로 남아 있는 상태다.

　한편 공구 여유면의 마모는 주절삭날과 앞면 절삭날의 양쪽에 발생된다. 이 마모를 여유면 마모 또는 플랭크 마모라 한다. 여유면 마모는 절삭날 AB의 중간에서는 대략 균일한 마모폭을 갖는 경

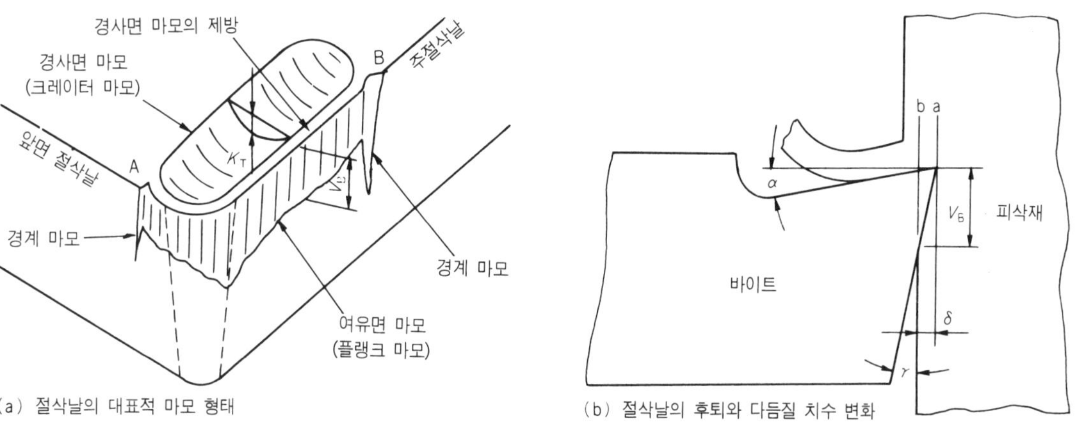

（a）절삭날의 대표적 마모 형태　　　（b）절삭날의 후퇴와 다듬질 치수 변화

그림 1 공구 절삭날의 마모

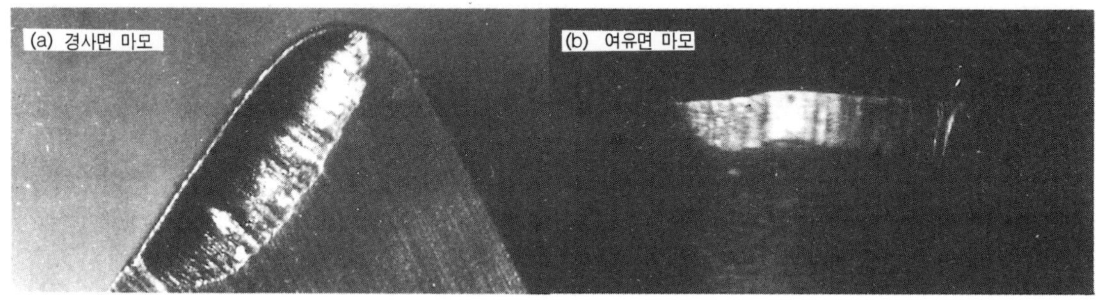

사진 1 공구 마모의 현미경 사진

우가 많으나 절삭날 양끝 A, B에서는 마모가 한층 심하게 되어 경계 마모라 부르고 있다.

이와 같이 공구 마모가 미리 정해진 크레이터 깊이 K_T 또는 여유면 마모폭 V_B 에 도달한 시점을 공구 수명으로 하는 것이 일반적인 공구 수명의 취급이다.

그러나 마모량에 주목하지 않고 다른 절삭 현상이 설정한 값에 도달했을 때의 공구 수명으로 하는 경우도 있다.

예를 들어 소형 부품에서 치수 정밀도나 다듬질면이 좋아도 여분의 버가 발생하게 된 경우, 눈으로 보는 검사에서 공구 마모가 없어도 다듬질면의 상품 가치가 저하되었을 때 등이 이에 해당된다.

또 그림 1(b)에서 나타낸 것처럼 공구의 여유면 마모의 진행은 절삭날의 후퇴를 2차적으로 파생시킨다.

공구의 여유각을 γ로 하고 여유면 마모폭을 V_B 라 하면 절삭날의 후퇴량 δ는 $\delta = V_B \cdot \tan \gamma$로 계산된다. 여유각을 $6°$, V_B를 0.1mm로 하면 δ는 0.01mm 정도로 되므로 지름은 0.02mm의 오차로 된다.

지름이 작고 긴 물건의 절삭에서는 공구 여유면의 접촉 영향도 가미되어 원통도를 포함하여 다듬질 치수 오차가 커지므로 공구 수명으로 하는 경우도 있다. 이들은 제품의 형상 정밀도, 다듬질 치수 정밀도, 다듬질면 정밀도로 공구 수명이 규정되는 예이다.

이와 같이 공구 수명의 판정은 실제로는 절삭 작업의 목적에 따라서 하지만 일반적으로는 여유면 마모폭 V_B, 또는 경사면 마모 최대 깊이 K_T에 의하여 공구 수명이 판정되고 있다.

② 마모의 진행과 수명 방정식

그림 2는 크롬몰리브덴강(SCM4)을 원통 경절삭했을 때의 여유면 마모의 진행 모양을 절삭 시간에 대하여 측정한 예이다.

그림은 세 가지 절삭 속도 $V = 110, 170, 270\text{m/min}$에 대하여 표시하고 있는데 절삭 개시 직후에 좀 많이 마모되고 그 후는 절삭 시간에 대하여 직선적으로 증가되고 있다.

또 절삭 속도가 낮으면 마모의 진행은 느려져 장시간의 절삭이 가능하나 절삭 속도를 빠르게 하면 마모도 급격히 진행되는 것을 알 수 있다.

절삭 개시 직후의 마모는 초기 마모라 부르며 절삭날의 연삭 다듬질에 의하여 생긴 아주 작은 요철이 절삭 저항에 의하여 망가져 떨어지는 것이라 생각해도 좋다.

초경 바이트 등은 숫돌에서 연삭한 대로의 것보다 절삭날을 가볍게 다이아몬드 랩하는 편이 초기 마모가 작아진다.

절삭 시간에 대한 공구 마모의 일반적인 진행 과정을 그림에 표시하면 **그림 3**과 같이 된다.

(a)는 공구 여유면의 마모로 초기 마모, 정상 마모는 그림 2와 같으나 일반적으로 V_B가 0.4mm 정도를 넘으면 여유면 마모가 갑자기 커진다. 즉 급격 마모 또는 이상 마모라 부르는 단계가 나타난다.

이 단계에서는 공구 수명의 관리가 어려워지므로 이 현상이 발생되기 전에 공구 수명에 달했다고 판정하는 것이 일반적이다.

그래서 일반적으로 $V_B = 0.4$mm정도를 공구 수명이라 하는 것이 적당하지만 정밀 선삭 등에서는 $V_B = 0.2$mm, 주철 절삭 등에서는 $V_B = 0.7$mm 정도를 수명으로 하는 경우도 있다.

한편 경사면 마모(크레이터 마모)는 어떤가. 그림 3(b)와 같이 크레이터의 최대 깊이는 절삭 조건이 일정하면 절삭 시간에 비례하여 직선적으로 증가하는 특징을 볼 수 있다. 당연히 절삭 속도를 빠르게 하면 마모의 진행은 빨라진다.

크레이터 깊이 0.1mm 정도는 그다지 깊다고는 느껴지지 않지만 경험적으로 크레이터 깊이가 0.1mm를 넘으면 절삭날의 제방 부분이 결손될 위험이 대단히 커져 안정된 절삭은 바랄 수 없게 된다.

그래서 경사면 마모에 관해서는 다듬질면이나 치수 정밀도에 직접적인 영향은 없으나 $K_T = 0.1$mm가 공구 수명의 최대값이라 생각해도 좋을 것이다.

다음은 공구 수명 곡선에 대하여 설명한다.

앞에서 설명한 바와 같이 여유면 마모는 절삭 속도에 따라 변화되므로 공작물의 재질, 공구의 재질과 형상, 절삭 깊이, 이송을 모두 같은 조건으로 하고 4개의 바이트로 절삭 속도만을 바꾸어 여유면 마모의 절삭 시간에 대한 경과 곡선을 잡아본다.

만일 절삭 속도 V를 110, 150, 200, 250m/min 의 4단계로 한다면 그림 4와 같은 경과 곡선을 얻는다.

이 여유면 마모폭은 연속 원통 절삭을 정기적으로 중단하고 공구 현미경으로 측정한다. 여유면

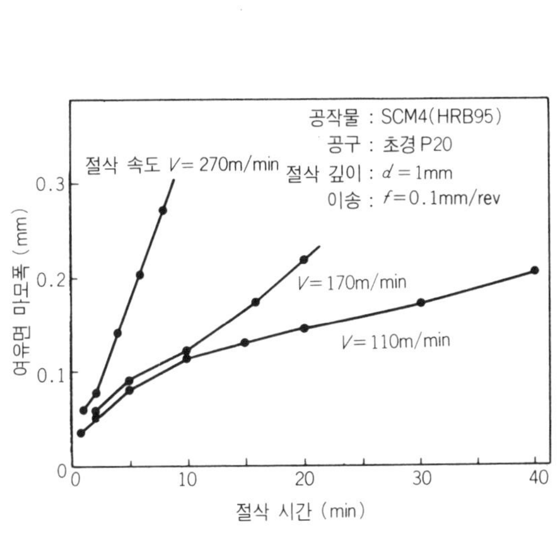

그림 2 여유면 마모의 시간 경과 곡선

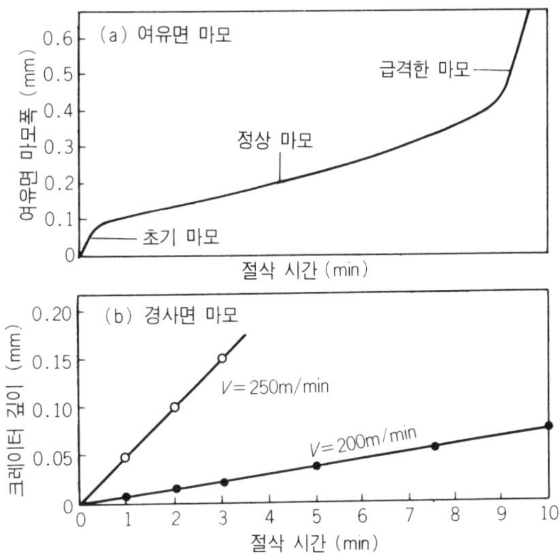

그림 3 공구 마모의 일반적 시간 경과 곡선

마모폭이 미리 설정한 값보다 커지면 절삭을 중지하고 그림 4에서 공구가 규정한 여유면 마모폭에 달할 때까지의 시간을 구한다.

예를 들어 $V_B = 0.4$mm를 공구 수명으로 하고 그림에서 각각의 절삭 속도에서 수명 시간을 구하면 $V=250$m/min에서는 2분, $V=200$m/min에서는 6분, $V=150$m/min에서는 24분, $V=110$m/min에서는 80분이 얻어진다.

이것을 절삭 거리로 환산하면 각각 0.5km, 1.2 km, 3.6km, 8.8km 로 되어 같은 양만큼 공구가 마모되는데 절삭 속도가 대단히 큰 영향을 미친다는 것을 알 수 있다. 여기서 절삭 속도 V와 수명에 달할 때까지의 시간 T의 관계를 그래프화하면 **그림 5**와 같이 된다.

이 그래프는 쌍곡선과 같은 모양을 하고 있는데 이것을 공구의 수명 곡선 또는 $V-T$ 선도라 부른다.

이 그래프로는 판단하기 어려운 면도 있으므로 이 데이터를 대수(對數) 눈금의 그래프로 고쳐 만들면 **그림 6**과 같은 직선 관계의 그래프가 된다. 즉 $V-T$ 선도는 양대수 눈금에서 직선으로 되는 성질이 있다. 이것을 식으로 나타내면

$$\log V = -n\log T + C \quad\cdots\cdots\cdots\cdots\cdots\cdots (1)$$

로 된다. 단, V는 절삭 속도, T는 설정한 여유면 마모폭으로 되기까지의 절삭 시간, $-n$은 그림 6에서 직선의 기울기, C는 그림 6에서 결정된 정수이다. 이 식 (1)의 대수 관계를 처음으로 되돌

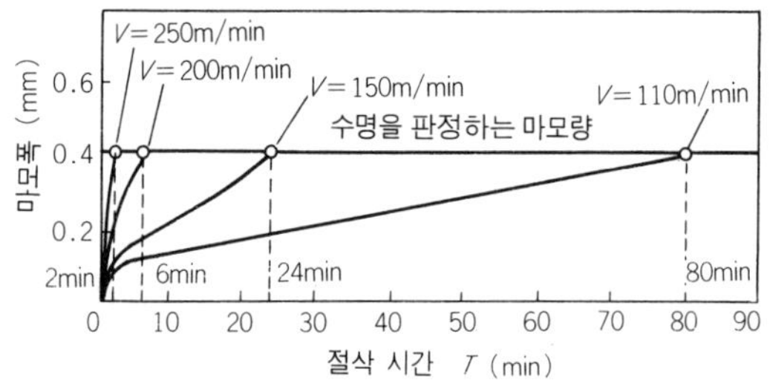

그림 4 공구 마모와 절삭 속도의 관계

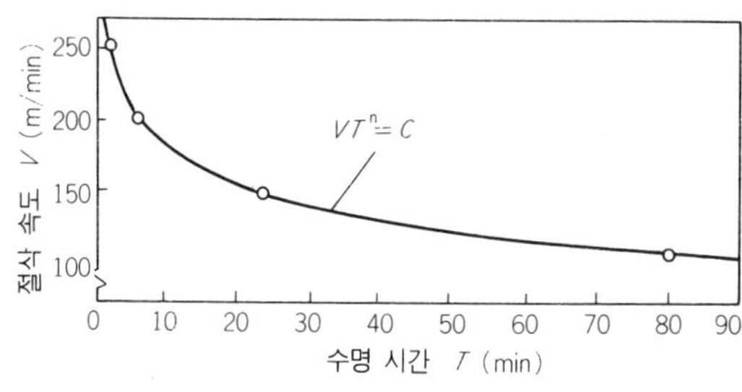

그림 5 공구 수명의 $V-T$ 선도

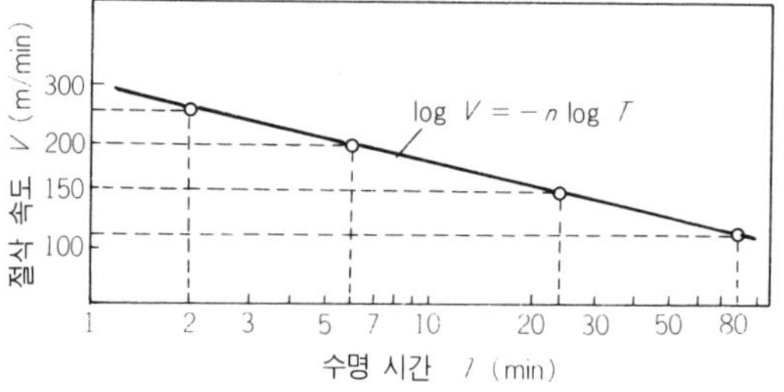

그림 6 양대수 눈금으로 표시한 $V-T$ 선도

리면

$$VT^{\,n} = C \cdots\cdots\cdots\cdots\cdots\cdots\cdots\cdots\cdots\cdots\cdots\cdots\cdots\cdots\cdots\cdots\cdots\cdots\cdots\cdots \tag{2}$$

라는 관계가 얻어진다. 이 식 (2)는 그림 5의 관계를 표현하고 있다.

절삭에서 이와 같은 성질을 "테일러의 공구 수명 방정식"이라 부르고 있다.

초경 공구로 연강을 절삭할 때 식 (2)에서 n은 0.2 전후의 값을 나타내므로(그림 6에서 직선의 경사가 1/5), 공구의 수명은 절삭 구성 날끝의 5승에 반비례한다고도 할 수 있다. 또 식 (2)에서 C는 실험으로 정하는 정수인데 T=1분으로 하면

식 (2)는 $V=C$로 되므로 C 의 값은 공구 수명 1분에 해당하는 절삭 속도를 나타낸다고도 할 수 있다.

식 (2)는 절삭 속도와 공구 수명의 관계인데 절삭 속도를 일정하게 하고 절삭 깊이 d와 공구 수명, 이송 f와 공구 수명의 관계를 구해보면 식 (2)와 마찬가지로 각각 $d \cdot T^{n1} = C_1$, $f \cdot T^{n2} = C_2$ 의 관계로 되는 경우가 많다. 여기서 절삭 깊이 d, 이송 f, 절삭 속도 V, 공구 수명 T의 관계를 조합하면

$$V \cdot d^{\alpha} \cdot f^{\,\beta} \cdot T^{n} = C_3 \cdots\cdots\cdots\cdots\cdots\cdots\cdots\cdots\cdots\cdots\cdots\cdots\cdots\cdots\cdots\cdots \tag{3}$$

$$\text{또는} \quad V \cdot d^{\alpha} \cdot e^{\,\beta \cdot f} \cdot T^{n} = C_4 \cdots\cdots\cdots\cdots\cdots\cdots\cdots\cdots\cdots\cdots\cdots\cdots\cdots\cdots \tag{4}$$

로 표현된다. 단, α, β 는 절삭 속도 V 의 지수를 1로 했을 때의 절삭 깊이와 이송이 공구 수명에 미치는 영향을 표시한 것으로 C_3, C_4, n을 포함하여 실험적으로 구하는 정수이다.

예를 들어 기계 기술 연구소의 데이터에 의하면 초경 P10과 S45C의 조합으로 V_B =0.4mm 일 때

$$V \cdot d^{0.05} \cdot e^{1.10 f} \cdot T^{\,0.18} = 606$$

으로 된다. 이 식에 의하면 절삭 속도와 이송은 공구 수명에 큰 영향을 주지만 절삭 깊이의 영향은 그다지 크지 않다. 또 그림 6에서 절삭 깊이, 이송을 크게 하면 직선은 아래로 평행 이동되고 작게 하면 위로 평행 이동되며 직선의 기울기($-n$)는 변하지 않는 것도 경험적으로 알려지고 있다.

다음에 공구 재질과 공구 수명의 관계를 알아보자. **그림 7**은 고속도 공구강, 초경, 세라믹 공구의 V-T 선도이다. 각각의 직선 기울기가 다르다는 것을 알 수 있다.

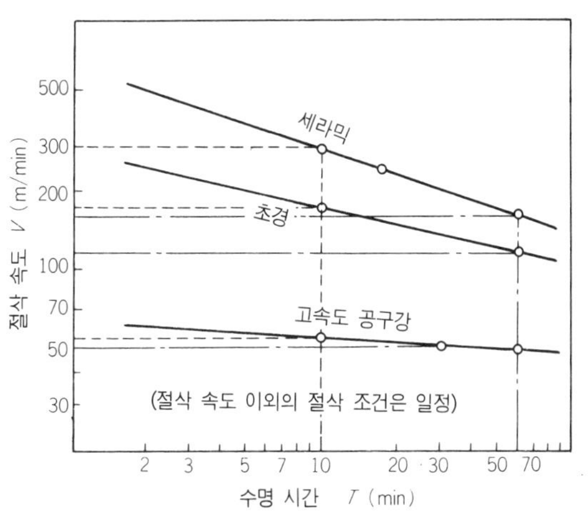

그림 7 공구 재질과 공구 수명의 예

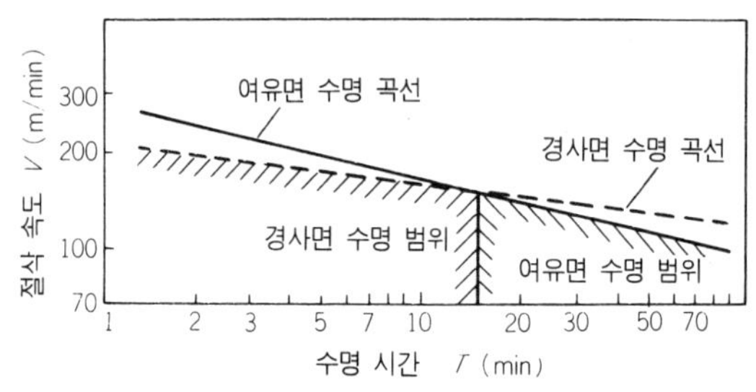

그림 8 *V-T* 선도의 사용 분류

고속도 공구강과 같이 기울기가 완만할 때는 절삭 속도에 민감하여 절삭 속도를 조금 올리면 수명이 급격히 짧아지고 속도를 조금 늦추면 수명은 많이 연장된다.

한편 세라믹과 같이 기울기가 약간 급한 것은 비교적 절삭 속도에 둔감하다. 또 세라믹의 수명 곡선이 다른 공구보다 위에 있는 것은 공구 수명이 긴 것이다.

예를 들어 10분만에 수명에 달하는 절삭 속도를 보면 고속도 공구강은 55m/min, 초경은 175 m/min, 세라믹은 300m/min인 것을 알 수 있다.

그래서 자동차 공장과 같은 대량 생산에서는 바이트의 수명을 연장시키는 것보다 수명은 다소 짧아도 절삭 속도나 이송을 올려서 가공 시간을 단축하여 생산량을 올리려 하고 있다.

예를 들어 1개의 바이트가 60분에 수명에 달하는 절삭 조건을 알아내 정미 절삭 시간 60 분마다 바이트를 교환하도록 한다. 이것을 60분 수명이라 한다.

그림 7에서 각 공구의 60분 수명을 조사하면 세라믹은 165m/min, 초경은 115m/min, 고속도 공구강은 50m/min로 된다.

단, 절삭 속도 이외의 절삭 조건은 일정하므로 이송 등을 바꾸면 또 다른 수명 곡선으로 되어 60분 수명 절삭 속도도 변한다.

이상에 설명한 수명 곡선은 어느 것이나 공구의 여유면 마모로부터 구한 것이다. 공구 수명의 판정을 경사면 마모로 구해도 같은 수명 곡선이 얻어진다. 그러나 수명 곡선의 기울기는 여유면 마모보다 완만한 것이 일반적이다.

그림 8은 그 예인데 여유면 마모의 수명 곡선과 경사면 마모의 수명 곡선은 그 기울기가 다르므로 그림과 같이 어디선가 수명 곡선이 교차된다.

경사면 마모는 절삭 속도(절삭 온도)에 민감하므로 어느 절삭 온도 이상에서는 여유면 마모가 일정값에 달하기 전에 크레이터 깊이가 일정값에 이르러 공구 수명은 경사면 마모로 결정되게 된다.

반대로 절삭 속도가 느린 영역에서는 공구 수명은 여유면 마모로 지배된다. 연(軟)·경(硬)의 절삭에서는 두 가지 수명 곡선이 교차되는 절삭 속도는 초경 공구로 150m/min 정도라고 생각하면 된다.

외경 절삭과 내경 절삭의 차이

선삭에서 외경 절삭과 내경 절삭을 비교하면 공구 절삭날과 공작물의 절삭점만을 보면 같은 것 같으나 절삭 저항의 발생 방향과 공작물 회전 중심의 관계, 바이트의 돌출 길이 등 몇 가지 차이점이 보인다.

외경 절삭과 내경 절삭에서 무엇이 다른가를 생각해 보자.

① 다듬질 치수 변화

척 작업에서 원통 절삭을 가정하고 절삭 저항에 의한 공작물의 변형을 생각해 보자. 그림 1은 원통 외주 절삭을 원통의 단면 방향에서 본 그림이다. 척 작업에서는 단면측은 센터 등으로 고정할 수 없으므로 절삭 저항을 받으면 공작물이 휜다.

선삭의 절삭 저항은 주분력(主分力), 이송 분력(移送分力), 배분력(背分力)으로 나누면 생각하기 쉬우므로 각각의 분력이 공작물 가공 치수에 미치는 영향을 생각해 보자.

그림 1(a)는 배분력의 영향을 본 것이다. 배분력이 0일 때 공작물 회전 중심 A는 절삭에 의하여 발생되는 배분력에 의하여 그림 중의 B로 변위되어 다듬질 예정 반지름 r는 R로 되어 절삭된다. 중심의 위치량을 a라 하면 $R=r+a$로 되어 배분력에 의한 회전 중심 변위량이 지름 가공 치수에 영향을 준다. 이에 대하여 주분력에 의한 영향은 (b)와 같이 회전 중심의 변위 방향이 바이트의 절삭 깊이 방향과 식삭으로 되어 가공 치수 반지름 R는 $R=\sqrt{r^2+a^2}$ 으로 되어 회전 중심의 변위량이 가공 치수에 미치는 영향은 배분력에 비해 매우 작다. 그림 중의 점선인 원이 다듬질 예정 치수이므로 배분력, 주분력에 의한 같은 변위량의 영향의 차가 분명해진다.

이송 분력은 공작물 중심축 방향의 힘이므로 공작물의 휨에 대한 영향은 별로 없다고 생각해도

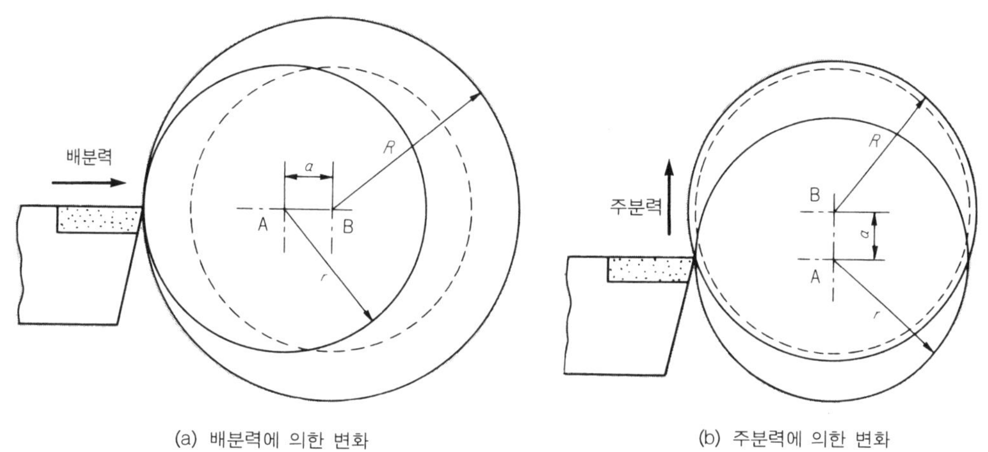

(a) 배분력에 의한 변화 (b) 주분력에 의한 변화

그림 1 절삭력에 의한 공작물의 휨과 지름 변화

좋다.

힘에 의한 원통 공작물의 휨량 P는 공작물을 캔틸레버로 보면 다음 식으로 계산된다.

$$P = \frac{64 \cdot W \cdot L^3}{3E \cdot \pi \cdot D^4} \quad \cdots\cdots\cdots\cdots\cdots\cdots\cdots\cdots\cdots\cdots\cdots\cdots\cdots\cdots\cdots (1)$$

여기서 W: 작용력

L : 공작물 돌출 길이

D : 공작물 지름

E : 공작물의 영률

이 휨량 P가 그림 1의 회전 중심 변위량 a에 해당한다. 계산식에 의하면 휨량 P는 공작물의 돌출 길이 L의 3승에 비례하고 지름 D의 4승에 반비례하므로 공작물 지름이 같다면 척의 끝 면보다 떨어진 원통부는 L의 3승에 비례하여 다듬질 지름이 커진다. 즉 외경 절삭에서는 단면부의 지름이 큰 테이퍼 모양의 원통이 가공된다. 이에 대하여 내경 절삭에서는 완전히 반대로 된다. 그림 1(a)에서 공구를 원의 안쪽에 넣어 보링 바이트로 하면 내경 절삭에서 지름 변화를 알 수 있다. 내경 절삭의 배분력은 (a)와 180° 반대로 작용되므로 절삭 전의 회전축 중심을 B라 하면 절삭중의 배분력에 의한 회전 중심은 A로 이동된다고 생각하면 되므로 다듬질 치수 R 는 $R = r - a$ 로 된다. 또 내경 절삭에서는 원통의 안쪽을 제거하므로 파이프 모양으로 된다. 원통 파이프의 굽힘 강도는 외경 절삭에 비해 약하므로 같은 배분력에 대한 회전 중심 변위량 a는 커진다. 결과는 내경 절삭에서는 원통 끝부분의 다듬질 치수가 가장 작아지고 척쪽에서 커지는 테이퍼 모양으로 절삭된다.

다듬질 치수에 직접 영향을 미치는 것은 배분력이므로 돌출 길이가 긴 외경 절삭이나 내경 원통 절삭 다듬질에서는 배분력을 될 수 있는 대로 작게 하는 연구가 필요하며 공구의 경사각을 크게, 노즈 반지름을 작게, 절삭날을 예리하게 유지해야 한다. 이상은 공작물의 변위만을 생각했는데 내경 절삭에서는 바이트 섕크의 굵기가 가공 내경으로 제한되어 돌출 길이는 내경 원통 길이보다 길어져 식 (1)에서 계산되는 바이트의 휨도 무시할 수 없다. 예를 들어 지름 30mm, 길이 300mm의 바이트 섕크는 배분력 1kg당 0.02mm는 휜다고 생각해도 좋다.

그림 2에 보링 바이트의 옆면 절삭날각과 절삭 저항의 방향을 표시했다. 보링에서는 바이트 섕크의 강성이 낮으므로 반지름 방향의 절삭력(배분력)이 될 수 있는 대로 0에 가까워지도록 옆면

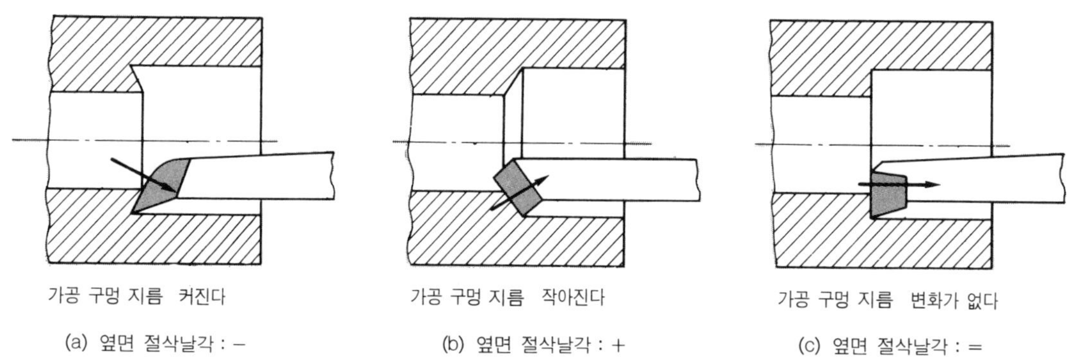

그림 2 옆면 절삭날각과 내경 절삭의 치수 변화

절삭날 각도를 고려할 필요가 있다. 이와 같이 원통 절삭의 형상 정밀도는 기계의 정밀도에 공작물의 휨과 바이트의 휨이 가산되어 정해지며 특히 내경 절삭에서는 그 영향이 크다.

② 절삭 저항에 대하여

외경 절삭과 내경 절삭의 다듬질면을 비교하면 같은 정밀도의 바이트 절삭날 다듬질면에서도 주관적으로 내경 절삭(보링)한 다듬질면쪽이 아름답게 느껴지는 경우가 있다. 구성 날끝이 생성되는 것과 같은 절삭 조건에서는 보링 바이트가 미소 진동되어 구성 날끝이 부착되기 어려운 상태로 되는 것은 구성 날끝의 연구 결과에서 예상되지만 절삭 저항 등의 점에서 실험한 데이터에 대하여 소개한다.

그림 3은 내경 절삭과 외경 절삭에서 공작물 표면과 바이트 절삭날의 관계를 표시한 것이다. 내경 절삭에서는 절삭 표면이 절삭 속도 방향에 대하여 상향으로 되는데 반하여 외경 절삭에서는 반대로 된다. 이 경향은 절삭 지름이 작을수록 현저하다.

이와 같은 절삭 형태에서 절삭 저항을 측정한 실험이 있다. 그림 4가 그 측정 결과이다. 공작물의 지름과 절삭 저항 주분력의 관계를 외경 절삭과 내경 절삭에 대하여 표시하고 있다. 절삭 속도, 공구 경사 각도를 바꾸어 측정했는데 어느 조건에서도 외경 절삭에서는 지름의 변화에 대하여 절삭 저항의 변화는 그다지 볼 수 없다.

그러나 내경 절삭에서는 절삭 지름이 작을수록 절삭 저항이 작아지고 지름이 커지면 외경 절삭과 같은 정도의 절삭 저항을 나타내 차이가 없어지고 있다. 내경 절삭에서는 피삭 지름이 작을수록 바이트의 절삭성이 좋아진다.

절삭 저항은 금속의 전단 변형에 따라 발생되므로 칩의 전단각의 대소가 절삭 저항의 대소로 되어 나타나게 된다. 칩 두께에 의하여 그림 4의 절삭에서 전단각을 구한 결과가 **그림 5**이다. 공작물 시름의 변화에 대한 전단각 ϕ의 변화는 내경 절삭과 외경 절삭에서 반대이다. 내경 절삭에서

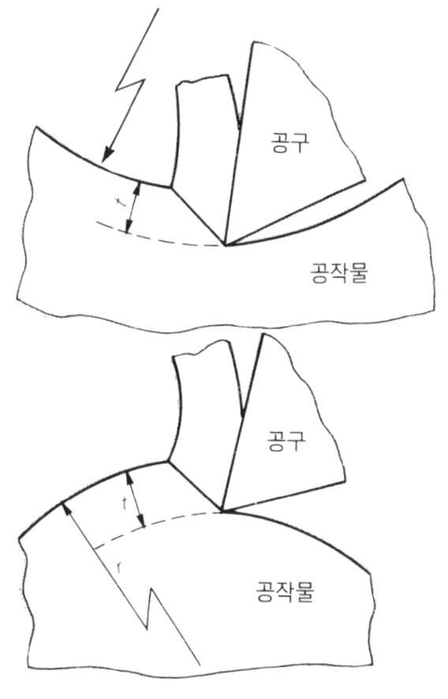

그림 3 곡률이 있는 공작물의 절삭

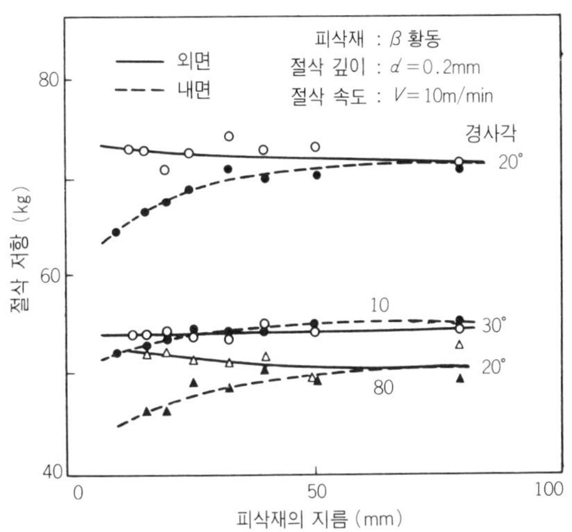

그림 4 피삭재의 곡률과 절삭 저항과의 관계(大越, 河田)

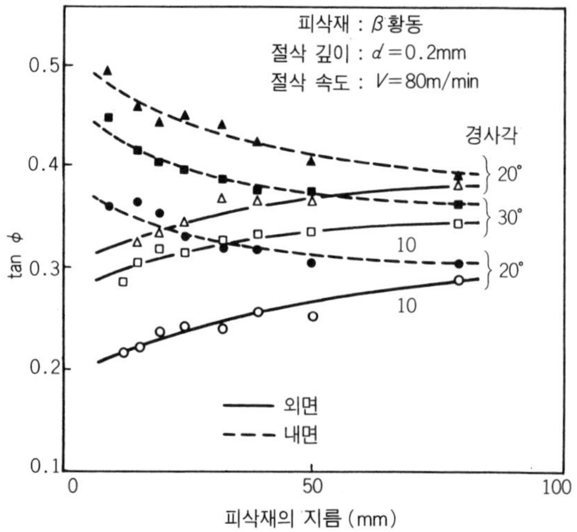

그림 5 피삭재의 곡률과 전단각과의 관계(大越, 河田)

는 지름이 작을수록 전단각은 크고, 칩의 두께가 얇아진다. 외경 절삭에서는 지름이 작을수록 두꺼운 칩으로 되어 바이트의 절삭성이 나빠진다.

이와 같은 현상을 명확하게 설명한다는 것은 어려운 일이지만, 정성적으로는 내경 절삭과 같이 공구 절삭날 전방의 절삭면이 상향으로 되어 있는 것과 같은 절삭에서는 평면 절삭에서 관찰되는 전단각과 같은 절삭이 되면 전단면이 길어져 과대한 절삭력이 발생하게 되며, 절삭 에너지면에서 보면 보다 큰 전단각에서의 소성 변형이 가능하게 되기 때문이라고 생각된다.

같은 내경 절삭에서도 그림 2와 같이 옆면 절삭날이 주절삭날로 되는 절삭에서는 공작물의 곡률 방향이 다르기 때문에 이와 같은 현상은 기대할 수 없지만, 노즈나 앞면 절삭날이 주절삭날로 되는 내경 다듬질 절삭에서는 효과를 기대할 수 있다.

part·3
공구 재료와 그 절삭 성능

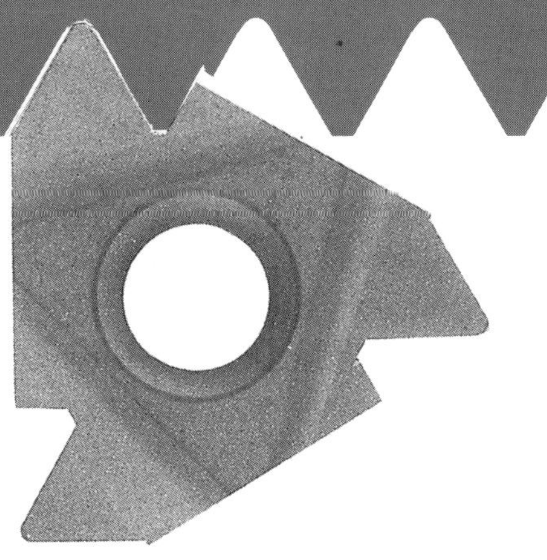

고속도 공구강
바이트의
선택법과 사용법

● 고속도 공구강 공구의 위치 부여와 구별 사용

우수한 절삭 공구란 내마모성을 비롯하여 피로 강도, 파괴 인성, 내열성, 내소성, 변형성 등의 여러 가지 특성을 만족시키는 것이라고 할 수 있다. 이 중에 절삭 공구에 가장 중요한 특성은 내마모성과 인성과의 관계로 현재 사용되고 있는 공구 재료를 정리하면 대략 **그림 1**과 같이 된다.

이 그림에서 판단할 수 있듯이 고속도 공구강(분말, 코딩 고속도 공구강 포함) 공구의 제일 큰 특징은 다른 재료에 비해 인성이 대단히 우수하다는 점이다.

현재 절삭 공구로 사용되고 있는 재료에는 그림 1에 표시한 재료 외에 다이아몬드나 CBN(입방정 질화붕소)이란 것이 있으나 대부분은 고속도 공구강 공구와 초경 공구가 차지하여 각각 반반씩 사용되고 있다.

고속도 공구강 공구와 초경 공구의 구별 사용으로 일반적으로 알려져 있는 것은 다음과 같다.

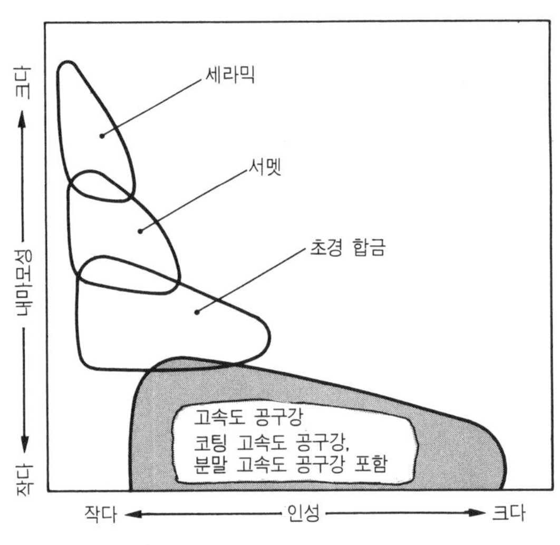

그림 1 각종 공구 재종의 특성 비교

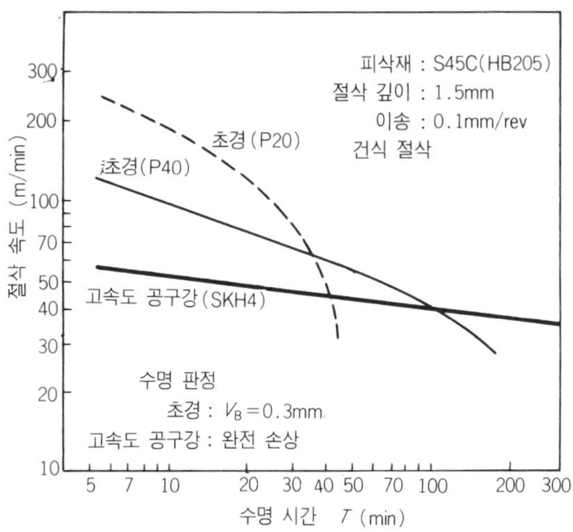

그림 2 고속도 공구강과 초경 합금의 수명 선도

- 고속도 공구강 ····· 저속 절삭, 단속 절삭, 불안정 절삭일 경우. 성형·재연삭 용이
- 초경 합금 ····· 고속 절삭, 연속 절삭, 안정 절삭일 경우. 성형·재연삭 곤란

구체적인 예를 $V-T$ 선도로 표시한 것이 **그림 2** 이다. 이 그림에서도 알 수 있듯이 초경 공구는 고속 절삭에서 긴수명을 나타내지만 수명의 기울기가 급해 $40\sim50$m/min 이하로 되면 고속도 공구강 공구에는 당할 수가 없다. 당연히 이 절삭 속도는 피삭재의 종류나 경도, 절삭 조건에 따라 달라지며, 경도가 높은 피삭재에서는 저속쪽으로 이행하고 반대로 피삭재가 알루미늄 합금 등에서는 100m/min 이상도 된다.

이 이유는 저속 절삭으로 됨에 따라 절삭 온도가 저하하여 구성 날끝이 생성되므로 이것이 탈락할 때 날끝이 아주 작은 치핑을 일으키기 때문이다. 초경 공구는 고속도 공구강 공구에 비해 매우 여리므로 구성 날끝의 탈락 영향을 받기 쉽고 따라서 저속 절삭에서는 고속도 공구강 공구쪽이 긴 수명을 나타낸다.

또 고속도 공구강 공구는 단속 절삭과 같은 불안정 절삭에 적당하다. 다시 공구 형상을 성형하거나 날부분의 재연삭이 용이하므로 범용 선반 또는 드릴, 리머 등과 동시에 사용되는 터릿 선반, 자동 선반 등에 많이 쓰이며 공구 비용도 싸고, 더욱이 수명이 안정적이므로 대단히 다루기 쉬운 공구 재료라 할 수 있다.

●고속도 공구강 공구의 강종류

절삭 공구의 훌륭한 사용 방법은 공구의 성질을 잘 알고 소요의 절삭 용도와 조건에 적합한 강종류를 선정하는 일부터 시작된다. 공구 사용상 이것만은 알고 있길 바라는 특성이 앞에서도 설명한 것과 같이 몇 가지가 있는데 일반적으로 수명을 좌우하는 것은 다음의 3요소이다.

① 내마모성····· 공구와 피삭재나 칩과의 사이에서 일어나는 점진적인 마모에 대한 정도
② 내열성　····· 절삭시 발생되는 열에 의한 경도 저하에 견디는 정도
③ 인성········· 단속 절삭이나 충격 절삭, 절단, 총형 절삭 등 절삭 동력이 급격히 변화될 때 날끝 결손에 견디는 정도

이 밖에 공구 강종류의 선정 기준에 피연삭성이 있다. 공구를 성형하거나 날부분을 재연삭할 때

의 연삭 난이도이다. 그러나 이 3요소 및 피연삭성을 모두 갖고 있는 만능 강종류는 없다. 왜냐하면 내열성과 인성 및 내마모성과 피연삭성은 서로 상반되는 성질이기 때문이다.

따라서 바이트를 사용할 때 사용하고 싶은 절삭 조건에서 3요소와 피연삭성을 어디서 균형시킨 강종류가 필요한가를 결정하여 적합한 강종류를 고르는 데 신경쓸 필요가 있다.

일본 고주파 강업에서 제조하고 있는 각종 고속도 공구강 중 대표적인 6종류에 대하여 3요소와 피연삭성을 모식화(模式化)하여 **그림 3**에 표시했다. 또 고속도 공구강 바이트의 절삭 조건을 **표 1**에 표시했다.

● 고속도 공구강 공구의 종류와 사용법

고속도 공구강 바이트를 크게 분류하면 날붙이 바이트, 완성 바이트, 스로어웨이 팁 및 총형 바이트(성형 바이트를 포함)로 나눌 수 있다.

(1) 날붙이 바이트

날붙이 바이트란 생크에 고속도 공구강 팁을 납땜한 바이트로 JIS B 4152에 규격화되어 있으며, 비교적 싼 값으로 형상, 사이즈를 필요에 따라 선택할 수 있고 구하기도 쉽다. 또 성형을 자유롭게 할 수 있으므로 1개의 공구로 여러 종류의 작업을 할 수 있는 이점이 있다.

(2) 완성 바이트(사각·평·판·환형)

날붙이 바이트와 같은 이점이 있으며, 또한 고속도 공구강이 완성형이므로 성형도 마음대로 되고, 강성이 우수하여 공구 자체의 수명도 길다. JIS B 4151에 규격화되어 있다.

(3) 스로어웨이 팁

초경 및 기타의 스로어웨이 팁과 같은 이점이 있으며, 사용법도 같으나 고속도 공구강은 초경

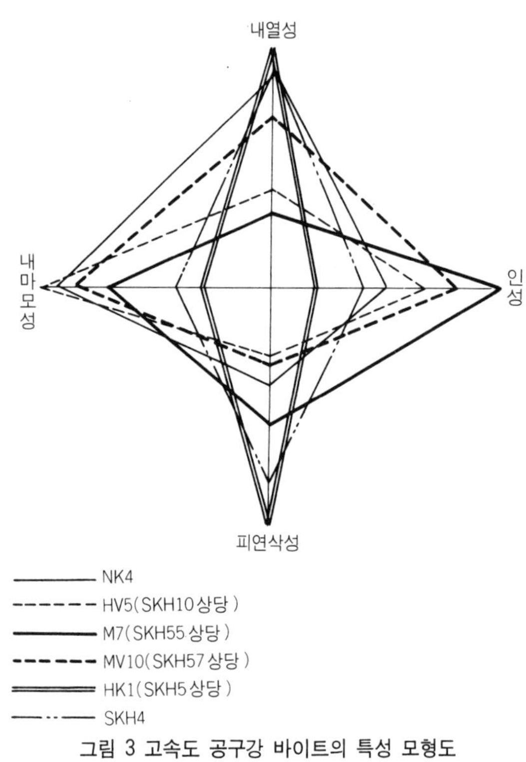

그림 3 고속도 공구강 바이트의 특성 모형도

표 1 고속도 공구강 바이트의 권장 절삭 조건(수용성 절삭제 사용의 경우)

재료	HB	막깎기 선삭 가공 (절삭깊이 2~4mm, 이송 0.02~0.4mm/rev)			다듬질 선삭 가공 (절삭깊이 0.1~1mm, 이송 0.1~0.2mm/rev)			총형 가공 (절삭폭 10~30 mm)			절단 가공 (절삭폭 2~4 mm)			보링 가공		
		강종류	경사각	절삭 속도 m/min	강종류	경사각	절삭 속도 m/min	강종류	경사각	절삭 속도 m/min	강종류	경사각	절삭 속도 m/min	강종류	경사각	절삭 속도 m/min
유황 쾌삭강	150	NK 4	15°	58	SKH 57	20°	72	SKH 55	15°	56	NK 4	20°	56	SKH 55	20°	55
	200	〃	〃	52	〃	〃	66	〃	〃	46	〃	〃	46	〃	〃	49
	250	〃	〃	47	〃	〃	61	〃	〃	39	〃	〃	39	〃	〃	43
	300	〃	〃	39	〃	〃	46	SKH 57	〃	31	〃	〃	31	SKH 57	〃	34
	350	〃	〃	23	〃	〃	30	〃	〃	20	〃	〃	20	〃	〃	20
구조용 탄소강 (S-C 등)	100	NK 4	15°	57	SKH 57	20°	74	SKH 55	15°	49	NK 4	20°	49	SKH 55	20°	51
	150	〃	〃	46	〃	〃	60	〃	〃	42	〃	〃	42	〃	〃	46
	200	〃	〃	39	〃	〃	48	〃	〃	34	〃	〃	34	〃	〃	35
	250	〃	〃	34	〃	〃	40	〃	〃	26	〃	〃	26	〃	〃	30
	300	〃	〃	27	〃	〃	35	SKH 57	〃	23	〃	〃	23	SKH 57	〃	26
	350	〃	〃	20	〃	〃	23	〃	〃	22	〃	〃	22	〃	〃	20
합금강 (구조용강·베어링강 등)	150	NK 4	15°	44	SKH 57	20°	57	SKH 55	15°	31	NK 4	20°	31	SKH 55	20°	38
	200	〃	〃	35	〃	〃	47	〃	〃	26	〃	〃	26	〃	〃	30
	250	〃	〃	30	〃	〃	40	〃	〃	22	〃	〃	22	〃	〃	23
	300	〃	〃	23	〃	〃	31	SKH 57	〃	20	〃	〃	20	SKH 57	〃	22
	350	〃	〃	20	〃	〃	25	〃	〃	16	〃	〃	16	〃	〃	18
열간 공구강	150	NK 4	15°	35	SKH 57	20°	42	SKH 57	15°	30	NK 4	20°	30	SKH 57	20°	35
	200	〃	〃	29	〃	〃	35	〃	〃	26	〃	〃	26	〃	〃	30
	250	〃	〃	23	〃	〃	27	〃	〃	21	〃	〃	21	〃	〃	20
냉간 공구강	200	NK 4	15°	25	SKH 57	20°	33	SKH 57	15°	23	NK 4	20°	23	SKH 57	20°	21
	250	〃	〃	18	〃	〃	23	〃	〃	20	〃	〃	20	〃	〃	16
오스테나이트계 스테인리스강	150	SKH5	15°	35	SKH 5	20°	43	SKH 5	15°	34	SKH 5	20°	34	SKH 5	20°	30
	200	〃	〃	33	〃	〃	41	〃	〃	30	〃	〃	30	〃	〃	29
	250	〃	〃	31	〃	〃	39	〃	〃	26	〃	〃	26	〃	〃	27
마텐자이트계 스테인리스강	150	NK 4	15°	46	SKH 57	20°	55		15°	38	NK 4	20°	38	SKH 57	20°	42
	200	〃	〃	42	〃	〃	48	〃	〃	34	〃	〃	34	〃	〃	38
	250	〃	〃	34	〃	〃	39	〃	〃	29	〃	〃	29	〃	〃	34
	300	〃	〃	27	〃	〃	31	SKH 57	〃	22	〃	〃	22	〃	〃	22
내열강	150	NK 4	15°	43	SKH 57	20°	55	SKH 57	15°	35	NK 4	20°	35	SKH 57	20°	42
	200	〃	〃	39	〃	〃	49	〃	〃	31	〃	〃	31	〃	〃	35
	250	〃	〃	33	〃	〃	39	〃	〃	26	〃	〃	26	〃	〃	30
회주철	150	SKH 4	10°	46	SKH 4	10°	61	—	—	—	—	—	—	SKH 4	15°	46
	200	〃	〃	31	〃	〃	47	—	—	—	—	—	—	〃	〃	26
	250	〃	〃	22	〃	〃	34	—	—	—	—	—	—	〃	〃	18
	300	〃	〃	14	〃	〃	20	—	—	—	—	—	—	〃	〃	10
구상 흑연 주철	150	SKH 4	10°	59	SKH 4	10°	74	—	—	—	—	—	—	SKH 4	15°	53
	200	〃	〃	43	〃	〃	55	—	—	—	—	—	—	〃	〃	38
	250	〃	〃	34	〃	〃	33	—	—	—	—	—	—	〃	〃	22
	300	〃	〃	22	〃	〃	23	—	—	—	—	—	—	〃	〃	10
알루미늄 합금 / 알루미늄 합금 주물	50	SKH 55	25°	250	SKH 55	25°	250	SKH 55	25°	150	SKH 55	25°	150	SKH 55	25°	170
	100	〃	〃	200	〃	〃	200	〃	〃	130	〃	〃	130	〃	〃	150
알루미늄 다이캐스트	50	SKH 10	15°	50	SKH 10	15°	55	SKH 55	15°	45	SKH 10	15°	45	SKH 10	15°	55
	100	〃	〃	45	〃	〃	50	〃	〃	40	〃	〃	40	〃	〃	45

기타 재질에 비해 인성이 풍부하여 결손되기 어려우므로 중(重)절삭이 가능하다.

(4) 총형(성형) 바이트

일반적으로 총형 바이트란 날모양의 윤곽을 공작물의 형상의 일부로 옮겨지게 가공하는 바이트이다. 장점으로는 숙련자를 필요로 하지 않고 품질이 고르고 가공 정밀도가 높은 제품이 얻어지며, 복잡한 형상이 한 번에 가공되므로 대폭적인 가공 능률의 향상을 도모할 수 있다. 또 일반적인 경사면의 재연삭만으로 같은 형상을 얻으므로 공구 연삭 비용이 격감된다.

또 가공 수량이 많으면 많을수록 공구비, 준비 작업 시간, 연삭비 등 총비용이 줄어드는 등 많은 이점을 가진 공구이다. 여기에서는 총형(성형) 바이트에 대하여 설명한다.

● 총형 바이트의 종류와 사용법

총형(성형) 바이트를 기능과 공구 형상으로 분류하면 다음과 같다.

(1) 재연삭에 의하여 형상이 변하는 것

완성 바이트나 날붙이 바이트 등의 표준품의 날끝으로서 공작물 형상에 맞춘 형상을 날붙임 성형한 것이다. 절삭날을 따라 앞면 여유각과 옆면 여유각이 가공되어 있어서 깊은 홈가공이나 공작물 축심에 직각인 형상에 대해서도 이상적인 여유각을 갖는 것이다.

다만 그림 4에서 알 수 있듯이 재연삭에 의하여 형상이 변해 버리므로 그 때마다 폼을 다시 성형하여 고쳐야 한다. 소량 생산이나 시험용에 쓰인다.

(2) 재연삭에 의하여 형상이 변하지 않는 것

① 평인(날붙이) 총형 바이트 ····· 그림 5와 같이 완성 바이트나 평(平)바이트 등의 날끝에 앞면 여유각에 따라 폼을 성형한 것이다. 재연삭은 경사면뿐이므로 항상 같은 형상을 얻을 수 있다. 그러나 수회의 재연삭으로 공구 수명이 다 되기 때문에 소·중량 생산용으로 쓰인다.

② 수직날 총형 바이트 ····· 날붙이 총형 바이트와 같은 생각으로 만든 것인데 바이트의 재연삭 횟수를 늘려 공구 수명을 향상시키는 것이 목적으로 사진 1, 그림 6과 같이 바이트의 길이 방향에 폼을 성형하고 이 면을 여유면이 되도록 세워서 사용하도록 설계되어 있다. 이 때문에 재연삭은 수십 번 할 수 있으므로 다량 생산에 적당하다.

③ 더브테일 총형 바이트 ····· 보통의 수직날 바이트로는 고정하는 데 다소 어려운 점이 있는 것을 쉽게 하기 위하여 수직날 바이트의 일단에 더브테일의 다리(더브테일 홈의 맞춤)를 달아 그 부분을 클램프하도록 한 것이다(사진 2, 그림 7). 공구 형상으로는 복잡하게 되지만 클램

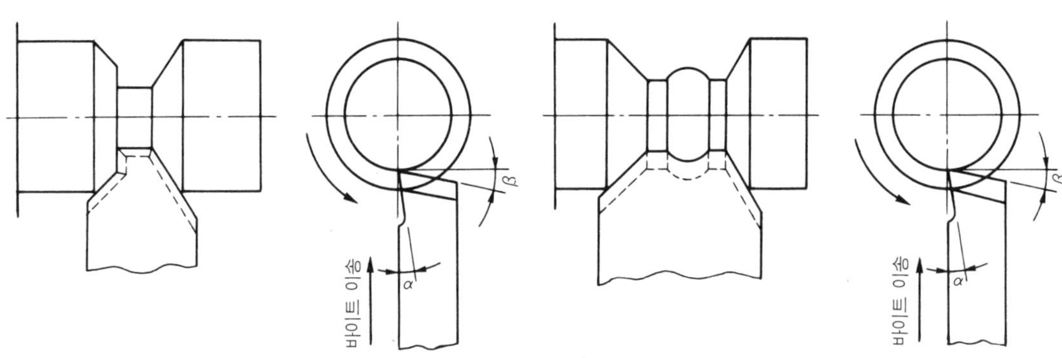

그림 4 날붙이 성형 바이트 그림 5 평인 총형 바이트

프가 간단하여 작업 준비 시간, 고정 조정 시간이 단축되고 바이트의 고정 상태에서 안정적이므로 정밀도가 높은 제품이 고르게 가공되므로 다량 생산에 적당하다. 또 웬만한 중(重)절삭에도 견디는 강성을 확보하는 것도 쉽다.

④ 스카이빙 총형 바이트 ····· 주로 폼형상의 단차(段差)가 작은 복잡한 제품 가공에 쓰인다. 그림 8과 같이 절삭 이송 방향이 다른 바이트의 플런지 컷과는 다른 점이 큰 특징이다.

바이트의 형상은 더브테일 총형 바이트와 닮았으나 옆면 경사각 $\gamma(10°\sim20°)$를 설치하고 있으므로 절삭은 날끝에서 옆면 경사각을 따라 서서히 이루어져 절삭 저항이 작고, 채터링 현상이 생기기 어려우므로 폭넓은 제품 가공도 고속으로 할 수 있다.

⑤ 세이빙 총형 바이트 ····· 일반적인 바이트로 절삭한 제품은 절삭 조건에 의하여 바이트의 이송 흔적이나 공구 날끝의 치핑, 구성날, 칩 장애 때문에 가공 표면에 많은 요철이 생겨 다

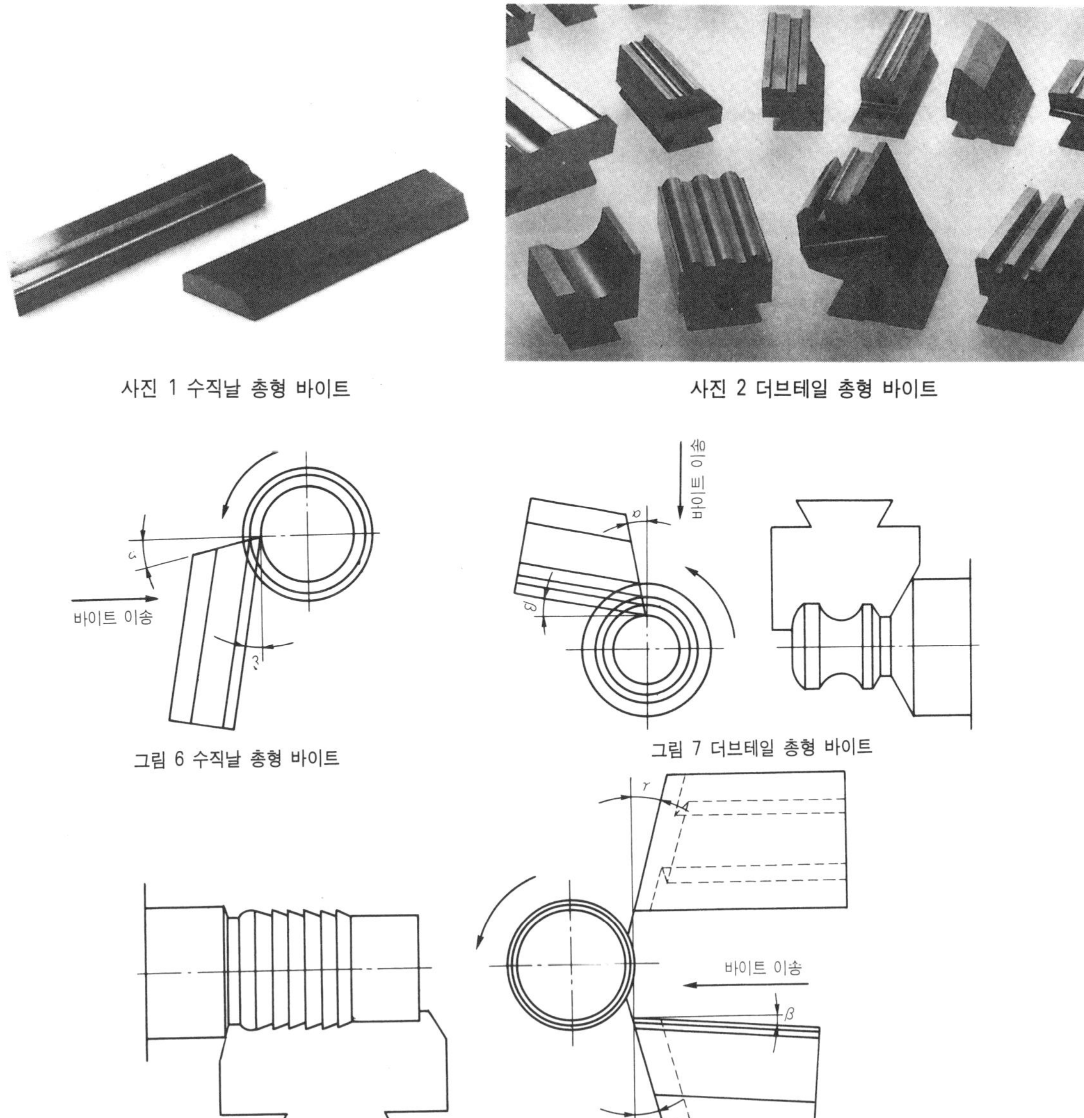

사진 1 수직날 총형 바이트

사진 2 더브테일 총형 바이트

그림 6 수직날 총형 바이트

그림 7 더브테일 총형 바이트

그림 8 스카이빙 총형 바이트

듬질면 거칠기에서 보았을 때 제품의 요구 정밀도를 충분히 만족시킬 수 없는 경우가 있다. 이 다듬질면 개선책으로 셰이빙 가공이 있다.

이것은 바이트에 일반적으로 여유각을 주지 않고 공구를 공작물의 접선 방향으로 이송하고, 앞 공정의 황 가공에서 남은 수십 μm를 절삭하면서 요철 부분을 매끄럽게 눌러 찌부러뜨리며 전진하여 규정 치수로 다듬질한 후, 다시 진행하여 공작물을 바이트 상면으로 배니싱 다듬질 하는 절삭 방법이다(그림 9). 이 경우에 쓰이는 공구를 일반적으로 셰이빙 바이트라 칭하고 주로 더브테일 셰이빙 바이트가 쓰이고 있다.

⑥ 서큘러 바이트 ····· 깎아내려고 하는 폼형상을 바이트 외주를 따라 만들어 경사면을 재연 삭해도 항상 동일 형상으로 되도록 설계되어 있고(사진 3, 그림 10), 바이트의 여유각은 워 크 센터에 대하여 오프셋을 주어 설정한다(단, 여유각을 주지 않을 때는 동일 센터로 된다).

바이트의 재연삭은 경상면에서 잇대어 하고 고정할 때에 이 분량만큼 바이트를 회전시켜 일 정한 중심 높이로 하여 사용하므로 바이트의 전둘레에 걸쳐 사용할 수가 있어서 다량 생산에 적당하다.

⑦ 리세싱 바이트 ····· 서큘러 바이트와 마찬가지로 사진 4와 같이 바이트 외주를 따라 폼을

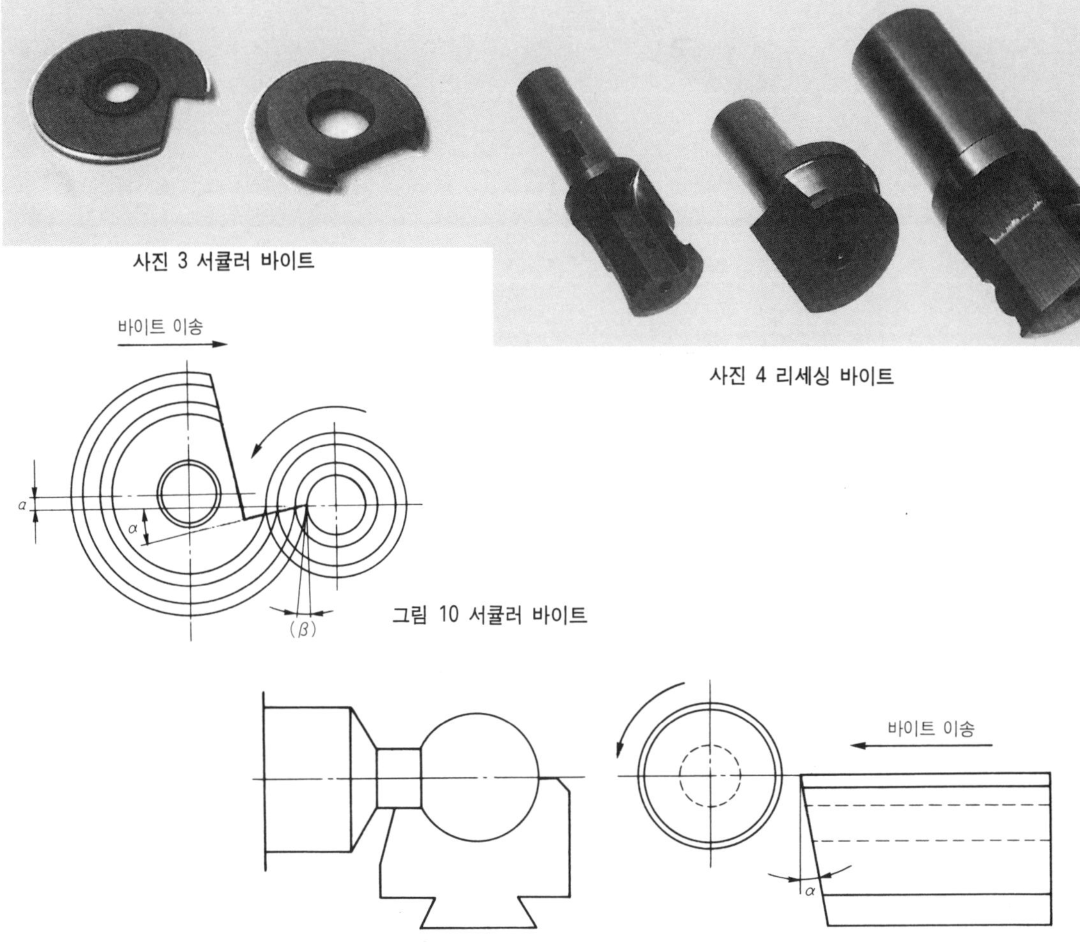

사진 3 서큘러 바이트

사진 4 리세싱 바이트

그림 10 서큘러 바이트

그림 9 셰이빙 총형 바이트

성형한 것이다. 서큘러 바이트와 다른 점은 바이트 본체에 섕크를 달아 그 부분을 홀더에 삽입하고 날끝을 공작물의 중심에 맞추어 클램프한다. 오프셋은 미리 홀더에 준다.

이 바이트는 주로 내경 폼가공이나 홈절삭에 쓰이며 다량 생산용이다.

● 바이트 연삭의 주의

고속도 공구강 공구의 성형 및 재연삭에 사용되는 숫돌에 대하여 JIS의 규격이 있고, 숫돌 메이커에서 각종의 선택 지도서가 나와 있으므로 여기에서는 일반적인 사항에 대하여 설명한다.

① 바이트는 날끝이 망가지면 빨리 연마 교정해야 한다.

② 연삭할 때 세게 밀어붙여 날끝의 색이 변할 때까지 갈아서는 안된다. 급열이나 과열은 연삭 균열을 일으켜 갈라지거나 결손의 원인이 된다.

③ 연삭액을 쓰지 않는 경우가 많은데 가장 적당한 숫돌을 고르고 숫돌의 트레싱을 충분히 하며 연삭액을 쓰려면 충분히 뿌려서 연삭 타기나 연삭 균열을 될 수 있는 대로 방지하도록 노력해야 한다. 또 연삭열로 뜨거워진 바이트의 수냉은 삼가해야 한다. 대기 중에서 방냉하는 등 서서히 식힌다.

④ 연삭 후 기름 숫돌로 랩 다듬질하면 다듬질면이 좋아져 구성 날끝이나 미시적 치핑의 발생을 줄이고 바이트의 수명이 길어진다.

＊　　　　＊　　　　＊

고속도 공구강 바이트의 선택법과 사용법 등을 간단히 설명했는데 최근에는 화학적 증착법(CVD), 물리적 증착법(PVD) 등의 표면 처리 기술이 급격히 발달하여 고속도 공구강 공구에도 실시되어 그 특징인 인성을 가지면서 절삭 성능을 향상시키는 유효한 기법으로 활용되고 있다. 또 최근에는 고속도 공구강의 특징을 살린 스로어웨이 팁이 다양한 모양으로 검토, 제작되어 매우 좋은 결과를 얻는 경우도 있다.

다시 한번 원점으로 돌아가 고속도 공구강 공구를 재평가하는 것은 어떨까.

초경 바이트의 선택법과 사용법

1930년에 현재의 東芝탕가로이가 일본에서는 처음으로 초경 합금의 생산 판매를 개시했다. 그 후 초경 합금은 절삭용 공구 재료의 주류로 널리 사용되고 있다. 그러나 최근에는 고속화 바람에 밀려 스로어웨이 팁으로 사용되고 있는 절삭용 공구 재료 중에서 초경 합금은 코팅에 수위 자리를 물려주고 2위 자리도 서멧에 위협받고 있다(그림 1). 여기에서는 선삭용 초경 합금의 특징과 피삭 재료별의 선택법과 사용법에 대하여 설명하는데 구체적인 공구 재료 종류명이나 상세한 사용법에 대해서는 각 절삭 공구 메이커의 자료를 참고하기 바란다.

●선삭용 초경 합금의 특징

초경 합금은 WC를 주체로 TiC, TaC 등의 초경질인 동시에 녹는점이 높은 분말을 녹는점이

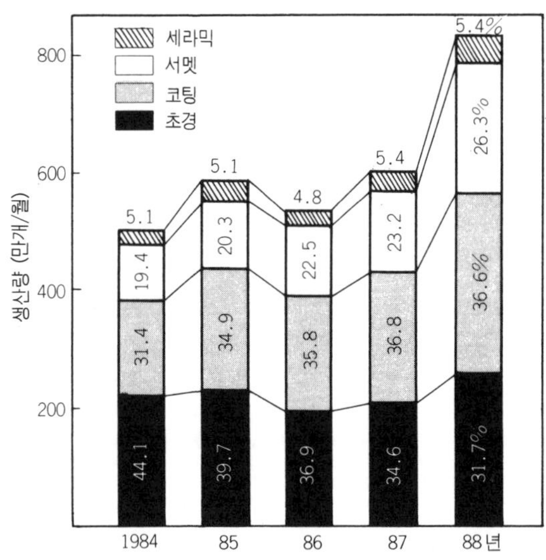

그림 1 스로어웨이 팁의 재료 종류별 생산고(일본 국내 추정)

낮은 Co 등을 결합재로 하여 소결한 것이다.

초경 합금은 피삭재의 종류에 따라 P, M, K로 크게 나누어져 각각 절삭 방식이나 작업 조건에 따라 자세히 분류되고 있다. 일반적으로 P 계열은 연속으로 칩을 내는 강이나 주강용, K 계열은 불연속의 칩이 나오는 주철이나 고경도강·비철금속용, M 계열은 그 중간으로 강·주강·주철·스테인리스강 등 폭넓은 피삭재용으로 되어 있다.

(1) K 계열

K 계열은 절삭 온도가 높아지지 않도록 하는 사용법을 쓰면 초경 합금 중에서도 가장 절삭성이 좋은 재종이다.

① 저온 강도가 강하다＝여유면 마모에 강하다 ····· K 계열은 초경 합금의 원형이라고 할 수 있는 것으로 경도나 강도가 높고 여유면(벗겨내기, 기계적) 마모에 강한 특성을 갖고 있다. 결합재인 Co는 이것이 많이 포함되면 연해진다. 초경 합금의 경도는 재료 종류명 중 숫자로 표시된다. 숫자가 작은 쪽이 그 계열 중에서 경도가 높으며, 예를 들면 JIS의 K10과 K20 중 K10쪽이 코발트량이 작고 단단하다.

② 고온에 약하다＝크레이터 마모에 약하다 ····· 강을 고속으로 절삭하면 특히 경사면의 절삭 온도가 상승한다. 그 결과 WC의 탄소가 철과 반응하여 탈탄되어 초경 합금의 성질이 없어진 다. 이 때문에 경사면에 발생되는 크레이터 마모가 심해진다. 여유면은 경사면에 비해 고속 절삭을 해도 온도의 상승이 심하지 않다. 이 때문에 여유면 마모는 경사면의 크레이터 마모만 큼 열에 의한 영향을 받지 않는다.

(2) P 계열

P 계열은 초경 합금 중에서도 가장 고온에 강하고 고속 절삭 특성이 좋은 재종이나.

① 고온에 강하다＝크레이터 마모에 강하다 ····· P 계열은 K 계열의 고온에 약한 결점을 TiC나 TaC 등을 첨가하여 고온 강도를 강화한 것이다. TiC를 첨가하면 Ti의 산화 피막이 고온인 칩과 경사면 사이에 생겨 내부로 열이 확산되는 것을 억제하는 역할을 한다. 따라서 WC의 탄소가 철과 반응하는 것을 막아 공구의 연화나 변형을 억제하여 크레이터 마모가 작 아진다. 그러나 TiC가 증가하면 고온 경도는 높아지는 반면에 물러져 치핑되기 쉬워진다. TaC는 TiC의 무름을 커버하고 인성을 향상시킨다.

(3) M 계열

M 계열은 P와 K의 중간 재료 종류이다.

① 강이나 주철에도 사용된다 ····· M 계열은 P 계열과 K 계열의 각 장점을 겸하여 갖춘 범 용 재료 종류이다. 그러나 그 중간적인 성질이기 때문에 고속 절삭에서는 P 계열에, 강도에 서는 K 계열에 못미치는 재종이다.

● 선삭용 초경 합금의 선택법과 사용법

(1) 절삭용 공구 재료별 생산고 추이

앞에서 설명한 바와 같이 초경 합금의 사용량은 공구 재료 중에서 코팅에 이어 제2위이다. 초경 합금의 생산량은 보합세이면서 절삭 속도 $V \geqq 150\text{m/min}$에서는 사용할 수 없기 때문에 코팅이나 서멧에 눌려 50% 이상이었던 구성비는 해마다 감소되는 경향이다.

이런 중에도 선삭용 초경 합금으로 계속 인기가 있는 것은 K10과 P20, P30급이다. 이들은 선삭용 초경 합금의 75% 이상을 차지하고 있다. K10은 여유면 마모가 잘 안되기 때문에 주철, 알루미늄 및 알루미늄 합금, 고경도강, 내열 합금 등 폭넓게 사용된다. 또 P20은 적당한 인성과 고속 절삭도 가능하므로 강에 많이 쓰이고 있는 재료 종류이다. 그리고 P30은 고인성의 장점을 살려 단속(斷續)이 빈번한 강(鋼)가공에 사용되고 있다. 그러나 P20, P30은 보다 고속에서 사용되는 코팅에 눌려 그 사용량이 감소되는 경향이다.

P10은 초경 합금 중에서는 가장 고속 절삭할 수 있는 재료 종류이지만 인성 부족으로 다듬질 가공 이외에는 쓰이지 않는다. 더 정밀한 다듬질 가공에는 P10보다 고속 절삭이 되고 다듬질 거칠기도 양호한 서멧이 적당하다. 이 때문에 P10은 거의 서멧으로 치환되어 가고 있다.

기타의 재료 종류는 각각에 특징이 있기는 하지만, 코팅 등으로 치환되거나 그 시장 볼륨의 축소 등의 이유로 사용량이 적고 금후 더욱 쓰이지 않게 될 것으로 예상된다.

(2) 피삭재별 선삭용 최적 초경 합금

① 일반강 ····· 거친 가공에서는 P20이 적합하다. P20은 인성과 내마모성의 균형이 좋아 절삭 속도 100m/min 전후의 가공에서는 코팅보다 값이 싸기 때문에 사용량이 많다.

절삭 속도가 더 고속으로 되면 **그림 2**와 같이 코팅쪽이 많이 사용된다. 또 단속이 빈번한 가공에서는 P20보다 P30쪽이 적합하다.

다듬질 가공에서는 P20보다 내마모성이 좋은 P10이 적합하나 최근에는 서멧으로 치환되어 그 사용량이 줄어들고 있다. 그러나 최근 늘어나고 있는 전자 기기 등의 소형 부품 가공에서는 피삭재의 지름이 매우 작으므로 회전수를 늘려도 절삭 속도는 올라가지 않는 경우도 많다. 예를 들면 지름 10mm인 부품을 회전수 2000 rpm으로 가공해도 절삭 속도는 63m/min밖에 안된다. 이와 같은 가공에서는 저속이므로 절삭 온도도 오르지 않고 절삭 여유도 적으므로 K10이 가장 적당하다. 이것은 앞에서 설명한 바와 같이 절삭 속도가 낮으면

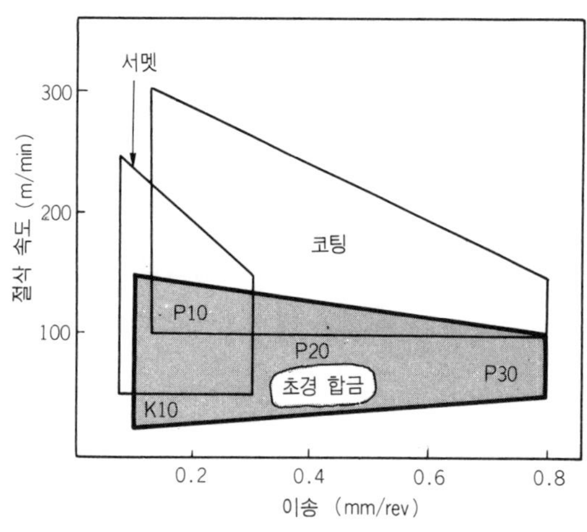

그림 2 일반강용 선삭 최적 초경 합금

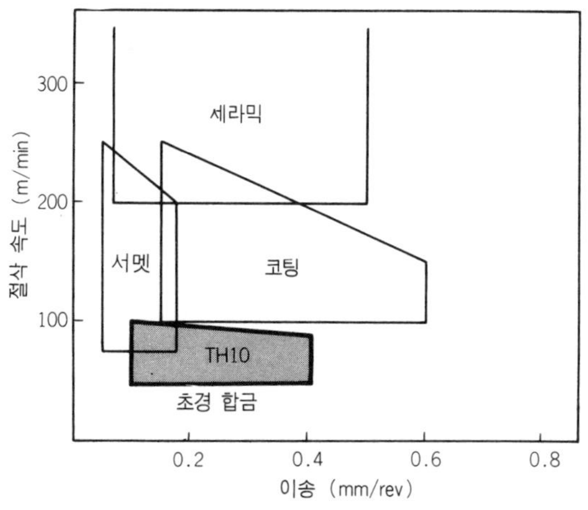

그림 3 주철용 선삭 최적 초경 합금

크레이터 마모가 진행되지 않으므로 여유면 마모가 잘 안되는 K10쪽이 강(鋼)절삭에서도 P10보다 공구 수명이 길어진다. 실제로는 공구 수명을 늘리기 위하여 K10에 PVD 코팅을 하여 사용하는 경우도 많다.

② **주철** ····· 절삭 속도 100m/min에서는 K10이 가장 적합하며 사용 실적으로 보아도 이 영역에서는 거의 K10이다. 또 K10 전체의 사용법에서 그 대부분이 주철용으로 되어 있다.

　그러나 칩이 이어지는 것 같은 특수 주철이나 파인 보링을 고속 절삭했을 때 크레이터 마모가 발생되는 경우에는 K10보다 P10쪽이 적합하다. 더욱 고속에서 사용하려면 **그림 3**과 같이 다른 공구 재료가 좋을 것이다.

③ **스테인리스강** ····· 종래에는 **그림 4**에 표시한 바와 같이 스테인리스강도 난삭재였다. 따라서 고온으로 되지 않도록 절삭 속도를 $V \leqq 75$m/min로 하고 거친 가공에서는 인성이 높은 P30, M30이 가장 적합하고 다듬질 가공에서는 절삭 온도가 오르지 않도록 하여 여유면 마모에 강한 K10이 적합하다.

　그러나 최근에는 고성능 공구 재료가 개발되어 스테인리스강도 고속으로 가공할 수 있게 되었다.

④ **알루미늄과 알루미늄 합금** ····· 그림 5와 같이 K10이 가장 적합하다. 다이아몬드 소결체의 절삭 성능이 매우 좋지만 값이 비싸기 때문에 현장에서는 K10이 가장 많이 사용되고 있다. 알루미늄재 가공에서는 절삭 속도 300m/min로 가공해도 절삭 온도는 거의 오르지 않고 공구 수명은 약 3~4일로 매우 길어졌다.

⑤ **고경도강** ····· 이것은 대단히 가공하기 어려우므로 **그림 6**과 같이 절삭 속도는 $V \leqq$ 50m/min로 하고 여유면 마모가 잘 안되는 K10을 사용한다. 피삭재의 강도가 강하므로 고온으로 되지 않도록 날끝이 눌려 찌부러지지 않는 K10을 사용한다.

⑥ **내열 합금** ····· 다듬질 가공에 한하여 K10이 적합하다. 이 피삭재는 특히 다듬질면의 표면 품위가 중요한 경우가 많으므로 다듬질면 가공에는 초경 합금만이 쓰이고 있다. 단속이 빈번한 가공의 경우에는 K20이 적합하다. 그림 7과 같이 거친 가공에서는 절삭 속도를 올려 세라믹 (SiC 위스커 들어 있음)이 사용되고 있다.

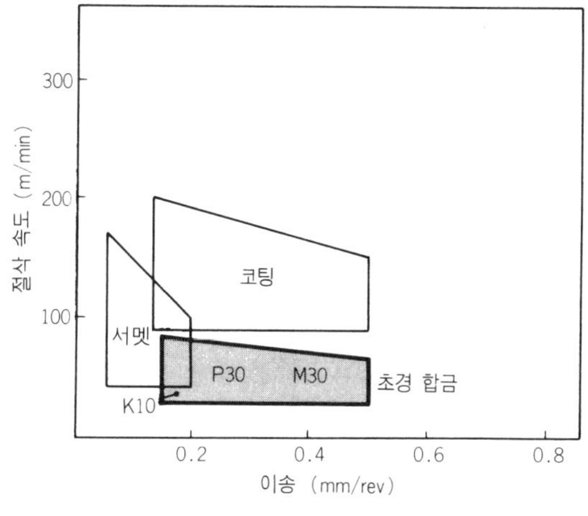

그림 4 스테인리스강용 선삭 최적 초경 합금

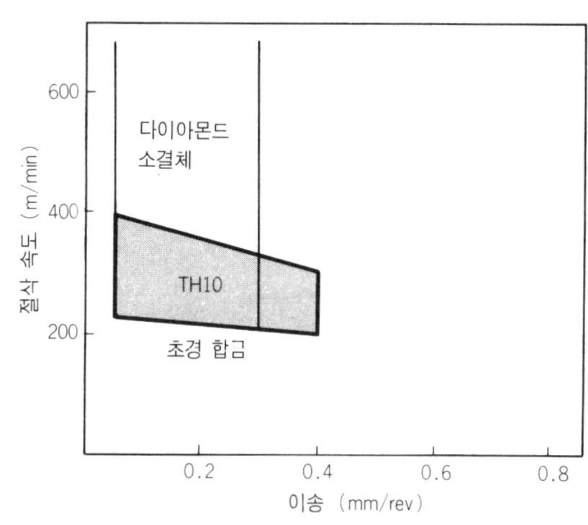

그림 5 알루미늄·알루미늄 합금용 선삭 최적 초경 합금

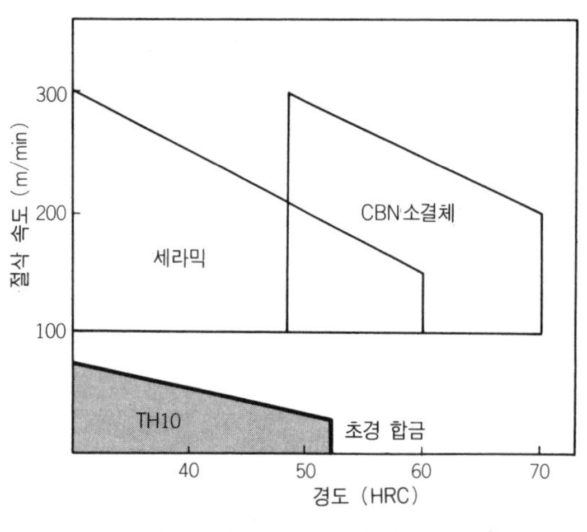

그림 6 고경도강용 선삭 최적 초경 합금

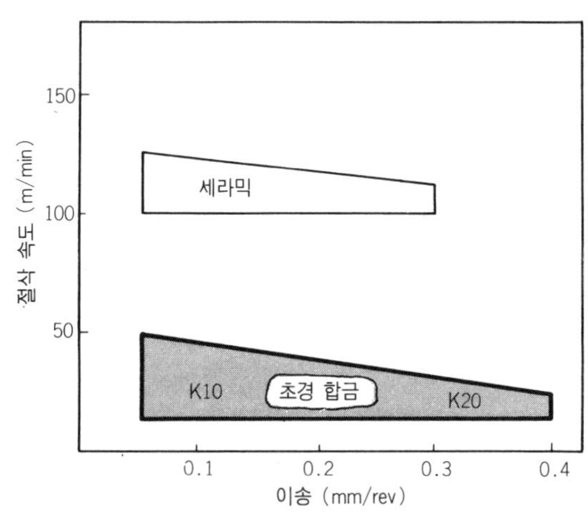

그림 7 내열 합금용 선삭 최적 초경 합금

최근에는 희귀한 초경 합금의 신재료 종류로 개발된 내열 합금 전용 재종(K10~K20)이 있다. 이것은 KS 20(東芝탕가로이제)이라 부르며 종래의 K10의 내마모성과 K20의 인성을 겸비한 것으로 인코넬 718을 절삭 속도 20~30m/min, 티탄 합금을 50~60m/min로 하여 습식으로 가공하고 있다.

*　　　*　　　*

최근의 선삭용 초경 합금의 개발 동향을 보면 코팅 전용 모재로서의 개발은 활발하나 초경 합금 단독의 개발은 거의 이루어지지 않고 있다. 내열 합금용에 전용 재종이 개발된 정도다. 이 사실은 금후의 선삭용 초경 합금으로는 범용성이 높은 K10과 일부 고인성 재종만이 존속하고 주류는 코팅과 서멧으로 되리라 예측된다.

여기에서는 선삭용 초경 합금 중 현재 가장 많이 쓰이고 있는 대표적인 것을 소개하였기 때문에 특수 가공일 때는 여기에서 소개한 이외의 것이 가장 알맞는 경우도 있을 것이다.

이런 경우는 주된 현상(특히 사용 팁의 손상 형태)을 잘 파악하여 공구 재료뿐만 아니라 공구 형상, 피삭재, 절삭 조건, 절삭유, 공작 기계 등을 종합적으로 검토할 필요가 있다.

JIS 초경 합금의 사용 선택 기준이란

JIS의 초경 선택 기준

절삭하여 물건을 만들려고 할 때 일반적으로 피삭재와 공작 기계를 마음대로 선택할 수는 없다. 다만 초경 합금의 절삭 공구는 여러 종류의 것이 판매되고 있으므로 선택의 여지가 많다.

너무 많으므로 선택의 기준이 있는 것은 아닌지 하고 생각하는 것은 사람의 심리일 것이다. 여기에서 우선 JIS를 조사해 보기로 하자. 분명히 JIS B 4053에 「초경 합금의 사용 선택 기준」이 있다.

이 규격에는 표가 있어서 간단히 선택할 수 있도록 되어 있다. 예로 대분류의 P, M, K 중에서 M의 부분을 뽑아 아래에 표시했다.

이 선택 기준에서는 피삭재는 강(스테인리스강 포함), 주철 및 특수 주철(구상 흑연 주철, 합금 주철 등), 비철금속, 내열 합금, 플라스틱재나 목재 등의 비금속 재료, FRP 등의 복합 재료 등으로 분류되어 있다. 또 절삭 방식은 선삭, 보링, 밀링 절삭, 평삭, 구멍뚫기, 리머 다듬질 및 브로치 절삭 등으로 분류되어 있다.

작업 조건은 절삭 속도, 절삭 면적(절삭 깊이×이송량), 기타 중요한 작업 조건에 의하여 나누어져 있다.

그러면 예로 내열 합금인 인코넬의 절삭에 알맞는 초경 합금을 선택해 보기로 하자.

아래표를 보면 선삭, 밀링 절삭 모두 M10에서 M40까지 어느 것이나 좋도록 되어 있다. 그러나 이것만으로 인코넬의 절삭에 최적의 공구를 선택한 것으로 되느냐 하면 반드시 그렇다고는 할 수 없다.

예를 들면 선반 절삭에서는 SiC 위스커로 강화한 알루미나 세라믹쪽이 초경 합금의 M종보다 생산성을 올리는 데 적합하다는 것이 최근의 개발로 분명해지고 있다. 이 표는 P, M, K의 초경

사용 분류 기호	피삭재	절삭방식	작업 조건
M10	강 내열 합금 주철 및 특수 주철	선삭 밀링 절삭	중~고속으로 소~중절삭 면적일 때 또는 강·주철에 대해 공용으로 하고 싶을 때이며, 비교적 작업 조건이 좋을 때.
M20	강 내열 합금 주철 및 특수 주철	선삭 밀링 절삭	중속으로 중절삭 면적일 때 또는 강·주철에 대해 공용으로 하고 싶을 때이며, 작업 조건이 별로 좋지 않을 때.
M30	강 내열 합금 주철 및 특수 주철	선삭 밀링 절삭 평삭	중속으로 중~대절삭 면적일 때 또는 M 20보다 나쁜 작업 조건일 때.
M40	강 내열 합금 주철 및 특수 주철	선삭 밀링 절삭 평삭	저속일 때, 큰 경사각이나 복잡한 절삭날 형상을 줄 때 또는 M 30보다 나쁜 작업 조건일 때.

↑ 초경 합금의 사용 선택 기준에서 발췌

표 1 가공 핸드북의 데이터 예   (Metcut사)

피삭재	경도	상태	절삭 깊이	고속도 공구강			초경 합금						
							코팅 없음				코팅		
							속도						
				절삭 속도	이송	공구 재질	납땜	인서트	이송	사용 분류	절삭 속도	이송	사용 분류
			(mm)	(m/min)	(mm/rev)	(ISO)	(m/min)	(m/min)	(mm/rev)	(ISO)	(m/min)	(mm/rev)	(ISO)
중탄소강 1030 1045 1033 1046 1035 1049 1037 1050 1038 1053 1039 1055 1040 1525 1042 1526 1043 1527 1044	125~175	열간 압연 풀림 불림 냉간 인발	1	43	0.18	S4, S5	140	180	0.18	P 10	280	0.18	CP 10
			4	35	0.40	S4, S5	110	140	0.50	P 20	185	0.40	CP 20
			8	27	0.50	S4, S5	85	110	0.75	P 30	145	0.50	CP 30
			16	11	0.75	S4, S5	67	85	1.0	P 40	—	—	—
	175~225	열간 압연 풀림 불림 냉간 인발	1	40	0.18	S4, S5	130	160	0.18	P 10	240	0.18	CP 10
			4	30	0.40	S4, S5	100	125	0.50	P 20	160	0.40	CP 20
			8	26	0.50	S4, S5	78	100	0.75	P 30	125	0.50	CP 30
			16	20	0.75	S4, S5	60	78	1.0	P 40	—	—	—
	225~275	열간 압연 풀림 불림 냉간 인발 담금질 뜨임	1	35	0.18	S4, S5	115	150	0.18	P 10	230	0.18	CP 10
			4	27	0.40	S4, S5	90	115	0.50	P 20	150	0.40	CP 20
			8	21	0.50	S4, S5	72	90	0.75	P 30	120	0.50	CP 30
			16	17	0.75	S4, S5	55	70	1.0	P 40	—	—	—
	275~325	열간 압연 풀림 불림 냉간 인발 담금질 뜨임	1	30	0.18	S9, S11†	110	140	0.18	P 10	215	0.18	CP 10
			4	23	0.40	S9, S11†	85	110	0.50	P 20	135	0.40	CP 20
			8	18	0.50	S9, S11†	67	85	0.75	P 30	115	0.50	CP 30
			16	—	—	—	—	—	—	—	—	—	—

합금이 어떻게 절삭에 쓰이는가 하는 것을 나타내고 있으나 코팅 공구, 서멧 공구, 세라믹 공구는 선택의 대상으로 되어 있지 않다.

다만 코팅 공구에 대해서는 메이커가 초경의 어느 사용 분류 기호에 속해 있는가를 표시하고 있으므로 참고가 될 것이다. 이 JIS 표에서는 초경 합금의 대분류가 맨 왼쪽란에 있으며, 예를 들면 P 20용으로 제조된 것은 이와 같은 절삭에 쓰인다는 것을 표시하고 있다. 나쁘게 말하면 신발에 발을 맞추는 식의 표라고 할 수 있다.

결국 JIS나 ISO는 각 초경 합금의 작업 범위나 절삭 성능은 규정하지 않고 사용 목적별로 절삭용 초경 합금을 분류하고 있다.

사용하는 입장에서의 선택 기준

사용자 입장에서 작성된 사용 선택 기준에는 미국의 "기계 가공 핸드북"(Machining Data Handbook, 3rd Edition : MetCut Research Associates Inc., 1980년 발행)이 있다.

이 책은 두 권으로 약 2300페이지이다. 영어로 쓰여 있는데 몇 가지의 숫자와 검색 요령만 알고 있으면 적어도 JIS표보다 많은 정보를 얻을 수 있다.

이 책에는 피삭재를 결정한 후 공구 재료 종류와 절삭 조건을 선정하려고 할 때 그 출발점을 찾기 위한 표가 1200매 이상 있다. 이 밖에 90종류의 가공법과 1500종류의 피삭재의 데이터가 수용되어 있다.

즉 이 책에서는 가공법과 피삭재가 정해지면 표에서 절삭 공구와 절삭 조건을 선택할 수 있다. 게재되어 있는 각종 데이터는 주로 미국 정부의 자금으로 행해진 실험에서 얻은 것이라고 한다. 가격은 약 7만엔이다.

이 책의 내용의 일부를 표 1에 표시했다. 이 표는 기계 구조용 중탄소강인 S30C에서 S50C까지를 절삭할 때의 예이다. 이 데이터를 보고 조건이 느슨하다고 느끼겠지만 출발점으로서는 대체로 타당하다고 할 수 있다.

적어도 지금까지 경험한 일이 없는 피삭재를 절삭하려 할 때 시험 절삭도 할 수 없을 경우에는 참고가 된다.

또 이 데이터는 플로피 디스크에 수록되어 시판되고 있으며 IBM PC/AT와 그 컨버터블, NEC PC 9801 등이면 검색할 수가 있다.

선택 기준을 어떻게 살릴 것인가

규격이나 기준표에 게재된 초경 공구의 사용 선택 기준은 어느 경우나 안전한 쪽을 선택한 최대 공약수적인 표현에 불과하다. 또 이 표의 조건을 보증하는 것도 아니다.

각각의 절삭 현장에서 가장 알맞는 공구이며 조건을 선택하려면 출발점의 조건에서 공구 재료 종류, 공구형 번호, 이송, 절삭 깊이, 절삭 속도, 절삭유제를 변경하거나 수정하는 노력이 필요하다.

이 때 어떻게 변경하면 희망하는 다듬질면 거칠기, 목표로 하는 공구 수명을 달성할 수 있는지를 생각하게 되는데 생각하기 전에 가공된 공구의 날끝, 칩, 다듬질면 거칠기, 치수 정밀도 등을 관찰해야 한다.

JIS에서도 큰 기준으로 여유면 마모가 많을 때, 경사면 마모가 많을 때, 치핑이 많을 때, 다듬질면에 흠집이 생길 때로 나누어 어떤 대책을 고려할 것인가를 표시하고 있다.

여하간에 왜 그런 일이 일어났는지 원인과 결과를 잇는 메커니즘까지 생각할 필요가 있다.

코팅 공구의 절삭 성능

스로어웨이 팁이 차지하는 코팅 재료 종류의 비율이 유럽과 미국에서는 60%, 일본에서는 30%를 넘을 정도로 보급되고 있다. 그러나 코팅 재료 종류도 피삭재, 가공 형태 및 절삭 조건 등에 의하여 올바른 재료 종류 선정을 할 수 없으면 장수명하에서 사용할 수는 없다.

여기에서는 피삭재로서 대표적인 강 및 주철을 들어 어떤 코팅 재료 종류가 유효한가를 코팅 물질 및 초경 합금 모재란 재료적 입장에 의하여 설명한다.

● 절삭중에 생기는 공구 손상

공구 재료를 이해하고 올바른 재료 종류를 선택하기 위해서는 절삭중에 생기는 공구 손상에 대하여 잘 이해해 둘 필요가 있다.

선삭 공구에 생기는 마모의 형태에 대해서는 앞에서 설명했는데 절삭중 칩이 생성되기 위한 전단 변형 및 칩과 공구 경사면의 마찰에 의하여 다량의 열이 발생된다.

이 발생열 중에 약 75%는 칩이 갖고 나가며 약 20%는 공구 경사면을 통해 공구에 전달된다. 이 때문에 공구 경사면은 순간적으로 고온 상태로 되어 열적 안정성이 낮은 공구 재료 종류일수록 경사면 마모가 발생되기 쉬워진다.

절삭 조건으로는 절삭 속도 또는 이송이 높아지면 절삭 온도가 상승되므로 경사면 마모가 발생되기 쉬워진다. 또 여유면 마모는 피삭재와의 마찰에 의하여 발생되는 마찰 마모이며, 경도가 높은 공구 재종일수록 마모가 잘 안된다.

이들 마모 현상 외에 중요한 공구 손상으로는 공구 날끝의 변형(소성 변형)및 결손이 있다.

● 강(鋼)선삭용 코팅 재종

(1) 강선삭에 알맞는 코팅 구조

공구 재료로 사용되는 각종 경질 물질의 특성을 그림 1에 표시했다. 세로축은 물질의 경도, 즉

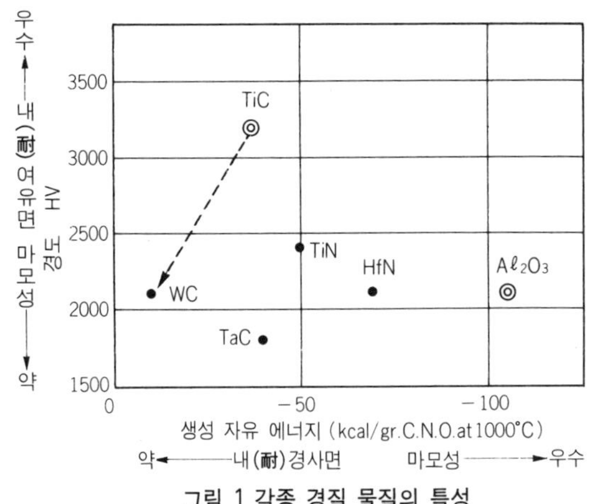

그림 1 각종 경질 물질의 특성

내(耐)여유면 마모성을, 가로축의 생성 자유 에너지는 물질의 열적 안정성, 즉 내(耐)경사면 마모성을 나타낸다. 이 그림에서 TiC는 가장 단단하고 양호한 내여유면 마모성을 표시하고 Al_2O_3는 가장 열적으로 안정하며 양호한 내경사면 마모성을 표시하고 있음을 알 수 있다. 또 TiN 은 TiC와 Al_2O_3의 중간적인 위치에 있다. 여기서 현재 사용되고 있는 주요 코팅 구조에 대하여 **표 1**에 표시했다.

이와 같은 점에서 경사면 마모가 발생하기 어려운, 바꿔 말하면 날끝의 온도 상승이 적은 저속도 또는 저이송 절삭에서는 TiC, TiC−TiCN 등의 비Al_2O_3계의 코딩 재종이 유효하다. 그러나 최근 고능률 가공이 추구되어 절삭 속도나 이송이 높아지고 있으므로 내경사면 마모도 중요한 요인의 하나로 되고 있다. 이 때문에 최근에는 내여유면 마모성에 가장 효과적인 TiC와 내경사면 마모성이 우수한 Al_2O_3의 두 층을 코팅한 재료 종류가 많이 사용되고 있다.

종래의 TiC−Al_2O_3 코팅 재종을 전자 현미경 사진으로 보면 TiC 중에 초경 합금의 주성분인 WC가 확산되어 있는 것을 알 수 있다(사진 1). TiC중에 WC가 확산되면 그림 1에서 TiC의 특성은 WC의 특성으로 향하여 경도, 생성 자유 에너지가 함께 저하된다. 즉 TiC본래의 특성인 단단하고 내여유면 마모성이 강한 성질이 WC의 확산에 의하여 없어진다. 이 현상을 방지하기 위하여 내층에 Ti 화합물을 코팅하고 그 위에 TiC를 코팅하면 WC의 확산이 없는 미세하고 경질인 본래의 TiC를 형성할 수 있다(사진 2). 다시 이 미세한 TiC 위에 Al_2O_3를 코팅하면 미세하고 고

<table>
<tr><td colspan="2" align="center">표 1 코팅층의 구조</td></tr>
<tr><td align="center">코팅층의 구조</td><td align="center">코팅 물질</td></tr>
<tr><td align="center">단 층</td><td align="center">TiC, TiN, TiCN</td></tr>
<tr><td align="center">복 층</td><td align="center">TiC-TiCN
TiC-TiN
TiC-Al₂O₃</td></tr>
<tr><td align="center">다 층</td><td align="center">TiC-TiCN-TiN
TiC-Al₂O₃-TiN
Ti화합물-TiC-Al₂O₃</td></tr>
</table>

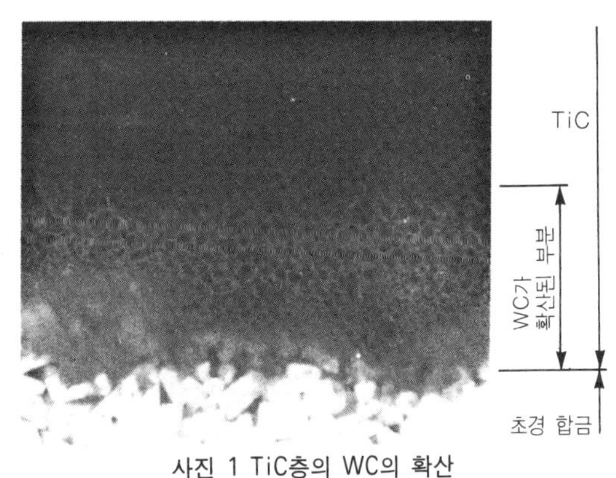

사진 1 TiC층의 WC의 확산

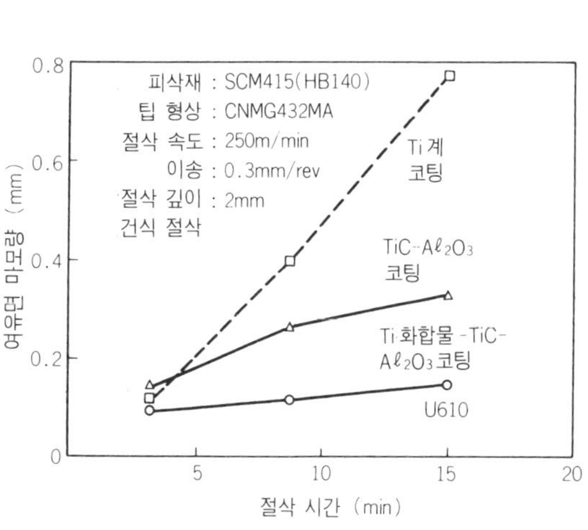

그림 2 각종 코팅 재종의 강(鋼)선삭 성능

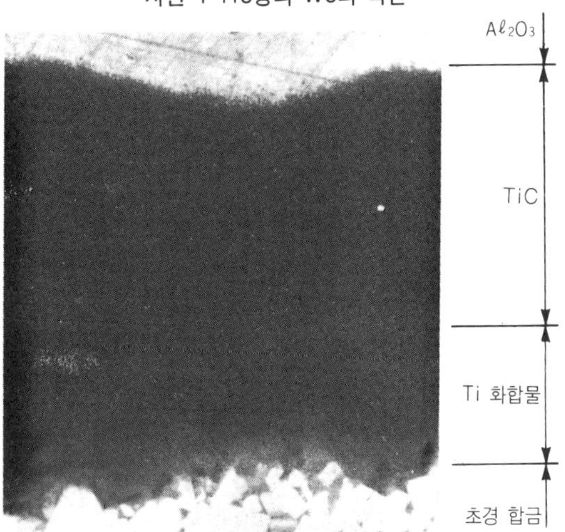

사진 2 Ti 화합물-TiC-Al₂O₃ 코팅 재종

강도인 Al_2O_3가 코팅되어 내마모성이 한층 개량된다. 종래의 $TiC-Al_2O_3$ 코팅을 개량한 코팅 재종(예를 들면 앞에서 설명한 Ti 화합물$-TiC-Al_2O_3$ 코팅 재종)이 현재 강(鋼)절삭에 가장 적합하다.

그림 2는 이들 각종 코팅 재종의 강선삭 성능을 표시한 것이다. Ti계의 코팅 재종은 고속 절삭에서 내산화성 부족 때문에 절삭 깊이 경계부의 마모가 크고 또 종래의 $TiC-Al_2O_3$ 코팅 재종은 인성 부족 때문에 절삭날이 치평되고 있다. 이에 대하여 개량된 코팅 재종 U 610은 마모가 적고 치평도 생기지 않는다.

(2) 강선삭에 알맞는 초경 합금 모재

강선삭용 코팅 재종인 초경 합금 모재는 내열성을 필요로 하므로 일반적으로 $WC-TiC-TaC-Co$ 성분으로 이루어지는 M종의 초경 합금이 사용된다. 그러면 M종의 초경 합금 모재 중에서 어떤 것이 모재로 적정한 것일까. 강절삭일 때 공구는 주철 절삭일 때보다 더 높은 절삭 부하를 받는다. 이 때문에 초경 합금 모재로서는 여러 가지 특성 중에 내결손성이 우수하다는 것이 중요하다.

초경 합금의 내결손성을 나타내는 척도인 충격값은 결합 금속의 Co량과 비례하고 있다. 강절삭에서는 날끝의 온도 상승이 높으므로 Co량이 많은 초경 합금을 모재로 사용하면 소성 변형이 생기기 쉬워진다.

일반적으로 결손이 생기는 것은 공구 표면에 발생한 크레이터가 내부로 전파되기 때문이다. 그래서 코팅층 바로 아래의 초경 합금 표면부에만 Co가 많은 강인층이 형성되면 표면 코팅층에서 발생한 크랙은 이 강인 표면층에서 멈춘다. 다시 내부에 경질인 초경 합금층이 있으면 소성 변형은 일어나기 어렵게 된다.

이 강인 표면층이 갖는 초경 합금을 모재로 한 코팅 재종은 두드러지게 높은 내결손성을 나타내고 절삭 부하가 높은 강선삭 가공에는 효과적이다.

강인 표면층을 갖는 코팅 재종 U 610, U 625(미쯔비시 머티리얼)에 의한 강의 단속 절삭 성능을 그림 3에 표시했다. 강인 표면층을 갖는 U 610과 다시 Co량이 많은 모재를 사용한 U 625는 강인 표면층이 없는 같은 그레이드의 코팅 재종에 비해 높은 내결손성을 나타낸다.

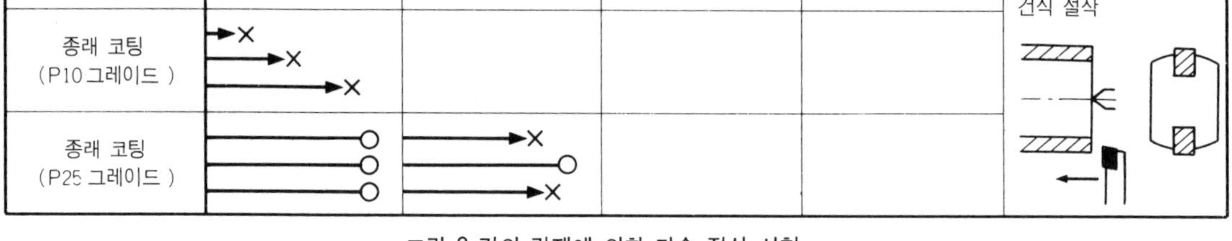

이송 (mm/rev)	0.212		0.265		0.335		0.375		절삭 조건
절삭 시간 (min)	1	2	1	2	1	2	1	2	피삭재 : SNCM439 (HB270) / 이송 : var / 절삭 깊이 : 3mm / 절삭 시간 : 2분 / 절삭 속도 : 100m/min / 공구 형상 : CNMG432 / 건식 절삭
U625 (P25 그레이드)									
U610 (P10 그레이드)									
종래 코팅 (P10 그레이드)									
종래 코팅 (P25 그레이드)									

그림 3 강의 각재에 의한 단속 절삭 시험

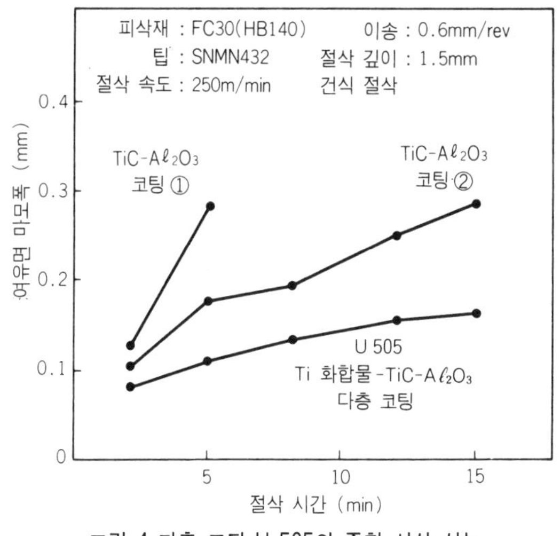

그림 4 다층 코팅 U 505의 주철 선삭 성능

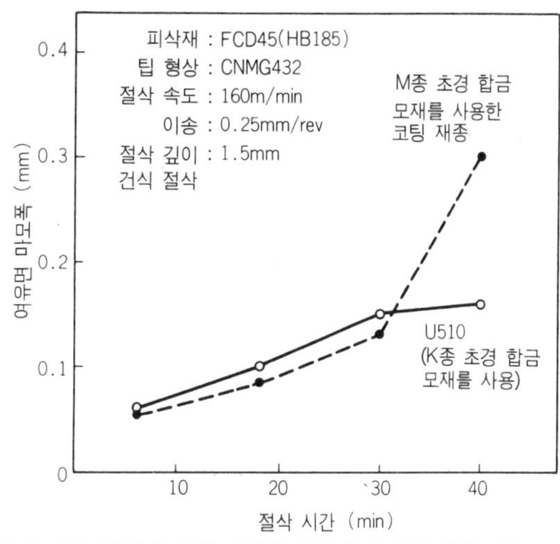

그림 5 코팅 재종의 초경 모재와 구상 흑연 주철 선삭 성능

P10 그레이드의 U610에서도 강인 표면층을 갖지 않는 P35 그레이드 정도의 강도를, 또 U625는 보다 높은 내결손성을 갖고 있다.

● 주철 선삭용 코팅 재종

(1) 주철 선삭에 알맞는 코팅 구조

주철 절삭은 강절삭에 비해 칩이 짧게 분단되므로 경사면 마모의 발생이 적고 피삭재와의 마찰에 의한 여유면 마모로 인하여 수명을 다한다. 이 때문에 주철 절삭에서는 내여유면 마모성이 우수한 TiC 코팅층이 필요하다.

또 주철은 탄소를 많이 함유하고 있으므로 절삭중에 탄소가 피삭재로부터 초경 합금으로 확산되어 초경 합금 중의 Co와 반응하여 확산 마모가 생기기 쉬워진다. 이 탄소의 초경 합금으로의 확산을 방지하기 위하여 Al_2O_3 코팅이 대단히 유효하다.

이상과 같은 일로 주철 절삭에서는 마찰 마모와 확산 마모를 억제하기 위하여 TiC와 Al_2O_3가 코팅층으로 필요하다. 이 때문에 종래에는 $TiC-Al_2O_3$의 복층 코팅 재종이 주류였다. 그러나 강 절삭용 코팅 재종에서 소개한 대로 복층 코팅의 경우 TiC층이 본래의 높은 경도를 갖지 못한다.

그래서 주철 절삭의 경우에도 복층 코팅을 더 개량한 Ti 화합물$-TiC-Al_2O_3$의 다층 코팅을 실시한 재종이 최근 많이 사용되고 있다.

이 Ti 화합물$-TiC-Al_2O_3$의 다층 코팅을 실시한 재종 U505의 주철 선삭시의 성능을 그림 4에 표시했다. 종래의 다층 코팅 재종에 비해 다층 코팅 재종 U505는 우수한 성능을 나타낸다.

(2) 주철 선삭에 알맞는 초경 합금 모재

주철 선삭에서는 앞에서 설명한 바와 같이 피삭재로부터 탄소의 확산 마모가 발생된다. 이 때문에 절삭중에 코팅층이 마멸되어 초경 합금 모재가 노출되면 확산 마모에 의하여 단시간 사이에 공구 수명에 이른다. 따라서 주철 선삭용의 초경 합금은 Co량이 적은 재종이 적합하다. 또 주철 절삭의 경우 $WC-Co$ 성분의 K종 및 $WC-TiC-TaC-Co$ 성분의 M종인 양(兩) 초경 합금이 모

표 2 각종 절삭에서의 권장 코팅 재종

피삭재	절삭 형태	절삭 조건			권장 코팅 재종
		절삭 속도(m/mim)	이송(mm/rev)	절삭 깊이(mm)	
연강	연속 절삭	150~250	0. 1~0. 6	1~6	U 610
	단속 절삭	100~250	0. 1~0. 4	1~6	U 625
일반강	연속 절삭	120~220	0. 1~0. 6	1~6	U 610
	연속 절삭	80~180	0. 1~0. 4	1~6	U 625
	단속 절삭	80~220	0. 1~0. 4	1~4	(단속 절삭은 건식에서 사용하는 것)
스테인리스강 (SUS 304, 316)	연속 절삭	120~180	0. 1~0. 3	1~4	U 610(습식 절삭)
	단속 절삭	100~160	0. 1~0. 3	1~4	U 625(건식 절삭)
회주철	연속 절삭	150~250	0. 1~0. 5	1~6	U 505
	연속 절삭	80~200	0. 1~0. 6	1~6	U 510
	단속 절삭	80~250	0. 1~0. 4	1~4	
구상 흑연 주철	연속 절삭	80~180	0. 1~0. 5	1~4	U 510
	단속 절삭	80~200	0. 1~0. 4	1~4	

재로 사용되고 있다. 이 사용 분류는 중·저속 절삭에서는 마찰 마모에 강한 K종의 초경 합금을 모재로 한 코팅 재종이, 그리고·주철 절삭에도 고속 절삭에서는 내열성이 우수한 M종의 초경 합금을 모재로 한 코팅 재종이 적합하다. 미쯔비시 머티리얼의 경우 중·저속 절삭용의 U510은 K종의 모재를, 또 고속 절삭용인 U505는 M종의 모재를 사용하고 있다.

주철 절삭 중에서도 구상 흑연 주철 절삭에서는 더욱 높은 내(耐)마찰 마모성이 요구되므로 K종의 모재를 사용한 코팅 재종이 적합하다. K종 및 M종의 초경 합금 모재를 사용한 코팅 재종의 구상 흑연 주철 절삭시의 성능을 그림 5에 표시했다. M종 초경 합금을 모재로 한 코팅 재종은 코팅층이 마멸되어 모재가 노출되기 시작하면 초경 합금 모재의 내마찰 마모성 부족 때문에 급격히 마모가 성장한다.

*   *   *

여기에서는 주피삭재인 강과 주철에 대한 선삭 가공에서 코팅층의 구조 및 초경 합금 모재의 공구 재료적 입장에서 적정한 코팅 재종의 선택에 대하여 설명했다. 그러나 공구 수명은 공구 재료 외에 칩 브레이커 등의 공구 형상, 사용 홀더의 강성 등 여러 가지 요인에 의하여 영향을 받는다.

이 때문에 다종 다양한 공구 중에서 적합한 공구를 선택하기 위해서는 현재 사용되고 있는 공구에 대하여 충분히 관찰하는 것이 중요하다.

끝으로 주피삭재에 대한 각종 절삭 조건하에서 코팅 재종 선택의 기준을 표 2에 표시했다.

서멧 공구의 절삭 성능

최근의 금속 절삭 가공 분야에서는 NC 선반이나 MC(머시닝 센터) 등의 공작 기계의 진보가 현저하며 고능률 가공을 지향하기 위하여 FMS, FA를 비롯하여 자동화와 고속 절삭, 고정밀도 가공 등의 요구에 대응하고 있다. 한편 절삭 공구쪽에서는 이들 요구에 부응하여 큰 진전을 보이고 있는 것이 서멧 공구와 코팅 공구이다. 비교적 서멧의 신장이 코팅을 웃돌아 스로어웨이 공구 시장의 약 1/4을 차지하게 되었다.

여기에서는 이 서멧 재종의 특징과 사용법에 대하여 설명한다.

● 서멧 공구의 역사

서멧 공구의 등장은 1960년경이다. 이 때의 서멧은 경질상(硬質相)의 TiC를 사용하여 Ni와 Mo로 결합한 것이었다. 매우 경도가 높고 내산화성이 우수하며 금속과의 친화성도 적은 등 절삭 공구로 수많은 특징을 갖는 재료였다. 그 반면에 내결손성이나 내소성 변형성이 그 당시까지 주로 쓰이고 있던 초경 합금에 비해 약해, 안정 가공에는 좋지 못하므로 일부 고속 다듬질 등에 한정되어 사용하는 데 불과했다.

1970년대에 들어와 TiN 첨가형의 서멧이 개발되면서 그 당시까지 결손되기 쉬웠던 서멧도 충분히 실용에 견딜 수 있다는 것이 알려지면서 급속히 시장이 넓어지고 있다. 이것이 소위 TiN(티난나이트라이드)계 서멧의 등장이다. 현재 시판되고 있는 서멧 재종 대부분이 이 TiN계에 속한다.

● 서멧 공구의 특징

현재 주류를 이루는 서멧 재종은 앞에서 설명한 바와 같이 TiN계 서멧인데 그 조성은

표 1 서멧 재종의 물리적 특성

항 목(단 위)	종		별		비 고
	N	TC40N	TN60	TC60M	
겉보기 비중	6.0	6.0	6.6	8.1	
비커스 경도(HV)	1650	1650	1600	1500	하중20Kg 15초
록웰 경도(HRC)	92.5	92.5	92	92	
굽힘 강도(kg/mm²)	150	160	180	170	스팬10mm 3점 굽힘
영 률(kg/cm²×10⁶)	4.5	4.4	4.3	4.3	
열팽창(40~400℃)(1/℃×10⁶)	7.4	-	9.1	7.9	
계 수(40~800℃)	8.3	8.5	9.3	8.7	
열전도율(cal·cm/cm²·sec·℃)	0.04	0.03	0.04	0.02	
파괴 인성(MN/m^{3/2})	8.5	9.0	9.0	10.5	IM법 하중20Kg 15초

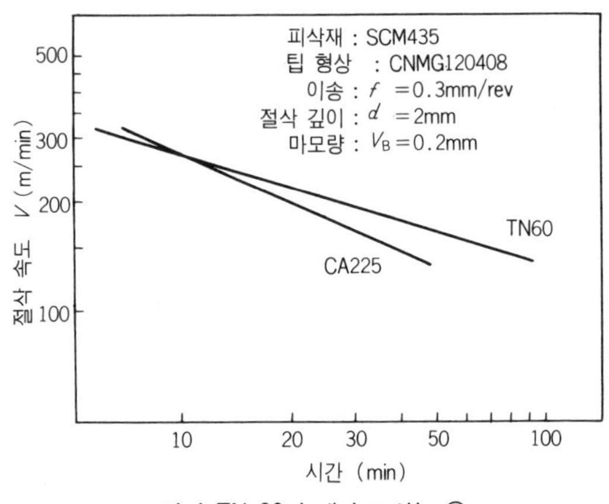

그림 1 TN 60의 내마모 성능 ①

$$TiC+TiN+WC+TaC(NbC)+Ni(Co)+Mo$$

를 기본으로 하고 있다.

표 1은 (京세라) 서멧 공구의 물리 특성을 표시한 것이다. 서멧의 경도는 HV1500~1650으로 되어 초경 합금보다 약 100~250 정도 높고 굽힘 강도는 다듬질용의 N에서 150Kg/mm², 막깎기 가공용인 TN60, TC 60M에서 170~180Kg/mm²를 표시하고 있다. 이 수치는 초경 합금과 비교하면 P10~P20에 해당하는 강도이다.

한편 열전도율은 0.02~0.04cal·cm/cm²·sec·℃로 초경 합금에 비해 나쁘고, 이것이 서멧의 습식 가공 성능을 저해하고 있는 한 원인이 되고 있다.

이와 같은 물리 특성을 가진 서멧을 금속 가공에 사용하면 다음과 같은 특징이 있다.

① 고온 경도가 높으므로 고속 절삭이 가능하다.

② 내산화성이 우수하여 공구 수명이 길다.

③ 금속과의 친화성이 적으므로 구성 날끝 등이 생기기 어려워 다듬질면이 깨끗하다.

①의 고온 경도가 높은 것은 초경 합금의 주성분인 WC에 비해 고온 경도가 우수한 TiC, TiN의 조성비가 높기 때문이고 ②의 내산화성에 대해서도 역시 TiC, TiN의 효과이다. ③의 다듬질면 양호성은 특히 TiC 의 작용을 생각하게 되고, 이것은 초경 합금에서도 TiC의 조성비가 높은 P종이 K종보다 다듬질면이 양호하다는 것을 알 수 있다.

● 절삭 성능

(1) 내마모성

그림 1은 서멧 TN60으로 합금강 SCM435를 절삭했을 때의 $V-T$선도이다. 비교하기 위하여 코팅 초경 CA225를 넣고 있다. 서멧 TN60은 코팅에 비해 절삭 속도의 거의 전영역에 걸쳐서 우수한 내마모성을 나타내고 있다. $V=200$m/min에서 코팅의 약 1.3배, $V=150$m/min에서 약 2배의 수명으로 되어 있다. 절삭 속도 250 m/min 이상에서 역전되고 있는 것은 코팅이 Al_2O_3 코트로 고속 가공 특성이 우수하기 때문이다.

그림 2는 $V=200$m/min에서의 V_B-T 선도이다. 마모의 진행 패턴은 기본적으로 ① 마모량 0.1 mm 전후까지의 초기 마모 영역, ② 초기 마모 후에 마모의 증가 경향이 진정화되는 정상 마모 영역, ③ 마모가 급격히 진행되는 급격 마모 영역으로 나누어지는데 그림 2에서는 서멧 TN60

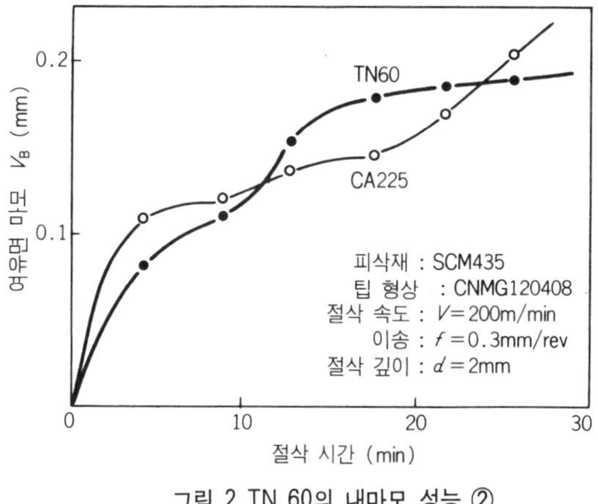

그림 2 TN 60의 내마모 성능 ②

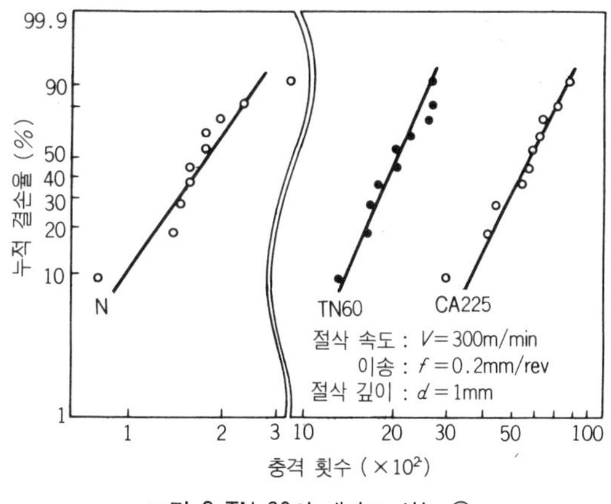

그림 3 TN 60의 내마모 성능 ③

과 코팅 CA225의 마모 패턴은 다르다. 초기 마모 영역에서는 서멧에 비해 코팅의 마모가 커져 있는데 이것은 절삭날의 프리 호닝이 코팅쪽이 크기 때문이다.

또 급격 마모의 시기도 서멧쪽이 우수하며 코팅은 가공 시간 약 20분 후에 급격 마모를 나타내기 시작하여 약 25분 후에는 마모량이 서멧보다 악화되고 있다. 이것은 서멧 공구가 단일 재료로 되어 있는데 대하여 코팅이 초경 합금을 모재로 $10\mu m$ 전후의 산화물(또는 탄화물, 질화물)을 피복한 공구이기 때문이다.

코팅의 경우 피복층이 마멸되기까지는 고속성, 내마모성이 우수하나 그 후는 급격히 수명에 이르고 있다. 서멧은 단일 재료이기 때문에 위와 같은 일 없이 파손이 생기지 않으면 수명이 매우 길다.

(2) 내충격 성능

그림 3은 서멧의 내충격 성능을 나타낸 것이다. 이 시험은 바깥 둘레에 폭 5mm의 슬릿을 4개 넣은 강재를 절삭하여 결손에 이르기까지의 충격 횟수를 조사한 것이다. 다듬질용 서멧 N에 비해 특수 질화물을 첨가하여 고인성 타입으로 되어 있는 TN60은 약 10배인 1000~2500회의 단속 충격에 견딜 수 있는 것을 알 수 있다.

종래의 서멧은 안정되었다고는 할 수 없는 경절삭 영역이 중심이었으나 TN60은 종래의 서멧보다는 코팅 영역에 가까운 내충격 성능을 갖고 있다고 할 수 있다.

● 절삭 용도

지금까지 설명한 바와 같이 서멧은 절삭 공구로서 수많은 특징을 갖고 있으며 이제까지 최대 문제점이었던 인성면에서도 TN60과 같이 대폭 개선된 서멧이 등장하여 점점 그 사용 영역이 넓어지고 있다.

(1) 외경 절삭

외경 절삭은 거친 가공과 다듬질 가공으로 분류되는데 거친 가공일 때는 절삭유에 의하여 팁이 갈라지는 현상을 주의해야 한다. 서멧은 열전도성이 초경 합금에 비해 나쁘고 또 선팽창 계수가

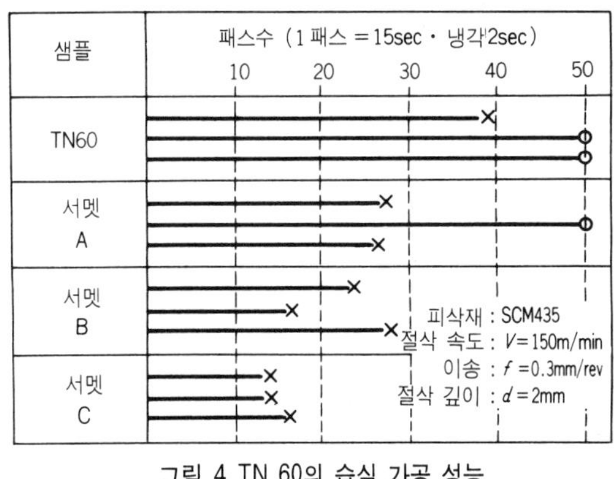

그림 4 TN 60의 습식 가공 성능

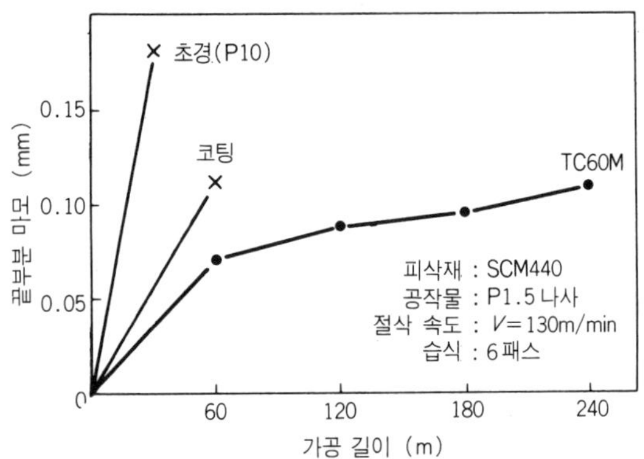

그림 5 TN 60의 나사 절삭 가공 성능

크므로 급격한 가열, 냉각은 피해야 한다.

그림 4는 서멧의 습식 가공 성능을 표시한 데이터인데 이송이 f=0.3mm/rev인 이 조건하에서는 TN 60이외의 서멧은 거의 사용할 수 없는 상황이라 할 수 있다. TN 60에서도 한 코너가 결손되고 있는 것을 생각하면 서멧에서의 습식 가공 조건은 f=0.25mm/rev이하에서 하는 것이 좋다. 기준을 잡자면 절삭 깊이 d와 이송 f의 곱 $d \times f$=0.6mm^2/rev가 서멧에 의한 습식 가공 한계이다.

한편 다듬질 가공은 서멧의 가장 뛰어난 가공으로 V=150~300m/min의 범위에서 다른 재료 종류에 비해 좋은 수명을 나타낸다. 다듬질면 정밀도, 칩 처리란 점에서 습식 가공이 바람직하다고 할 수 있다.

(2) 내경 가공

내경 가공도 서멧에 알맞는 가공이다. 요구되는 치수 정밀도, 표면 거칠기가 외경보다 엄할 때가 많으므로 서멧의 특징이 살아난다. 주의할 점은 채터링과 칩 처리이다. 채터링의 대책에 대해서는 매우 어려운 문제를 포함하고 있지만, 절삭 조건을 변경하여 대처하려고 하면 조건을 많이 변화시키지 않으면 그다지 효과가 없다. 특히 절삭 속도에 대해서는 50~100% 올리는 것 같은 연구가 필요하다.

칩 처리에 대해서는 칩 브레이커에 의하여 좌우되지만 절삭유의 효과도 크므로 내경 가공일 때는 날끝에 확실히 절삭유가 미치도록 노즐 형상이나 펌프 압력의 개선이 필요하다.

(3) 나사 절삭 가공

나사 절삭 가공은 얼마전까지는 초경 공구의 영역으로 서멧은 안정성면에서 거의 쓰이지 않았으나 고인성 서멧의 개발에 의하여 최근 2~3년 사이에 급속히 서멧화가 진행되고 있다.

그림 5는 합금강에 P1.5 나사를 절삭할 때의 서멧의 절삭 성능이다. 강인형 서멧 TC60M의 수명은 초경, 코팅보다 훨씬 길어지고 있다. 이것은 피삭재와의 용착이 적은 서멧은 항상 안정된 절삭이 가능한데 반하여 초경 합금이나 코팅은 용착 때문에 조기에 치핑이나 코팅막의 이탈을 일으켜 수명으로 된다고 생각된다.

이 현상은 용착을 일으키기 쉬운 스테인리스강의 나사 절삭 등에서는 한층 더 현저하다.

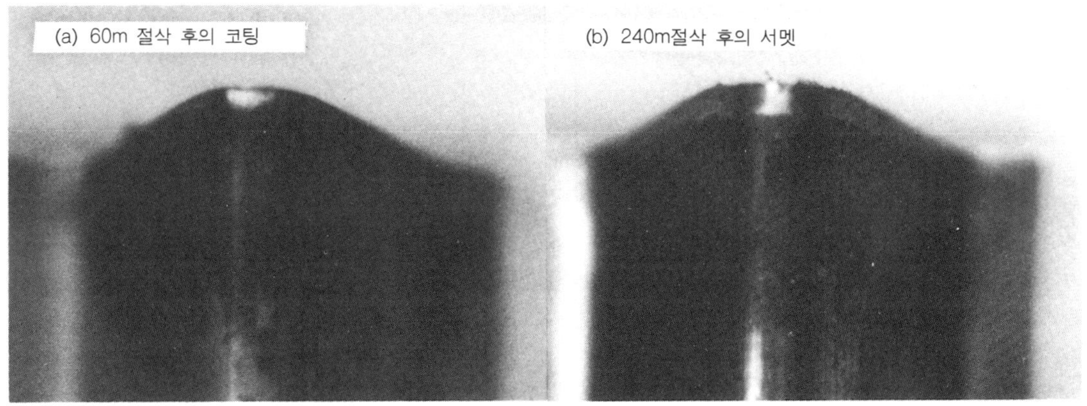

사진 1 합금강 절삭시의 날끝 마모

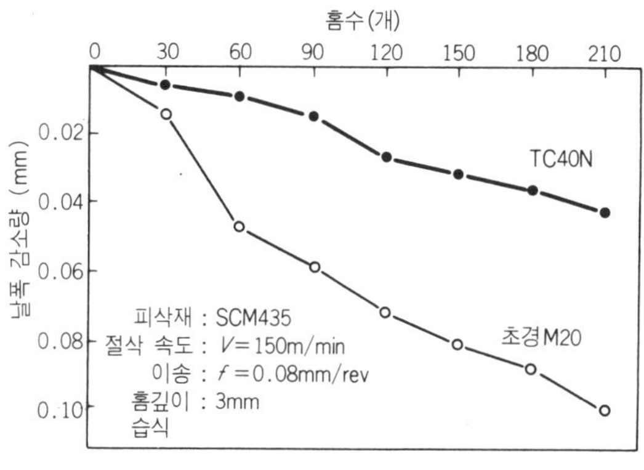

그림 6 TC 40 N의 홈절삭 가공 성능

사진 1은 합금강 절삭시의 날끝 마모를 나타낸 것이다. 서멧은 절삭 길이 240m 가공 후에도 균일한 정상 마모만 확인되는데 코팅은 60m 가공 후에 날끝의 코팅 탈락으로 수명에 이르고 있다.

(4) 홈절삭 가공

홈절삭 가공에 서멧이 적합하다고 하는 것은 현재의 홈절삭 가공에 사용되고 있는 공구의 대부분을 서멧이 차지하고 있는 것으로 알 수 있다. 홈절삭 가공은 경절삭으로 홈폭 등의 치수 공차가 엄격하고 또 표면 거칠기도 요구되므로 서멧에 가장 적합한 가공이라고 할 수 있다.

그림 6은 합금강의 홈절삭 가공에서 팁의 날폭의 감소량을 나타낸 것이다. 서멧 TC40N은 초경 (M20)에 비해 절반 이하의 감소량밖에 나타내지 않는다. 또 표면 거칠기에 대해서도 서멧이면 홈 측면, 홈 바닥면 다같이 3μm R_{max}의 거칠기를 확보하는 것이 가능하다.

서멧에 의한 홈절삭 가공의 포인트는 절삭 속도를 너무 내리지 않는 것이다. $V=150\sim200$m/min가 탄소강, 합금강의 권장값이고 이송은 $0.05\sim0.1$mm/rev가 바람직하다고 한다.

홈의 표면 거칠기가 좋지 않을 경우의 대책은 절삭 속도의 상승과 칩의 유동 방향의 컨트롤에 있다. 절삭 속도를 올려 절삭유에 의하여 칩을 컨트롤해 주므로 해결되는 경우가 많다.

또 홈 바닥면의 표면 거칠기에 대해서는 다월 모션의 활용이나 날끝의 호닝 처리를 약간 큰 듯하게 하는 것이 효과적이다.

*   *   *

서멧 공구를 능숙하게 쓰려면 역시 서멧 공구의 성격(특징)을 잘 알아야 한다. 예를 들면 서멧의 약점의 하나로서 강도면의 불안이 있는데 이것은 절삭날의 호닝량에 의하여 대폭 개선된다. 홈 절삭 가공이나 나사 절삭 가공에서는 지금까지 초경 공구가 샤프 에지 수단이었는데 대하여 0.02~0.03mm 정도의 약간의 호닝을 붙임으로써 서멧의 특징을 최대한으로 살릴 수 있다.

금속 가공의 고속화, 고정밀도화가 진행됨에 따라 서멧 공구의 수요는 높아지고 있다. 또 서멧 공구 재료 그 자체의 개발도 보다 쓰기 쉬운 공구를 목표로 활발히 진행되고 있다. 최초의 서멧이 등장한지 30년이 경과된 현재, 성장기에서 청년기로 향하여 점점 사용량, 용도가 확대되리라 생각된다.

세라믹 공구의 절삭 성능

세라믹 공구가 출현하여 반세기 가까이 경과된 지금 주로 주철의 고속 절삭용 공구로 실용되어 왔다. 그 사이 세라믹 공구 재료도 많은 개량을 거듭하여 주철 이외의 피삭재에의 어프로치가 여러 가지로 시도되어 왔다.

한편 피삭재에서는 자동차 산업이나 항공기 산업 등에서 부품의 경량화, 고강도화 등을 목적으로 보다 강인한 재료나 고경도재 등 소위 난삭재가 증가되고 있어서 이들 난삭재의 고능률 가공이 요구되고 있다.

여기에서는 세라믹 공구 재료와 난삭재 가공에서의 세라믹 공구의 동향을 설명한다.

●세라믹 공구 재료

세라믹 공구의 개발은 일관되게 강도의 향상을 목표로 해왔다. 예를 들어 초기의 고순도 알루미나계 세라믹 공구의 항절력은 $30 \sim 40 Kg/mm^2$였으나 새로운 질화규소계에서는 $100 \sim 120 Kg/mm^2$로 3배 이상으로 되었다.

이것은 콜드 프레스법, 핫 프레스법, HIP(열간 수압 프레스)법으로 제조 방법이 개량되어 치밀하고 입자가 부드러운 조직으로 되었기 때문이다. 또 알루미나계에서 알루미나와 탄화물의 복합 재료에 의한 강화, 질화규소와 같이 재료 자체의 강도가 증가되었기 때문이다.

현재 시판되고 있는 세라믹 공구를 분류하면 다음과 같다.

① 알루미나 (Al_2O_3) 계 　　　　　② $Al_2O_3 -$ 탄화티탄 (TiC) 계

③ 질화규소 (Si_3N_4) 계

알루미나계는 일반적으로 백색이 많아 백세라믹이라고도 부르고 있다. 고순도의 Al_2O_3를 원료로 한 것이 일반적이다. 지르코늄 (ZrO_2)을 함유하고 있는 것도 있고 분말 성형한 후 가스로나 전기로에서 소성하여 만들어진다.

알루미나–탄화티탄계는 Al_2O_3에 30% 전후의 TiC를 첨가한 강인한 세라믹 공구로 흑세라믹이라고도 부르고 있다. 이것은 일반적으로 핫 프레스법이나 HIP법에 의하여 소결하여 만든다.

세번째의 질화규소계는 고순도의 Si_3N_4인 재료와 Si_3N_4에 질화알루미늄이나 산화이트륨 등을 첨가한 사이얼론의 2종류가 발표되어 있다. 어느 것이나 새로운 세라믹 공구로 Al_2O_3계보다 인성이 높고, 열팽창 계수가 작아 열충격에 강한 특징이 있다.

표 1 세라믹 공구의 특성

재종		밀도 g/cm³	경도 HRA	영률 kg/mm²	항절력 × 10³kg/mm²	열팽창 계수 × 10⁻⁶/c	열전도율 cal/cm·sec·°C
고순도 알루미나계	C×3	4. 0	94. 0	50	48	7. 8	0. 04
알루미나 탄화물계	HC2	4. 3	94. 5	80	50	7. 9	0. 05
질화규소계	S×8	3. 2	93. 0	120	32	3. 2	0. 06

표 1은 이들 3종류의 세라믹 공구의 특성을 나타낸 것이다.

● 고경도 재료의 절삭

고경도 재료를 절삭하면 날끝이 고온으로 되므로 공구 재료로는 고온 경도가 높을 것, 고온에서 소성 변형이 작을 것, 피삭재와의 용착이 적을 것 등이 중요한 조건으로 된다.

여기서 주목받는 것이 세라믹 공구와 CBN 공구이다. CBN 공구는 고온 특성이나 열적 특성은 세라믹 공구보다 우수하나 그 반면에 값이 비싼 결점이 있다. 이 점에서 세라믹 공구는 값이 싸므로 생산 현장에서 일반적으로 사용되고 있고, 재질은 Al_2O_3-TiC계가 대부분이다.

(1) 절삭 성능

그림 1은 HRC63인 SKD11을 선삭했을 때의 각종 공구 재료의 $V-T$ 선도이다. 팁 형상은 TNGN332, 절삭 깊이 0.2mm, 이송 0.1mm/rev인 건식 절삭으로 기준 수명은 여유면 마모 V_B가 0.2mm에 달할 때까지의 절삭 시간으로 표시되고 있다.

공구 수명만으로 판단하면 세라믹 공구가 가장 우수한 절삭 성능을 나타낸다.

그러나 세라믹 공구에서는 특히 고속 절삭 영역에서 여유면 마모 곡선의 경사가 급하고 또 경사면의 플레이킹(박리상 결손)을 우연히 발생시키는 경우가 있는 등 불안정한 일면을 볼 수 있다.

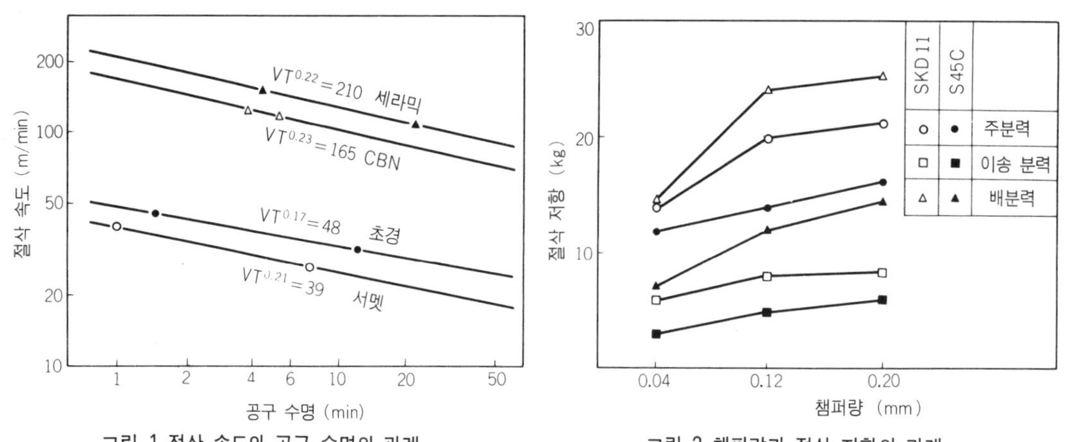

그림 1 절삭 속도와 공구 수명의 관계
그림 2 챔퍼량과 절삭 저항의 관계

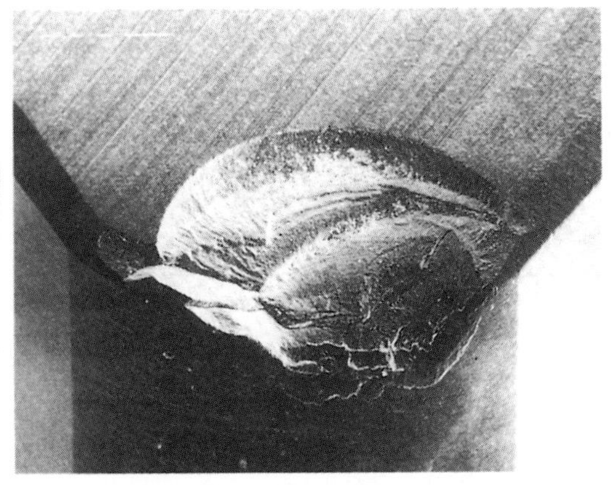

사진 1 세라믹 공구의 경사면 플레이킹

한편 CBN 공구는 내마모성은 세라믹 공구보다 못하나 세라믹과 같은 치핑이나 경사면의 플레이킹 등은 관찰되지 않는다.

세라믹 공구로 고경도 재료, 특히 경도가 HRC 60을 넘는 재료를 절삭하면 대부분의 경우 경사면의 플레이킹에 의하여 수명으로 된다. 사진 1은 그 대표적인 손상 예를 나타낸 것이다.

이 경사면의 플레이킹의 일면으로서는 절삭 저항을 생각할 수 있다. 여기서 **그림** 2는 HRC62인 SKD11을 선삭했을 때 챔퍼량과 절삭 저항의 관계를 나타낸 것이다. 팁 형상은 SNGN433, 절삭 속도 100m/min, 절삭 깊이 0.25mm, 이송 0.1mm/rev인 건식 절삭이다. 이 그림에서 알 수 있듯이 배분력이 가장 큰 값을 나타내며 S45C를 절삭했을 때의 배분력의 두 배 가까운 수치를 나타내고 있다.

고경도재 가공에 세라믹 공구를 사용하려면 플레이킹 현상이 절삭 초기에 발생되는 것을 방지하는 것이 중요한 대책의 하나이다. 우선 날끝 처리, 즉 챔퍼 형상의 선정이 포인트로 된다. **그림 3**은 챔퍼 각도와 초기 결손의 관계를 나타내는데 여기에서는 챔퍼량을 0.1mm로 일정하게 하고 있다. 그리고 챔퍼 각도는 25° 전후가 가장 차기 결손에 강하다는 것을 알 수 있다.

그림 4는 챔퍼량과 차기 결손의 관계이다. 챔퍼 각도는 15°, 25° 다같이 챔퍼량이 커질수록 차기 결손에 강해지고 15°보다 25°편이 차기 결손에 이르는 시간이 길다는 것을 알 수 있다. 그러나 내결손성을 너무 중시해서 챔퍼량을 크게 하면 표면 거칠기, 치수 정밀도를 떨어뜨리는 원인으로도 된다.

이와 같이 날끝 처리 하나를 갖고도 내결손성에 큰 영향이 있으므로 가공 방법, 목적에 맞는 팁 형상의 선정, 적절한 절삭 조건의 선정이 중요하다.

표 2는 고경도재 가공의 절삭 조건을 나타낸 것이다.

표 2 고경도재 가공의 절삭 조건

절삭 조건	경 도 H R C				
	~15	~50	~55	~60	60~
절삭 속도(m/mim)	80~300	70~250	50~200	40~150	30~120
이송(mm/rev)	~0.2	~0.2	~0.2	~0.15	~0.1
절삭 깊이(mm)	~1.5	~1.5	~1.0	~1.0	~0.5

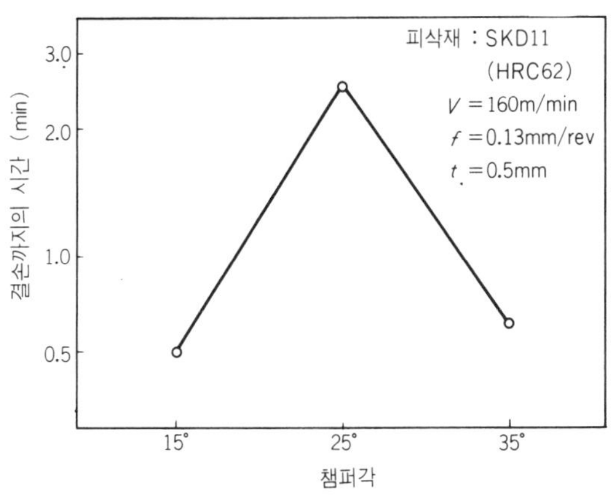

그림 3 챔퍼각과 초기 결손의 관계

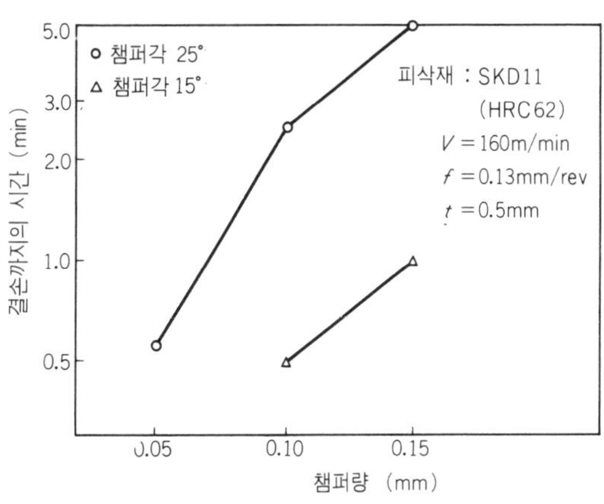

그림 4 챔퍼량과 초기 결손의 관계

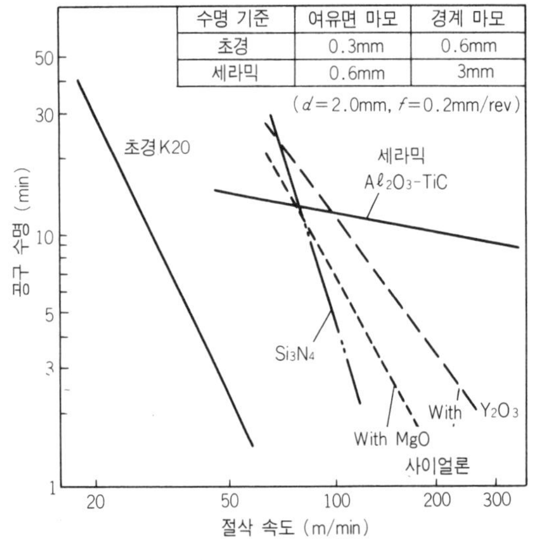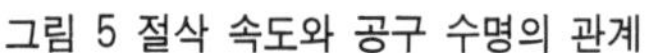

그림 5 절삭 속도와 공구 수명의 관계

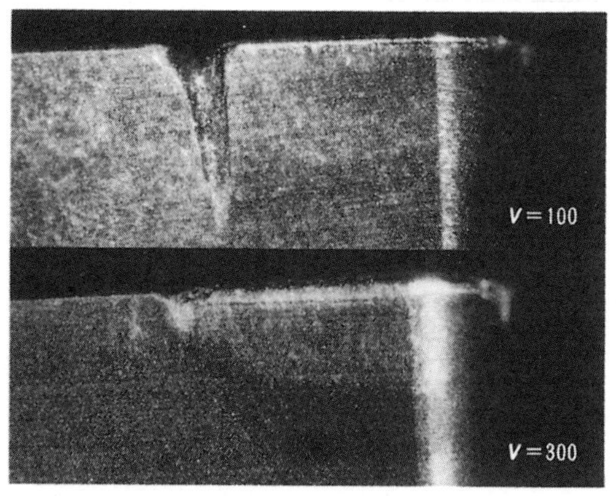

사진 2 인코넬 718 절삭의 날끝 손상

(2) 침탄 담금질한 재료의 절삭

현재 담금질강 등의 고경도재 부품의 다듬질 가공은 거의가 연삭에 의한 가공을 하고 있는데 공구비, 설비비의 저감, 가공 시간의 단축 등의 점에서 연삭 가공을 절삭 가공으로 치환하는 움직임이 눈에 띈다.

응용되는 분야는 양산 가공하는 업종이 많아 자동차, 건설 기계, 농업 기계 등의 부품, 예를 들어 인풋·아웃풋 샤프트, 액슬 샤프트, 사이드 기어, 링 기어 등의 다듬질 가공에 쓰이고 있다.

● 내열 합금의 절삭

내열 합금 중 인코넬 718, IN 100, 와스파로이 등의 Ni기 합금은 항공기 엔진 부품에 많이 사용되고 있고 이들의 난삭재 절삭에 세라믹 공구가 사용되고 있다.

최근에는 국내에서도 내열 합금의 가공이 증가하는 경향이고 세라믹 공구를 쓰므로 대폭적인 가공 시간의 단축을 도모할 수 있다.

Ni기 합금은 난삭재 중에서도 매우 찾기 어려운 재료이다. 이것은 경도(BHN 300~400), 인장 강도(인코넬 718일 때 126kg/mm²), 열확산 계수(동의 1/4) 등에 기인하는 것 외에 Ni기를 지지하고 있는 석출물에 의하는 것으로 생각되고 있다. 다시 가공 경화를 일으키는 것과 녹는점이 비교적 낮은(인코넬 718 일 때 1260~1336℃) 것에 의하여 용착이 치핑의 원인으로 되어 난삭성을 증가시키고 있다.

(1) 절삭 성능

그림 5는 초경 합금, Al_2O_3-TiC계 세라믹, Si_3N_4 계 세라믹 등 각종 공구에 의하여 인코넬 718 을 절삭했을 때의 $V-T$ 선도이다. 절삭 깊이 $d=2.0$mm, 이송 $f=0.2$mm/rev인 조건에서 수용성 절삭 유제를 써서 절삭했다.

초경 합금과 Si_3N_4계 세라믹은 평행한 직선 관계이고 다시 Si_3N_4 세라믹은 초경 합금의 약 3배의 절삭 속도에서 같은 수명이 얻어진다.

표 3 세라믹 공구의 사용 예(초경 재종과의 비교)

가공 방법 · 재질	절삭 조건	결과
내열강 (Ni40%) HRC35~38 엔진 로터	V =120m/min d =0.25~2.5mm f =0.15mm/rev	세라믹 ── 1개 코너 （H C 2） 가공 시간　5～6 분
	V =30m/min d =0.25~2.5mm f =0.15mm/rev	초경 K 10 ── 1개/코너 가공 시간　20분
하스텔로이 (Ni57%) 피니언 샤프트	V =180m/min d =2.5mm f =0.38mm/rev	세라믹 ── 2개/코너 （H C 2）
	V =60m/min d =2.5mm f =0.38mm/rev	초경 K 10 ── 1개/ 코너
르네95 터빈 로터	V =75m/min d =1.3mm f =0.15mm/rev	세라믹 ── 절삭 길이25mm （H C 2） 가공 시간　약 35초
	V =14m/min d =1.3mm f =0.15mm/rev	초경 K 10 ── 절삭 길이 25mm 가공 시간　약 3분

　한편 Al_2O_3-TiC계 세라믹은 절삭 속도에 의존성이 거의 없고 Si_3N_4계 세라믹에 비해 100m/min의 절삭 속도에서는 저수명으로 되나 150m/min 이상에서는 훨씬 긴 수명이 얻어진다.

　이와 같이 세라믹 공구는 150m/min 이상의 고속 절삭에 적합한 공구 재료라고 할 수 있다.

　Al_2O_3-TiC계 세라믹 공구로 Ni기 합금을 절삭했을 때의 전형적인 손상 형태는 경계부에 깊은 홈모양 마모(노치)가 발생하고 이 마모가 발달하여 결손에 이르는 경우가 있다. 이 때문에 홈모양 마모가 발달하지 않는 절삭 조건, 공구 형상, 챔퍼 형상을 선택해야 한다.

　사진 2는 절삭 속도를 바꾸었을 때의 날끝 손상 예를 나타낸 것이다. 절삭 조건은 절삭 깊이 1.0mm, 이송 0.2mm/rev로 하고 수용성 절삭유제를 쓰며 팁은 Al_2O_3-TiC계 세라믹 HC2이다. 경계부의 홈모양 마모는 절삭 속도가 빨라짐에 따라 감소되어 가고 절삭 속도 300m/min에서는 대략 정상 마모로 된다. 이 경계부의 홈모양 마모는 이송 속도에 관해서도 절삭 속도와 마찬가지로 빨라짐에 따라 감소되는 경향을 나타낸다.

　이와 같은 현상은 절삭 온도가 높아져 피삭재쪽이 연화되기 때문이라 생각된다.

(2) 실용 예

　표 3은 세라믹 공구를 사용한 절삭 실용 예이다. 사용 공구는 Al_2O_3-TiC계 세라믹 HC2를 쓰고 있다. 절삭 속도는 초경 공구의 3~5배로 사용할 수 있고 마모량은 초경 K10에 비해 한층 높아지고 있다.

　또 공구 형상에 대해서는 노즈 반지름에서는 될 수 있는 대로 큰 것이 바람직하고 둥근 모양 팁으로 팁의 두께도 8mm의 것이 일반적으로 쓰이고 있다.

　세라믹 공구로 Ni기 합금을 절삭할 때의 표준적인 절삭 조건은 절삭 속도 100~250m/min, 이송 0.1~0.5mm/rev, 절삭 깊이 0.25~3.0mm, 절삭 방식은 습식, 건식 어느 것이나 상관없다.

스로어웨이 바이트와 납땜 바이트의 위치

선반 작업의 고능률화, 고정밀도를 지향하기 위해서는 가장 적당한 선삭용 툴의 선택과 그것을 사용하는 기술을 확립하는 것이 필수이다. 선삭용 툴은 바이트가 중심으로 되는데 최근에는 복합 NC 선반의 출현으로 엔드 밀과 같은 회전 공구도 적용되는 경우가 많아지고 있다.

바이트의 스로어웨이화는 많이 진전되어 특수 바이트나 소형 바이트 이외에는 대부분이 스로어웨이라고 해도 과언은 아닐 것이다. 그리고 바이트의 절삭날로 되는 스로어웨이 팁은 다종 다양한 칩 브레이커가 붙은 것이 시판되어 피삭재 재질이나 절삭 조건에 따라 선택되는 상황이다.

NC 선반이 많이 쓰이고 있는 현상황에서 절삭시의 칩 처리는 가장 기본적인 대책으로 된다. 다시 고속 절삭이나 고이송 절삭에 의한 고능률 가공에의 대응 및 공구 수명의 안정화, 장수명화 등에 대해서도 충분히 고려한 절삭 조건의 설정은 중요하다.

여기에서는 선삭용 바이트를 중심으로 스로어웨이 바이트 및 납땜 바이트의 적용법에 대하여 알아보자.

스로어웨이 바이트

스로어웨이 바이트는 팁을 인덱스 또는 교환하면 절삭날을 재현할 수 있으므로 재연삭을 생략할 수 있다.

다시 동일 홀더에 칩 브레이커 형상이나 공구 재종이 다른 팁을 세트할 수 있기 때문에 절삭날 부분을 쉽게 교환할 수 있는 등의 장점이 있다. 그러나 스로어웨이 바이트는 팁을 기계적으로 고정하고 있기 때문에 특히 거친~중간 다듬질 가공이나 고경도재를 절삭할 때와 같이 절삭력이 커지는 경우는 그림 1에 표시한 주분력, 이송 분력, 배분력의 3분력(절삭 저항)도 커지므로 팁의 고정 강성이 높은 것을 선택하는 것이 중요하다.

구체적으로는 핀 록과 클램프 온의 두 가지 방식을 취한 것 등이 있다.

또 칩 브레이커 형상이 다양화되어서 최근에는 복잡한 3차원 형상의 것이 많아져 광범위한 브레이킹 특성과 저절삭 저항을 강조하는 것이 많아지고 있다. 포지티브한 경사각($+5°$)을 갖는 팁과 칩 브레이커붙이 팁과의 바이트 날끝에 걸리는 절삭력을 비교한 어떤 예에서는 절삭 저항이 5%나 낮아지고 있다. 이 예에서도 최근의 칩 브레이커붙이 팁은 저절삭 저항 경향이라는 것을 이해할 수 있다.

스로어웨이 바이트는 시판되고 있는 팁과 홀더를 가장 알맞게 조합하여 사용하는 것이 일반화되고 있다. 대부분의 선삭 가공은 시판품의 조합으로 충분한 효과를 발휘하고 있으나 홈가공과 같은 경우는 반드시 충분하다고 할 수 없는 경우도 있다.

더욱이 고인성이고 고경도인 난삭재의 가공에서도 시판 공구로는 수명이 짧아지는 경우를 볼 수 있다. 이런 경우에는 특수한 절삭날 형상으로 성형 연삭한 납땜 바이트나 솔리드 바이트가 쓰인

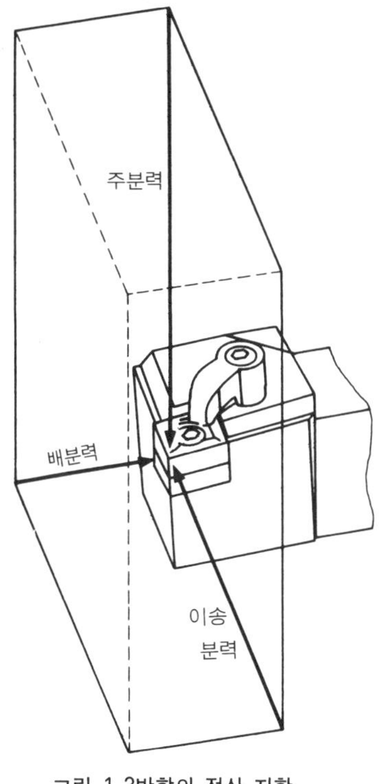

그림 1 3방향의 절삭 저항

사진 1 특수 절삭날 형상의 바이트

다. 납땜 바이트의 성형은 전용 공구 연삭기 외에 프로필 연삭기, 와이어컷 방전 가공기 등으로 한다.

또 특수한 날모양을 가진 바이트의 스로어웨이화는 팁의 성형 연삭을 전문 메이커에 의뢰하여 제작하므로 시판되고 있는 스로어웨이 바이트와 같은 상태로 사용하는 것이 가능하여 안정된 가공이 기대된다.

사진 1은 홈가공용의 특수 절삭날 형상의 바이트를 스로어웨이화한 예로 홈가공 특유의 오버행 량이 많은 절삭날로도 안정된 절삭을 할 수 있도록 팁의 고정 강성을 높인 구조로 되어 있다. 절삭날은 절삭 저항을 최소한으로 억제할 목적으로 R 모양이 큰 경사각으로 하고 날끝의 백업을 충분히 잡기 위하여 삼각형 팁을 수직 방향으로 쓰고 있다.

또 소직경 구멍의 보링이나 내경 홈가공용 바이트의 스로어웨이화도 진행되어 현재는 구멍 지름

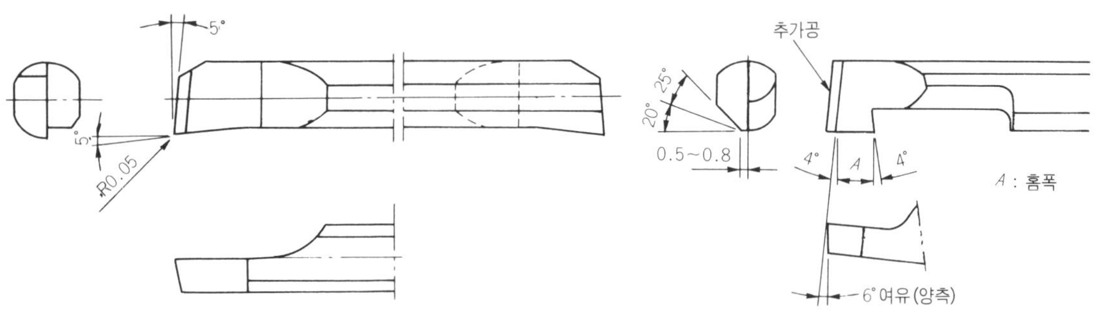

(a) φ 2 mm 에서의 보링 바이트 (京세라)   (b) φ 3.2 mm 의 내경 홈가공용 바이트 (미쯔비시 머티리얼)

그림 2 내경 가공용 초경 솔리드 바이트의 예

8mm 정도의 가공도 가능하다. 스로어웨이 바이트의 종류나 적용 범위는 점차 더욱 확대되리라 생각되지만 홈가공 분야도 조만간에 시판품으로 충분히 대응할 수 있게 될 것이다.

솔리드와 납땜 바이트

초경 합금의 고인성화에 따라서 초경 솔리드 바이트의 적용이 확대되고 있고 그 중에서도 그림 2에 표시한 것과 같이 내경 가공용의 소형 바이트는 대표적인 예라 할 수 있다. 이 바이트는 최소 가공 지름이 3.2mm, 섕크는 전용 홀더(강제)와의 조합으로 직경 16mm이다. 소지름 구멍 가공의 고정밀도화를 지향하므로 고강성을 갖는 초경 솔리드 바이트는 유효한 수단이라 할 수 있다.

납땜 바이트는 총형 바이트와 같이 특수한 절삭날 형상일 때나 보링 바의 삽입 바이트 등에 많이 적용된다.

납땜 바이트의 절삭날 부분은 고속도 공구강 또는 P종, M종, K종 등의 각종 초경 재종의 팁이 쓰인다. 납땜 바이트는 원통 절삭, 단절삭, 절단 작업, 나사 절삭, 보링, 모방 절삭 등 가공 부위나 용도에 맞추어 JIS에 형상이 정해져 있다. 따라서 피삭재 재질이나 가공 형상에 의하여 공구 재종과 날끝 형상을 결정하고 날끝 경사각, 여유각, 칩 브레이커 등을 성형 연삭하여 쓰게 된다.

공구 연삭기가 있는 공장에서는 비교적 쉽게 납땜 바이트의 절삭날을 원하는 형상으로 연삭하여 사용할 수 있으므로 특수한 날끝 바이트를 얻기 쉽다. 여기서 피삭재 재질이나 가공 형상 및 가공 내용에 따라 알맞는 날끝과 홀더에 대하여 규격화하고 다시 규격화한 바이트에 대하여 절삭 조건을 데이터 베이스화해 두면 바이트와 적용 조건의 표준화를 도모할 수 있다. 그 결과 선삭 가공시의 준비 작업이 단축되어 안정된 가공이 가능하게 된다.

지금부터는 피삭재의 다종류화 경향 중에서 어떻게 부가 가치가 높은 가공을 실행할 것인가가 포인트로 된다. 이 때문에 바이트의 날끝 관리를 어떻게 할 것인가도 중요한 것이라 할 수 있다. 그러나 날끝 형상의 재현성과 현장에서 소유하고 있는 바이트 개수의 삭감 등을 고려하면 스로어 웨이쪽이 유리한 부분이 많다고 생각된다. 바이트의 표준화 또 날끝의 표준화를 도모하는 것이 필요할 것이다.

CBN 공구의 절삭 성능

소결 CBN(입방정 질화붕소) 공구는 1972년에 개발되어 처음에는 주로 니켈기나 코발트기의 내열 초합금 절삭용 공구로 생각되어 왔으나 그 후 담금질강 절삭 용도에 다량 쓰이게 되어 신공구 재료로서 중요한 지위를 차지하게 되었다.

현재의 CBN 공구의 주용도는 담금질강의 연삭을 대신하는 다듬질 절삭용이다. 이 분야에서는 보다 신뢰성이 높은 강인한 CBN 재료의 개발이 진행되고 또 보다 고정밀도 가공에의 적용이 검토되고 있다.

또한 철계의 소결 합금 및 보통 경도의 주철 고속 가공에도 많이 쓰이고 있다. 이들 재료는 담금질강과는 달라 초경 공구나 세라믹 공구로도 충분히 가공이 가능하지만, 다듬질면 등의 품질이 보다 안정적이고, 고속 가공의 대응성 및 장수명에 의한 준비 작업 시간의 단축, 가동률 향상 등의 특징이 평가되고 있다.

물론 CBN 공구는 내열 초합금이나 경질 덧살붙임 재료의 가공에도 쓰인다. 다만 내열 초합금 가공에서는 CBN 공구에 의하여 종래 공구에서는 할 수 없었던 고속 가공이 가능하다는 장점은 있으나 공구 수명 자체가 매우 짧고 공구비가 비교적 비싸므로 적용 영역은 제한된다.

여기에서는 이와 같은 CBN 공구의 특징과 성능에 대하여 설명한다.

● CBN 공구의 특징

CBN 공구는 PCBN(Polycrystalline CBN)이라고도 부르고 있으나 이 명칭은 현재 시판되고 있는 CBN 공구의 총칭으로는 반드시 적당하지는 않다. 왜냐하면 PCBN이란 CBN 입자끼리 결합한 다결정 소결체로 생각되지만 현재 시판되고 있는 것은 결합재 성분이 비교적 많고 CBN 입자끼리의 접촉은 적어서 차라리 분산되어 있다고 표현하는 편이 어울리는 것이 주류로 되어 있기

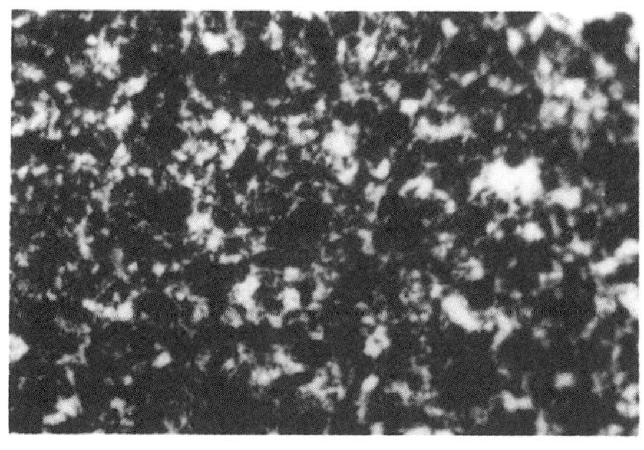

(a) 결합재 성분이 많은 타입

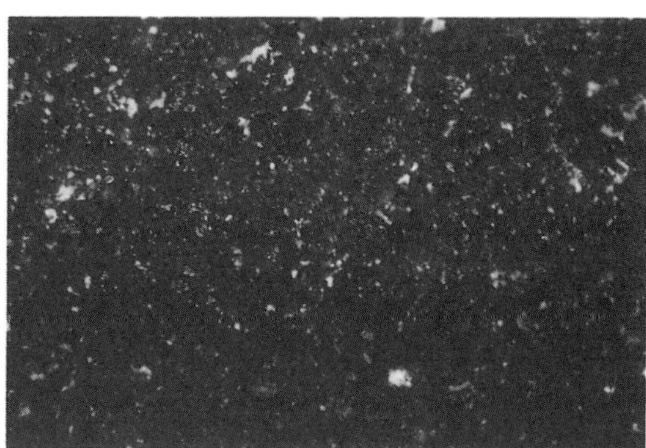

(b) CBN 입자끼리 결합한 타입

사진 1 CBN 공구 재료의 조직

때문이다.

사진 1은 대표적인 CBN 공구 재료의 조직 사진을 나타낸 것이다.

(a)는 결합재 성분이 많은 타입의 것으로 일반적인 세라믹 재료(금속의 질화물이나 탄화물)를 결합재로 쓰고 있고, CBN의 함유량은 40~60 체적%이다.

(b)는 CBN 입자끼리 결합된 본래의 의미에서의 PCBN으로 CBN을 80~90 체적% 함유하고 결합재는 코발트나 니켈 등의 금속 또는 세라믹 재료로 이루어져 있다.

CBN은 다이아몬드에 이어 단단하고 또 철족 금속과의 친화성이 없으며 내열성이 우수한 것이 그 특징이므로 그 특성을 살리기 위하여 내열성이 높은 세라믹 재료를 결합재로 쓰는 것이 바람직하다. 결합재는 구체적으로 TiN, TiC, AlN 등이 쓰이고 있다.

표 1에 CBN 공구의 대표적인 기계 물리 특성을 표시했다. 물론 경도는 종래 공구보다 훨씬 높은 레벨로 되지만 강도, 인성을 표시하는 항절력, 파괴 인성은 어느 지표에서나 세라믹보다는 높지만 초경 합금보다는 낮다.

이것이 CBN 공구의 하나의 문제점으로 사용할 때에 비교적 부서지기 쉬워서 사용법에는 그 나름대로의 대책이 필요하다. CBN 공구는 일반적으로 네거티브 랜드 등의 날끝 처리를 해서 될 수 있는 대로 날끝 강도가 높은 상태에서 쓰이도록 하고 있다.

소결체의 강도와 절삭날의 날서는 성질은 어떤 일정한 상관이 있는 것으로 생각된다.

사진 2는 날끝 연삭을 한 후의 날끝을 관찰한 것이다. CBN 공구의 날서는 성질은 그다지 좋지 못해서 #400 정도의 숫돌 다듬질에서는 절삭날에 20~50μm의 치핑을 인정하고 있다.

CBN 공구의 경우 날끝은 네거티브 랜드로 하게 되므로 이 한계에서는 이 치핑은 문제가 되지 않는다. 그러나 보다 작은 날끝 처리나 샤프 에지가 요구될 때에는 사진과 같이 #800 정도 이하의 미립자 숫돌에 의한 가공이 필요하다.

● CBN 공구의 절삭 성능

(1) 담금질강의 절삭

CBN 공구의 가장 기본적인 성능상의 특징은 담금질강의 고능률 절삭이 가능하다는 것으로 이

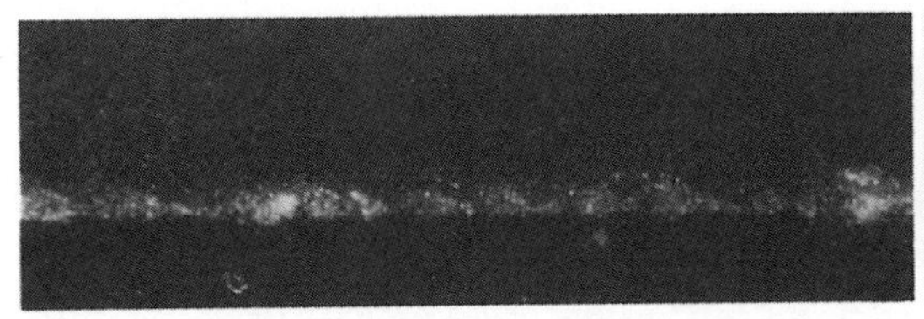

(a) 입도 # 400의 숫돌에 의한 평면 연삭   (b) 입도 # 800의 숫돌에 의한 공구 연삭

사진 2 CBN 공구 연삭 후의 CBN 공구의 날끝 상태

표 1 CBN 공구재의 기계 물리 특성

특　　성	CBN	알루미나계 세라믹	초경 합금 K 10
경도HV (kg/mm²)	3000~4000	1800~2000	~1800
항절력 (kg/mm²)	100~140	70~90	180~200
파괴 인성 (MN/m³ᐟ²)	5~9	3~5	10~13

에 관한 수많은 보고가 있다. 담금질강 절삭에서 공구 수명 선도는 여러 곳에서 발표되어 있으므로 여기에서는 **그림 1**에 대표적인 강종류에 대하여 표시한다. 그림과 같이 같은 정도의 경도의 담금질강이라도 저합금 성분인 표면 담금질강 등에서의 공구 수명은 길고, 다이스강이나 고속도 공구강 등의 탄화물 성분을 많이 포함하는 고급 합금강에서는 비교적 단수명으로 된다. 이것은 마텐자이트보다도 경질인 탄화물 성분 입자에 의한 연마 마모에 의한 것이다.

담금질강의 담금질 경도와 CBN 공구의 내마모성에 대한 本氏 등의 연구 결과에 의하면 CBN 공구는 피삭재 경도 HRC 40 부근에서 가장 단수명이고 그보다 저경도, 고경도측에서 보다 장수명으로 되어 있다.

이 원인에 대해서는 피삭재 강도나 절삭 온도와의 관계 또는 마모 메커니즘의 변화 등의 조사가 되어 있는데 정설로 된 것은 없다.

담금질강 절삭은 초경 공구로는 물론 고능률 절삭을 할 수 없으나 알루미나를 주체로 한 세라믹 공구로는 어느 정도의 고능률 절삭이 가능하며 공구 수명으로 보아도 CBN 공구와 비견할 수 있는 결과를 얻는 경우도 있다. 실제의 생산 라인에서도 비교적 단순한 형상의 가공에서는 세라믹 공구가 CBN 공구와 동등한 조건에서 쓰이고 있다. 그러면 담금질강 절삭에서 어떤 기준으로 CBN 공구와 세라믹 공구를 나누어 쓰면 좋을까. 이 문제는 그다지 단순하지 않으나 대략 **그림 2**와 같은 사용 영역 맵이 그려진다.

세라믹 공구는 앞에서 설명한 바와 같이 CBN 공구보다 강도가 낮으므로 피삭재에 홈이 있거나 구멍이 뚫어져 있는 단속 절삭에서는 부서지기 쉬워 신뢰성이 떨어진다. 따라서 단속 절삭 영역에서는 기본적으로 CBN을 써야 한다.

연속 절삭 영역에서는 일반적으로 CBN 공구는 세라믹 공구의 2~5배 정도의 수명을 나타내지

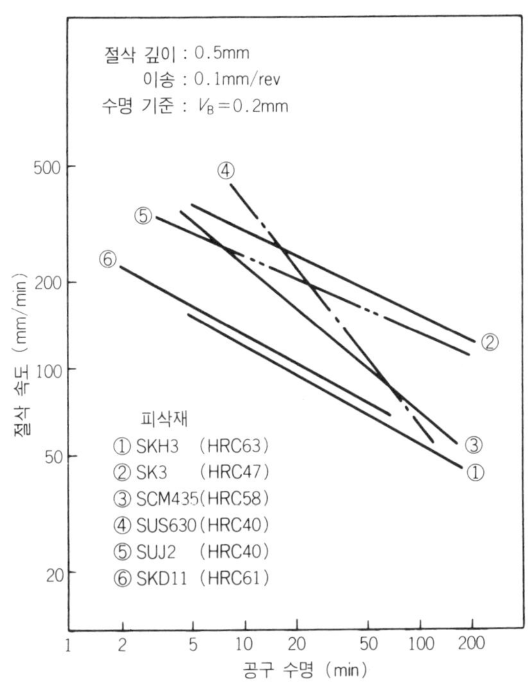

그림 1 각종 담금질강 절삭에서의 CBN 공구 수명 선도

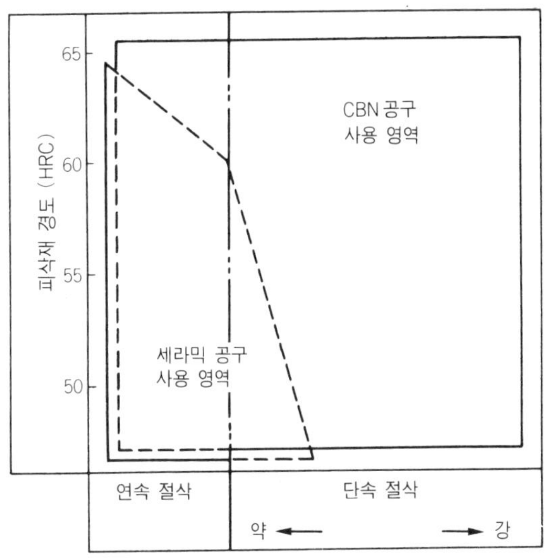

그림 2 담금질강 절삭의 사용 영역 맵

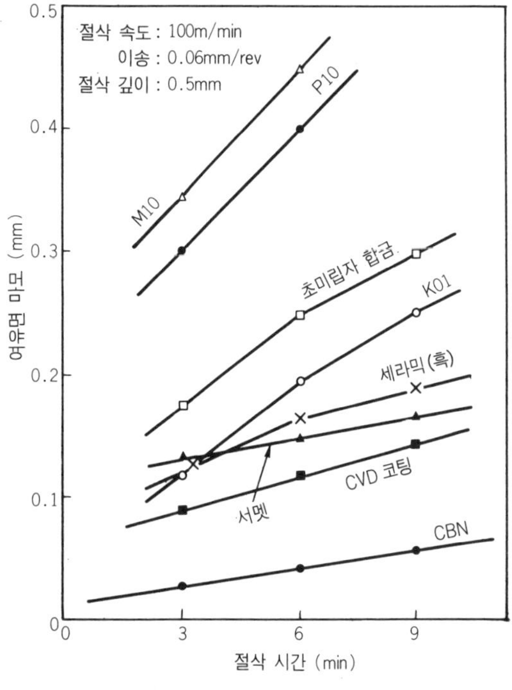

그림 3 철계 소결 합금 절삭에서의 각종 공구의 마모량

사진 3 담금질강의 내경 나사 절삭 가공의 예

만 공구 가격은 세라믹 공구가 CBN 공구의 1/10 이하이므로 공구 단가만으로 보면 세라믹 공구 쪽이 유리하다.

그러나 연속 절삭에서도 아주 작은 진동에 의한 결손이나 절삭력에 의한 박리 결손이 생기는 케이스도 많으므로 공구의 신뢰성을 중요시하면 CBN 공구를 선택하게 된다.

따라서 이 영역에서는 사용자의 가공에 대한 요구나 사고 방식이 공구 선정의 판단 기준으로 된다. 또한 가공 품질에 대해서는 CBN 공구와 세라믹 공구에서 기본적인 차이는 없으나 가공 변질 층이나 가공 표면의 백층 발생 등으로 세라믹 공구 사용 때 문제가 일어나는 경우도 있다.

담금질강 절삭에서 가공 정밀도나 표면 품위에 대해서도 많은 깨달음을 얻었으나 여기에서는 생략한다.

일반적으로 표면 경도, 표면 크랙, 경도 변화, 잔류 응력 및 피로 강도 등의 표면 품위에서 기본적인 문제는 없다. 또 가공 정밀도에 대해서도 끼워 맞춤 정밀도 H6~7급, 표면 거칠기 1.6 μm R_{max} 정도까지의 가공은 가능하고 더 고정밀도 레벨의 실현이 검토되고 있다.

담금질강 절삭의 새로운 적용 예로 내경 나사 절삭을 **사진 3**에 표시했다. 나사 절삭 가공에서는 NC 선반을 사용하여 연삭 다듬질보다 고정밀도의 정밀급 나사 가공도 가능하다.

(2) 주철의 가공

보통 주철의 고속 가공에 CBN 공구 적용은 개발 초기부터 주목되어 왔으나 얇은 구조물의 고정밀도 가공이나 고강도 주철의 채택 증가 등으로 인하여 진지하게 그 실용화가 검토되어 자동차 업계를 중심으로 그 채택이 진행되고 있다. 주철 절삭에 대한 CBN 공구의 특징은 1000m/min 이상의 고속 절삭도 충분히 기대되는 것과 안정된 표면 거칠기 및 가공 정밀도가 확보되는 것을

표 2 CBN 공구의 권장 선삭 조건

재 질	대 표 예	경 도	절삭 속도 V(m/min)	이 송 f(mm/rev)	절삭 깊이 d(mm)	비 고
구조용강 합 금 강 베어링강 탄소 공구강	탄소강 SCr, SCM, SNC, SNCM SUJ SK	HRC45~68	70~150	~0.2	~0.5	건식, 습식 어느 것이나 가능
합금 공구강	SKD, SKt, SKH, SKS	HRC45~68	50~100	~0.2	~0.5	
압연 롤재	칠드 구모양 흑연 주철 그레인	HS50~75	70~150	~1.5	~2.5	건식, 습식 어느 것이나 가능 둥근 팁 사용
	칠 그레인 단강·주강	HS75~85	40~80	~0.8	~2.5	
내열 합금	인코넬718		~150	~0.15	~3	
	인코넬600		~150	~0.15	~3	
	스텔라이트		~150	~0.15	~3	
	텅스텐		~100	~0.25	~3	
초경 합금	금속 결합제를 15% 이상 포함한 소결품		~30	~0.25	~1	

들 수 있다.

기계 기술 연구소가 중심이 되어 실시한 CBN 공구에 의한 회색 주철의 절삭 실험에서는 흥미로운 결과가 발표되고 있다. 그것에 의하면 CBN 공구는 절삭 속도의 상승과 함께 공구 수명도 증가하고 고속에서 깎을수록 CBN 공구의 특징이 발휘되는 결과로 되어 있다. 다시 절삭 속도 4000m/min에서도 충분히 절삭 가능하다는 데이터도 발표되어 있고, 금후 이 분야에서의 CBN 공구의 실용화가 크게 기대된다.

구체적인 실용 예로 실린더 블록면 다듬질이나 통(筒)구멍 다듬질, 브레이크 디스크의 다듬질, 구상 흑연 주철제의 디퍼렌셜 케이스나 캠 샤프트의 다듬질 등이 있다. 또한 이 분야에서도 알루미나 베이스 세라믹 공구와 CBN 공구가 경합하게 되었으나 마모 상태에 차이가 있어서 CBN 공구가 본질적으로 우수하다.

(3) 기타 재료의 절삭

주철 절삭과 비견되는 CBN 공구의 중요한 적용 분야는 철계 소결 합금의 가공이다. 철계 소결 합금은 재료 자체는 강으로 난삭재는 아니지만 초경 공구 등에서는 비교적 단수명이다. 여기서 CBN 공구의 장수명과 피삭재면 품질이 평가되고 있다. 그러나 엔진의 밸브 시트에 쓰이는 내열강 성분인 것은 탄화물 등을 함유하고 있어서 난삭재라 하고 있다. **그림 3**은 철계 소결 합금의 절삭 결과를 나타내는데 CBN 공구가 가장 마모가 적고 장수명이다.

또한 소결 합금은 철계이지만 용제재와는 달라 다이아몬드 공구의 적용이 가능하다. 비교적 저강도, 저경도의 재료에 대하여는 소결 다이아몬드 공구쪽이 CBN 공구보다 내마모성, 피삭면 거칠기가 우수하다. 또 내열 초합금이나 기타 재료에 대하여 처음에 설명한 바와 같이 CBN 공구는 고속 절삭은 가능해도 공구 수명이 짧고 공구 비용이 비교적 높으므로 보다 고성능인 전용 CBN 공구재의 개발이 기대된다.

끝으로 CBN 공구의 권장 선삭 조건을 **표 2**에 표시했다.

다이아몬드 바이트의 절삭 성능

1 단결정 다이아몬드 바이트의 절삭 성능

최근 공업용 소재로서의 다이아몬드는 자연산 소재에 합성 소재가 더해져 다양화되고 있다. 그래서 여기에서 다룰 단결정 다이아몬드란 무엇인가를 우선 설명한다.

숫돌용의 다이아몬드는 현재 대부분 합성품으로 대신하고 있다. 이것은 단결정인데 그 입자 크기가 작아 절삭 공구용 소재는 되지 못한다.

따라서 여기에서 말하는 단결정 다이아몬드는 자연산이고 더욱이 그 크기가 평균 입자 지름으로 수 mm에 달하는 것으로 한다.

합성 다이아몬드로 이와 같은 대형의 것으로는 住友電氣工業의 스미크리스털 품종만이 상품화되고 있는데, 절삭 공구용 소재로의 실적은 아직 적어 금후의 소재라 할 수 있다.

사진 1 다이아몬드 원석

수 mm에 이르는 대형 소재는 다결정 다이아몬드(다이아몬드 미립자를 금속 결합재로 굳힌 것)에서 얻는데 절삭 공구로서의 특성은 단결정과 전혀 다른 것이다.

그런데 최근 초정밀 절삭이란 말을 듣는 기회가 많아지고 있다. 이 가공 분야에서는 단결정 다이아몬드 바이트가 없어서는 안되는 존재이다.

즉 알루미늄, 동, 수지 등의 재료를 고정밀도로 거울면 같이 절삭하는 분야에서는 달리 대체 공구를 구하는 것은 불가능하다고 할 수 있을 정도로 다이아몬드가 우수하다.

또 일렉트로닉스 관련 기구를 중심으로 각종 파트가 소형화되는 가운데 그 파트 자체의 강도 부족이 기계 가공을 어렵게 하고 있다.

이런 경우에도 다결정 다이아몬드나 초경 합금 등의 바이트로는 도저히 만들 수 없는 경절삭 능력을 실현할 수 있는 단결정 다이아몬드 바이트가 주목받게 되었다.

다이아몬드 원석과 특성

사진 1은 평균 입자 지름이 약 4mm인 다이아몬드 원석으로 외경은 정십이면체로 되어 있고 자연에서 가장 많이 산출되는 것이다. 단결정 다이아몬드 바이트는 이것을 원하는 형상으로 가공해서 얻는다.

다이아몬드를 가공하는 방법은 주로 연삭인데 잘 알려진 바와 같이 다이아몬드는 경도(내마모

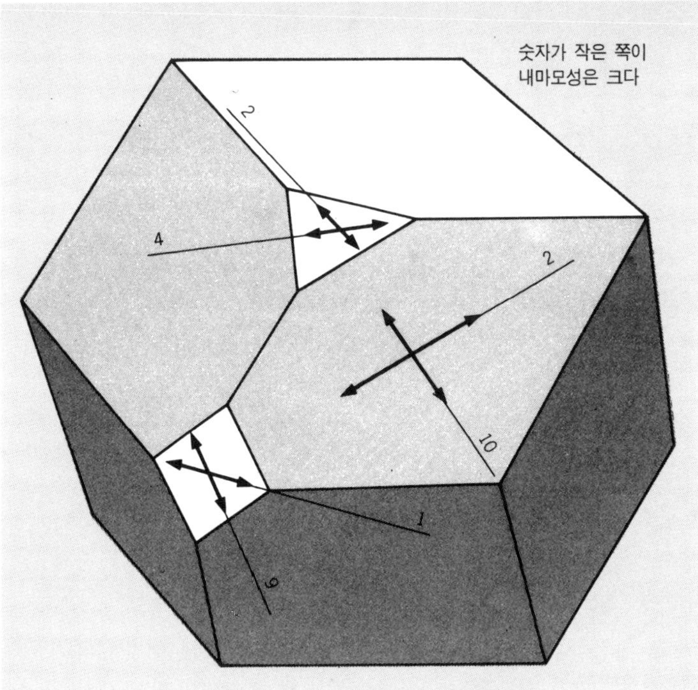

그림 1 12면체 다이아몬드 각부의 내마모성

표 1 단결정 다이아몬드의 특성

특　성	다이아몬드	비교 재료의 값		비　고
밀　도 g/cm^3	3. 52	C B N 알루미나(Al_2O_3) 초경 합금	3. 48 3. 98 14. 8	WC-Co (10%)
누프 경도 kgf/mm^2	6000~10000	C B N 알루미나(Al_2O_3) 초경 합금	4500~4800 2100 1800	
역　률 $\times 10^2 kg/mm^2$	70~110	C B N 알루미나(Al_2O_3) 초경 합금	71 42 63	
인장 강도 kgf/mm^2	5000~10000	초경 합금 초강 인강 알루미나(Al_2O_3)	100 200 25	다이아몬드는 이론값
마찰 계수	0. 03	소결 다이아몬드 초경 합금	0. 06 0. 08	면성상, 방위, 상대 재에 의해 다르다. 수치는 표준
열팽창 계수 $\times 10^6/℃$	2. 3	C B N 알루미나(Al_2O_3) 동	3. 7 6. 5 17. 0	
열전도율 $cal/cm \cdot s \cdot ℃$	2~5	소결CBN 초경 합금 알루미나	0. 5 0. 2 0. 1	다이아몬드는 열의 양도체이다 Ag:1. 0, Cu:0. 94
전기 저항 $\varrho \cdot cm$	10^{14}~10^{16} Ⅱb형은10~10^4	탄화텅스텐(WC) 은	50×10^{-6} $1. 6 \times 10^{-6}$	다이아몬드는 전기 절연성이 우수하다

성)의 이방성이 큰 소재이므로 이것을 고려하지 않으면 좋은 연삭 가공을 할 수 없다.

그림 1은 12면체 다이아몬드의 모형도이다. 마름모형의 12면으로 이루어져 그림에서는 이 입체가 갖는 두 종류의 정점을 연마하여 삼각형 및 사각형의 작은 면을 형성한 상태이다.

각각의 면에서 화살표와 숫자가 그 방향의 내마모성의 척도이다.

다이아몬드의 특이한 물성은 다른 곳에서도 볼 수 있다. 표 1에 중요한 특성을 나타냈다. 절삭 공구로 적당하다고 생각되는 특성의 첫째는 경도인데 열 전도성이 우수한 점도 날끝의 냉각이란 의미에서 중요하다.

또 표에는 없으나 다이아몬드는 알루미늄, 동 등의 금속에 비해 화학적으로 안정되므로 구성 날끝이 생기기 어려운 것도 부가해야 한다.

날끝 형상과 기능

바이트에 요구되는 형상을 만들 때 경도나 이방성 등의 제약 요인이 있어서 다른 공구 소재만큼 자유도는 없다. 그러나 특수한 연삭법도 여러 가지 연구되어 있어서 의외로 복잡한 날끝 형상도 실현되고 있다.

표 2는 어떤 모양의 날끝 형상이 어느 정도의 정밀도로 제조되고 있는가를 나타낸 것이다.

몇 가지 예에 대하여 설명한다. 우선 최상단의 사다리꼴 바이트는 초정밀 절삭 분야에서 지금 제일 많이 쓰이고 있는 날끝 형상이다.

즉 알루미늄재를 사용하는 메모리 디스크 기판이나 레이저광의 반사경인 다면경 등은 이 형상의 바이트로 절삭 다듬질되어 표면 거칠기 0.01 ~0.1μm의 우수한 거울면을 얻고 있다.

이와 같은 고정밀도 가공에는 다른 소재를 쓴 바이트로는 도저히 이룰 수 없다. 이것은 단결정 다이아몬드 바이트의 절삭날 모서리가 매우 예리함과 동시에 흔들림 없는 진직도를 갖고 있기 때문이다.

다음에는 R 날모양의 윤곽도에 대하여 설명한다. 이것은 2축 NC 선반에 의한 비(非)구면 절삭에 쓰이며 바이트의 R 윤곽 정밀도는 특히 중요한 공구 요소이다.

공구 정밀도에 불만이 있기 때문에 3축 제어 NC 시스템을 택하여 바이트의 1점만으로 절삭하는 예도 있으나 이 경우는 공구의 마모가 크고 또 기계의 구성도 복잡해지므로 동작 정밀도가 문제가 된다.

표 2 중의 R 날모양의 윤곽 정밀도 0.1μm는 현재 대부분의 정밀도 요구값을 충족시키는 것이라고 생각된다.

윤곽도의 측정은 앞면 여유면상을 접촉법으로 트레이스하는 방법과 실제의 절삭면을 형성해 가는 날모서리부를 직접 측정하는(비접촉) 방법이 있다. 이들 모서리부 형상의 측정에는 경사면 성상의 영향이 포함되므로 당연한 일이지만 측정 방법에 따라 미묘한 차이가 있다.

이런 점에서도 0.1μm 이하를 문제로 하는 영역에서는 모서리부의 직접 측정이 필요하다고 할 수 있다.

표 2 단결정 다이아몬드 공구의 형상 예

경사면 형상		항 목	달성 정밀도	
일반적인 바이트 정밀도 예	단순 형상 바이트 (-│1), L, $A\pm a_1$ 총형 바이트 WA (∩│r), P, a_2, R, h_1, h_2	평인형 진직도	$L < 2mm$	$1=0.01\mu m$
		각도 정밀도	$A < 30'$	$a_1=\pm10°$
			$< 5°$	$\pm2'$
			$< 60°$	$\pm10'$
		R 날모양 윤곽도	$WA<120°$	$r=0.1\mu m$
			$< 160°$	0.2
			$< 180°$	0.3
		피치 정밀도	$p=\pm0.01\mu m$	
		각도 정밀도	$a_2=\pm30'$	
		오목부 최소값	$60°$ 미만	$R=0.1mm$
			$60°$ 이상	$=0.05$
		날폭 방향 단차	$h_1=\pm0.01mm$	
		절삭 깊이 방향 단차	$h_2=\pm0.01mm$	
미세 형상 예	15μm, 50μm, 0.35μm, 40°, 15°			

날끝 모서리의 예리한 정도에 대하여

날끝 모양을 미시적으로 보면 단결정 다이아몬드의 최대의 특징은 날끝 모서리가 매우 예리하다는 것이다.

경사면과 앞면 여유면의 연삭에 의하여 창성되는 모서리부는 매우 주의깊게 연삭될 경우 수 nm(나노미터=$10^{-3}\mu$m)의 둥글기 이내로 된다고 생각하고 있다.

이와 같은 예리한 날끝 모서리를 가진 바이트로 특수한 동재(銅材)를 선삭했더니 두께가 불과 1nm의 칩이 연속 생성된 경우가 보고되어 있다. 놀랄 만큼 예리하다고 할 수 있다. 그런데 유감스럽게도 이 정도로 예리함을 가진 모서리부는 강도가 불안정하다. 완전에 가까운 기계 상태에서 비로소 이와 같은 절삭이 가능하게 된다고 생각된다. 또 실제의 절삭 가공 현장에서는 바이트 날끝의 절삭 깊이는 수 μm 이상으로 설정되어 있는 것이 일반적이므로 너무 예리한 날끝은 실용성이 없는 경우가 있다.

사진 2는 동합금을 절삭하고 수명이 다하는 바이트의 절삭 깊이쪽 코너부를 경사면쪽에서 관찰한 것이다. 칩의 접촉에 의하여 생긴 크레이터가 보이는데 수평 날끝 모서리부에 아주 작은 치핑이 생겨 있다.

피삭재 표면은 이 치핑에 의하여 거칠어져 요구 정밀도에서 벗어난다. 그러나 경사날 모서리에는 치핑이 보이지 않는다. 바이트의 마모 형태가 이들 중 어느 형태에 의하느냐에 따라 그 수명은 매우 크게 달라진다.

단결정 다이아몬드 바이트를 만드는 사람은 이 대책, 즉 날끝 모서리의 안정화 처리는 중요한 과제이다.

현상태에서는 소위 습관화된 가공이 일반적으로 행해지고 있으며 예비적으로 실제 가공물을 경 절삭하여 날끝이 안정되기를 기대하고 있지만 이 방법은 매우 예리한 날끝 모서리가 원래 갖고 있는 결함을 확대시켜 버릴 염려가 있다. 그래서 날끝의 안정화 처리는 이런 결함을 성장시키는 일 없이 제거 방법을 개발하는 데 있다. 이와 같은 특수한 처리법도 가까운 장래에 표준화되어 단결정 바이트의 수명 안정화에 기여하게 될 것이다.

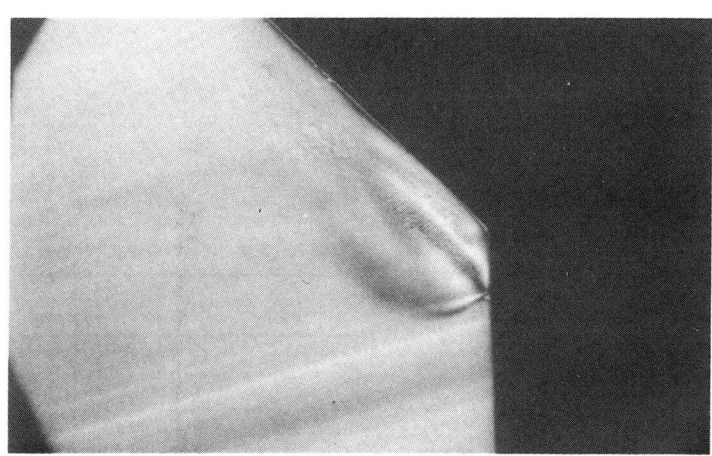

사진 2 수명이 다한 바이트의 절삭 깊이측 코너부

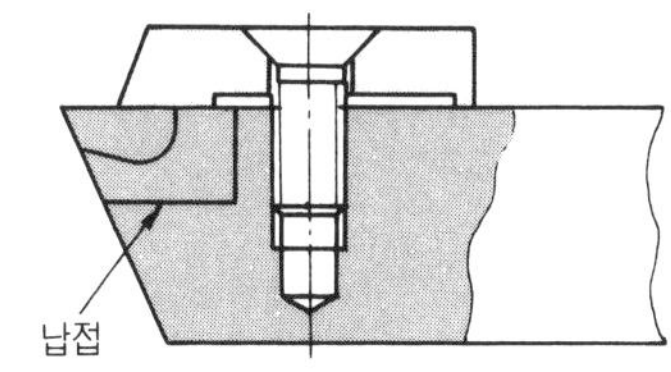

(a) 소결 합금에 의한 다이아몬드의 고정

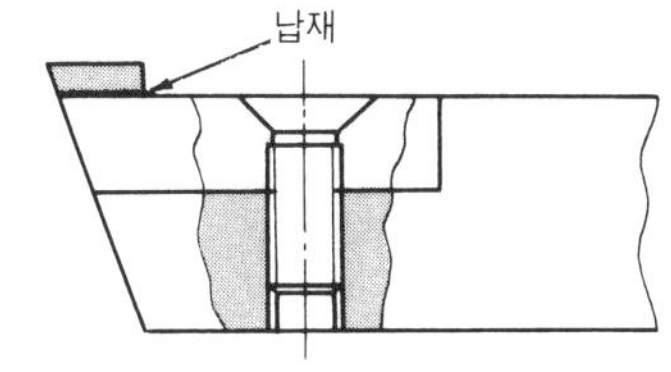

(b) 특수 납재에 의한 다이아몬드의 접합

그림 2 다이아몬드의 접합

바이트 섕크의 접합

바이트의 성능을 좌우할 포인트는 우선 날끝의 연삭 상태, 다음에 어떻게 섕크에 고정하느냐 하는 것이다. 이미 설명한 바와 같이 다이아몬드는 일정하게 고른 모양을 갖고 있지 않으므로 나사 고정 등의 일반적인 클램프는 도움이 되지 못한다. 이 때문에 현재도 잘 채택되고 있는 방법은 분말 야금법이다. 다이아몬드를 합금 분말(동합금이 많다)로 싸서 소결하면 다이아몬드의 표면을 따라 합금층이 형성된다. 여기서 이것을 거쳐 바이트 섕크와 접합된다(그림 2(a)).

다만 이 경우 다이아몬드와 소결 합금의 경계면에는 양자의 화학적 접합은 생기지 않고 단순히 붙어 있을 뿐이다. 따라서 다이아몬드를 잡고 있는 강도는 경계면에 틈새가 없을 것과 소결 합금의 변형 저항이 클 것에 의거한다.

소결 합금의 강도를 크게 하기 위한 조건의 하나는 소결 온도이다. 충분하게 높은 온도가 접합에 쓰인다면 고강도의 합금 조성을 선택할 수도 있다. 그러나 다이아몬드의 고온 열화가 그것을 허용하지 못한다.

표 1과 같이 다이아몬드는 열의 양도체이고 더욱이 열팽창 계수가 작으므로 열충격에는 강한 재료이다. 그러나 내열성은 다른 공구 재료에 비해 오히려 작으므로 고온에 장시간 노출시킬 수 없다.

소결 합금은 열팽창 계수가 다이아몬드보다 훨씬 크고 그 때문에 양자의 경계면에는 미시적인 틈새가 발생된다. 이것도 장래 초정밀 절삭의 요구가 고도화되는 중에 문제로 되리라 생각된다.

분말 야금법은 간편하므로 많은 바이트에 이용하고 있지만 좀더 개량이 필요하다.

그림 2(b)는 납땜형의 접합법이다. 동합금 등의 일반적인 납땜재 다이아몬드는 화학적인 친화성을 갖지 않으므로 납땜은 불가능하지만 어떤 종류의 금속, 예를 들어 철속 원소 등은 고온에서 다이아몬드(즉 탄소)와 활발하게 반응하므로 이것을 이용하여 단결정 표면에 양자의 합금상을 형성해 가면 납땜 상태를 얻을 수 있다.

이 때 납땜의 강도는 전단력으로 $15kg/mm^2$ 이상에 달하고 있어서 소결 합금으로 둘러싸는 것만의 접합법에서는 없는 강력한 접합이라 할 수 있다. 또 접합 경계면에 틈새가 없고 따라서 절삭 포인트에서 발생된 열의 확산이 효율적으로 이루어진다는 호조건도 예측된다.

또 이 납땜법은 날끝 연삭의 정밀도에도 중요한 관계가 있어서 금후의 접합법의 주류를 이루리라 생각된다.

*   *   *

단결정 다이아몬드라고 하는 우수한 공구 소재의 극히 얼마 안되는 일면을 소개한 것에 지나지 않으나 이 바이트에 한정된 분야만을 들어도 아직 많은 문제점이 있다.

그 하나는 사용 조건에 알맞는 날모양을 설계한다는 점이다. 이것은 개개의 절삭 현장에 밀착하여 검토하지 않으면 안되는 일로 일률적으로 논할 수는 없지만 결코 소홀히 해서는 안되는 문제이다.

약간만 개량해도 바이트 성능이 비약적으로 향상된 것이 있으므로 충분한 예측이 필요하다. 아무튼 다이아몬드는 모르겠다고 포기하고 옛 모습 그대로 방치하고 있는 경우는 없는지.

다이아몬드 바이트는 이미 특별한 공구가 아니므로 재래 공구와의 치환을 포함하여 검토하는 것이 바람직하다고 생각한다.

2 소결 다이아몬드 바이트의 절삭 성능

1973년 미국 제너럴 일렉트로닉사에서 새로운 타입의 공구 재료가 발표되었다. 콤팩스(상표)라 부르고 다이아몬드의 아주 작은 분말을 1500~1600℃, 5~6만 기압의 초고온, 초고압하에서 소결한 것이다.

표 1은 절삭 공구 소재의 경도와 항절력을 하나로 합친 것인데 그 중에서도 소결 다이아몬드는 높은 경도와 충분한 항절력을 갖고 있는 것을 알 수 있다. 또 단결정 다이아몬드는 결정 방위에 따라 내마모성이나 벽개성이 전혀 다른 이방성을 갖고 있는데 소결 다이아몬드는 아주 작은 다이아몬드의 집적체이므로 이방성은 존재하지 않는다.

소결 다이아몬드의 구조는 다이아몬드층이 초경 합금 위에 소결된 모양을 이루고 있다. 초경은 항절력의 보강, 생크 납땜시의 중개역에 더하여 소결시에는 촉매로 작용되는 철속의 금속(주로 Co)을 공급하는 중요한 사명을 갖고 있다. 용도로는 비철금속(알루미늄, 동), 비금속(FRP, 탄소 고무 등), 고경도 재료(세라믹류) 등의 절삭 공구로 또 다이스, 내마모품에도 폭넓게 쓰이고 있다.

그 후 GE사 이외의 메이커에서도 개발이 진행되어 다수의 절삭 공구용 소결 다이아몬드 소재가 시판되고 있다.

미세 입자(1~2μm)에서 거친 입자(50μm)까지 갖추어져 있고, 형상은 부채꼴, 반원형, 원형, 네모꼴 등으로 성형되고 치수는 ϕ50mm 정도가 최고이다. 여기에서는 소결 다이아몬드를 써서 고규소알루미늄 합금(22% Si-Al, ϕ150×*l*300mm)을 절삭했을 때의 입도, 절삭 조건, 공구 형상이 공구 마모에 미치는 영향에 대하여 설명한다. 피삭재에는 피스톤의 절삭을 가상해서 폭 10mm의 홈을 2개 새겨 단속 절삭으로 했다.

소결 다이아몬드의 특성

(1) 다이아몬드 입도의 영향

그림 1은 입도 3, 5, 15, 50μm의 소결 다이아몬드 바이트의 여유면 마모를 비교한 것이다. 절

표 1 각종 공구 재료의 경도와 항절력

공구 재료	누프 경도	항절력 kg/mm²
초 경	2000	150
세 라 믹	2200	70
소 결 C B N	3700	60
C B N	4700	—
소 결 다이아몬드	7000	110
다 이 아 몬 드	10000	—

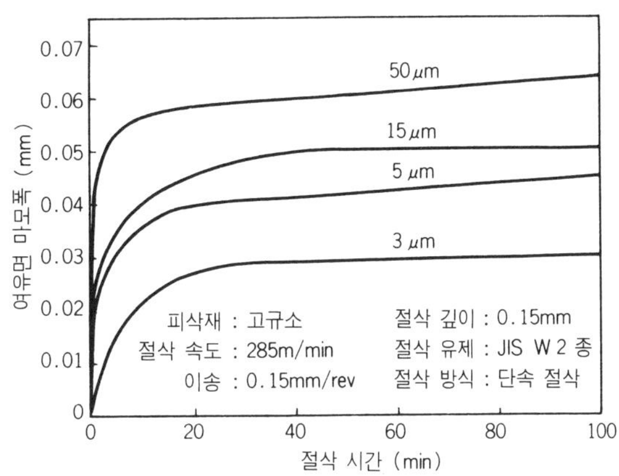

그림 1 다이아몬드 입도가 여유면 마모에 미치는 영향

삭 조건은 절삭 속도 285m/min, 이송 0.15mm/rev, 절삭 깊이 0.15mm, 건식 절삭이다.

다이아몬드의 입도와 내마모성 사이에는 명백한 상관 관계가 존재한다. 즉 입도가 거칠어짐에 따라 향상되는 것이 일반적으로 입도 3μm 와 50μm 입자의 내마모성을 비교하면 압도적으로 50 μm쪽이 우수하다.

그래서 이 소결 다이아몬드의 마모 역전 현상을 해명하기 위하여 절삭 시간 1분의 바이트 날끝을 SEM(주사형 전자 현미경)으로 관찰해 보았다. 이것을 사진 1에 표시했는데 입자 3μm에서는 날끝에 균일 형상을 한 찰과형의 여유면 마모가 생긴데 반하여 입도 50μm의 날끝에는 큰 치핑이 확인되었다. 더욱이 그 단면은 입자 내가 아니라 입자 경계를 따라서 파생되어 있어서 입자간 결합력의 차가 초기 마모의 차로 되어 나타난 것으로 생각된다. 그래서 그림 2에 절삭 공구의 내치핑 특성과 밀접한 관계를 갖는 항절력을 비교했는데 입도가 거칠어짐에 따라 항절력이 급격히 저하되어 가는 것을 잘 알 수 있다.

따라서 단속 절삭을 포함하는 피삭재 가공에서는 강도적으로 우수한 입도 3μm의 소결 다이아몬드의 사용을 권장하고 있다. 또 입도가 작을수록 피연삭성이 우수하여 날끝을 예리하게 연마할 수가 있어서 거친 입도 제품에 비해 고품위의 절삭면을 얻을 수 있다.

(2) 절삭 조건의 영향

그림 3은 절삭 속도, 이송, 절삭유제가 여유면 마모에 미치는 영향을 비교한 것이다. 표준 절삭 조건은 절삭 속도 285m/min, 이송 0.15mm/rev, 절삭 깊이 0.15mm로 하고, 수용성 절삭유

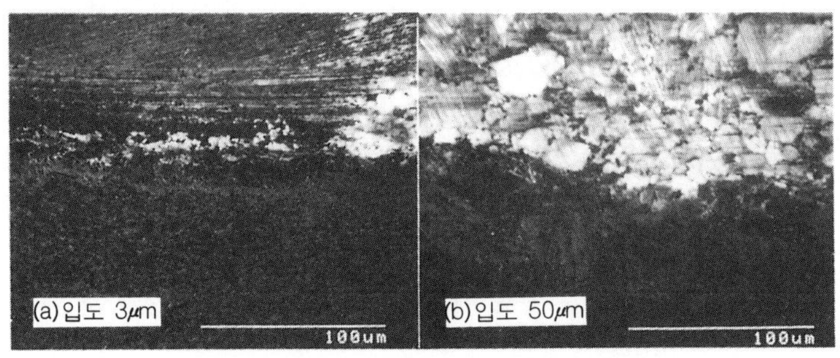

사진 1 절삭 시간 1분에서의 바이트 날끝

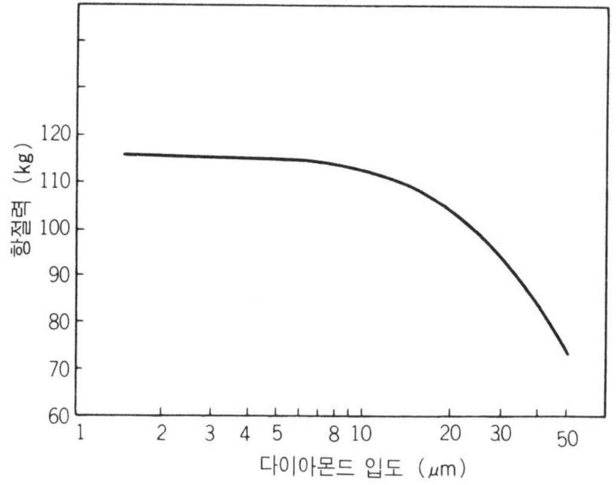

그림 2 다이아몬드 입도와 항절력의 관계

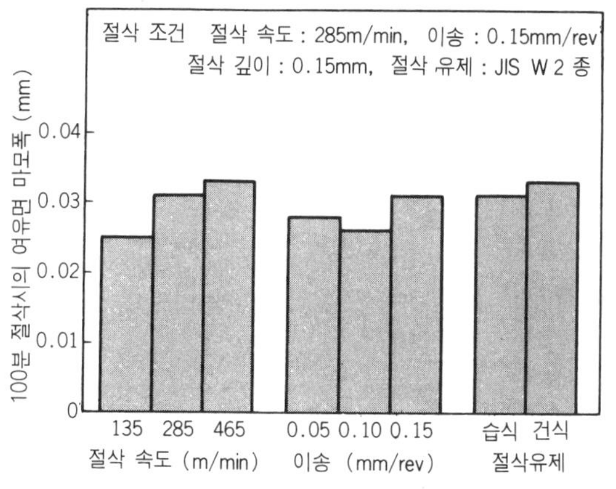

그림 3 절삭 조건이 여유면 마모에 미치는 영향

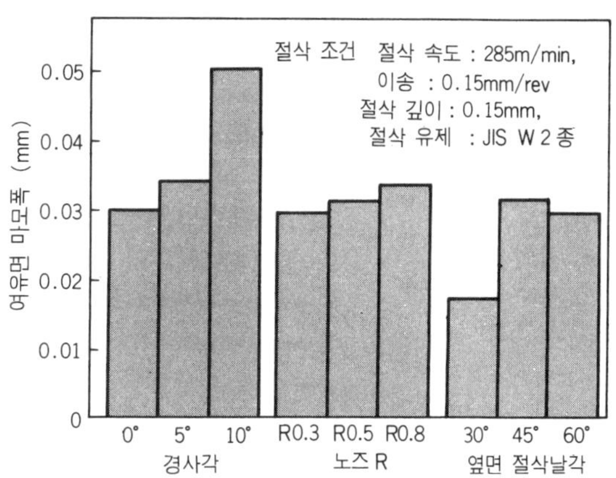

그림 4 공구 형상이 여유면 마모에 미치는 영향

제(JIS W 2종)를 사용했다. 해마다 절삭 속도는 상승되는 경향이고 능률뿐만 아니라 표면 거칠기, 공구 수명면에서도 예상하지 못했던 효과를 얻는 경우도 있다. 22% Si-Al의 경우에도 소결 다이아몬드가 높은 내마모성을 갖는 것, 절삭 온도가 낮은 것이 겹쳐서 절삭 속도의 영향은 그다지 크지 않다는 것을 알 수 있다. 그리고 칩의 용착을 방지하기 위해서도 절삭 속도를 높게 설정하는 것은 효과가 있으므로 400m/min대의 절삭 속도가 일반화되고 있다. 또 이송이 여유면 마모에 미치는 영향은 절삭 속도 이상에서 작아 희망하는 표면 거칠기에 맞추어 결정할 수가 있다. 알루미늄 합금은 매우 강한 용착성을 가지므로 일반적으로 습식에서 절삭한다. 고규소화에 의하여 용착성은 저하되고 보다 좋은 절삭면을 얻기 위해 수용성의 절삭 유제를 사용하는 경우가 많다.

그러나 수용성 절삭 유제가 공구 마모에 주는 영향은 아주 작으므로 소결 다이아몬드를 건식으로 질삭하는 것은 별로 지상이 없다.

(3) 바이트 날끝 형상의 영향

여기에서는 경사각, 노즈 반지름 및 옆면 절삭날각이 여유면 마모에 미치는 영향에 대하여 설명한다. 절삭 조건은 앞의 항과 같다.

그림 4는 결과를 종합한 것인데 경사각을 빼고는 양자의 현저한 상관 관계를 볼 수 없다. 그러나 경사각을 크게 설정할수록 초기 마모가 커지는 경향이 보이므로 5° 이하로 억제해야 한다.

소결 다이아몬드는 절삭 특성이 풍족하므로 절삭 조건이나 사용 기계를 고르는 경우가 적다고 하겠다. 형상적으로도 날끝 강도를 해치는 무리한 설계를 피하기만 하면 안정된 성능을 발휘할 수가 있다.

고규소 알루미늄 절삭

순알루미늄 또는 알루미늄 합금은 비중이 작고 높은 비강도(比强度)를 가지며 금속 광택을 쉽게 얻을 수 있는 등 우수한 특징을 갖고 있으므로 최근에는 이 특성을 살린 대부분의 용도에 쓰이게 되었다.

이들 알루미늄 합금 중에서 고규소알루미늄 합금은 순알루미늄이나 저규소알루미늄 합금과 달라

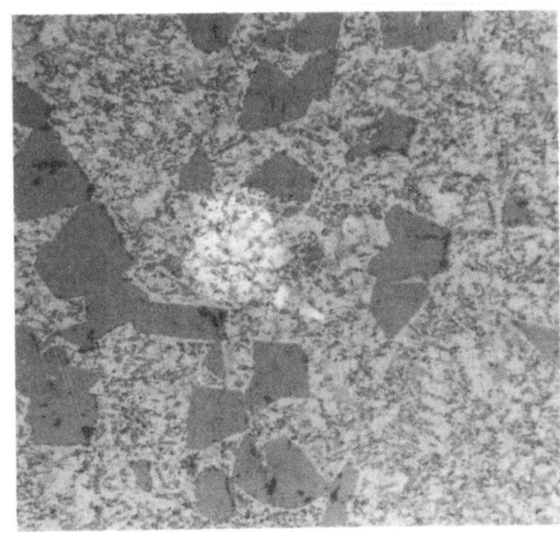

사진 2 22% Si-Al의 조직

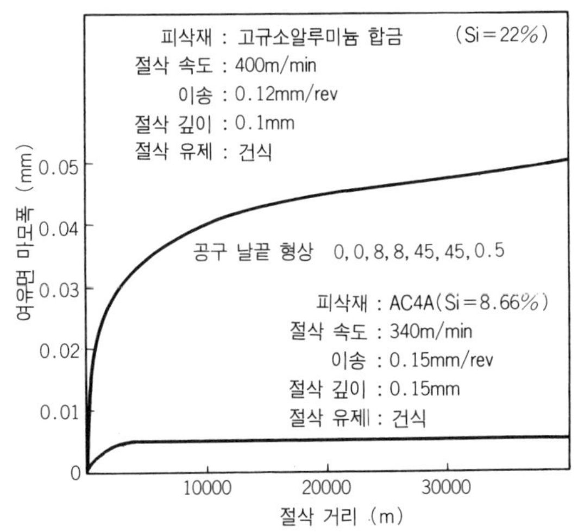

그림 5 규소 함유량이 여유면 마모에 미치는 영향

서 가공성이 극단적으로 나쁘기 때문에 종래의 공구로는 대응하기 어려운 것이다.

여기에서는 고규소알루미늄 합금의 피삭성, 사용 공구, 절삭 조건 등에 대하여 설명한다.

(1) 피삭성

알루미늄 합금의 고규소화에 의하여 내마모성의 향상, 열팽창의 저감, 재료 강도의 향상 등의 효과를 얻을 수 있는 반면 피삭성은 규소 함유량이 증가함에 따라 악화된다.

사진 2는 22% Si-Al의 조직 사진인데 알루미늄 모성 중에 수십 μm 오더의 규소 결정이 다수 석출되어 있는 것을 알 수 있다. 이 규소 결정이 절삭 공구의 마모에 매우 큰 영향을 준다.

그림 5는 고규소알루미늄 합금(22% Si-Al)과 대표적인 알루미늄 합금 AC4C(8.66% Si-Al)를 소결 다이아몬드 바이트로 절삭했을 때의 여유면 마모를 비교한 것이다. 소결 다이아몬드로 AC4C를 절삭해도 절삭 개시시에 극히 얼마 안되는 여유면 마모가 생길 뿐 이 후 변화는 볼 수 없다. 그러나 고규소알루미늄 합금의 절삭은 초기 마모가 큰 것에 더하여 점차 여유면 마모가 진행되므로 결국 절삭 거리 40000m에서는 여유면 마모폭에 10배의 간격이 생겼다. 규소 결정의 격심한 마찰 작용이 고규소알루미늄 합금의 피삭성을 결정하고 있는 중요한 요소이므로 절삭 공구에는 이것을 이겨내는 높은 내마모성이 요구된다.

고규소알루미늄 합금의 구체적인 사용 예에는 자동차 엔진의 피스톤이 있다.

피스톤 재료는 주로 내충격성을 향상시키기 위해서 10vol% 전후의 규소를 함유하는 AC8A 등의 알루미늄 합금에서 약 2배(17~25vol% 이상)의 규소를 함유하는 고규소알루미늄 합금으로 치환되고 있다.

(2) 각종 공구재에 의한 절삭 성능

고규소알루미늄 합금(20% Si-Al)을 초경 P10, K10 과 천연 다이아몬드, CBN, 그것에 소결 다이아몬드를 써서 절삭했을 때의 여유면 마모 곡선도를 그림 6, 7에 표시했다. 각 공구재의 절삭 성능을 요약하면 다음과 같다.

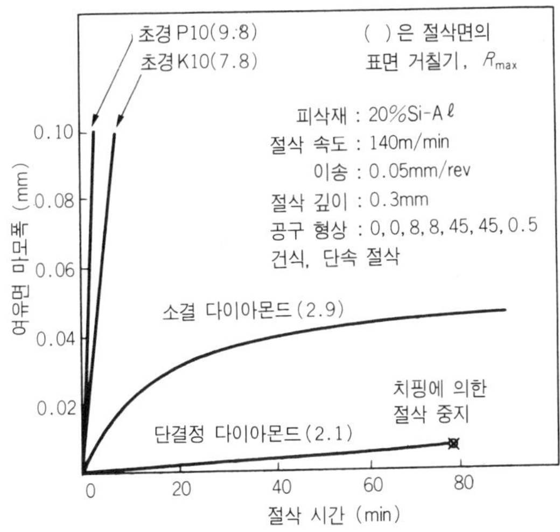

그림 6 각종 공구 재종에 의한 20% Si-Al의 절삭

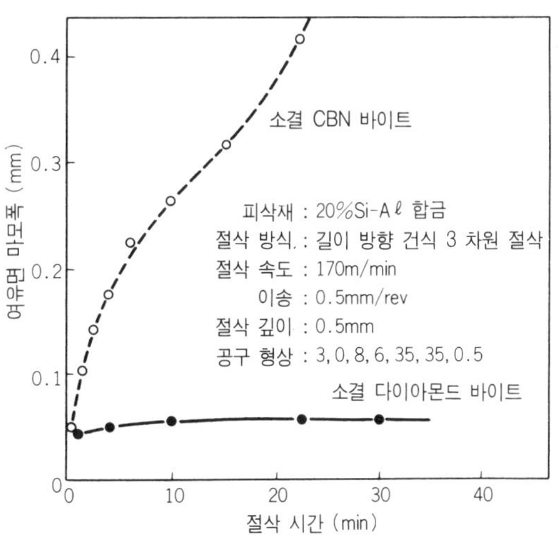

그림 7 소결 다이아몬드와 소결 CBN 바이트에 의한 절삭

① 초경 ····· 절삭 개시와 동시에 큰 여유면 마모가 생겨 절삭이 불가능하게 된다. P종, K종과 함께 큰 차이가 없고 고규소알루미늄 합금 절삭에는 부적합하다.

② 천연 다이아몬드 ····· 내마모성이 가장 높고, 내용착성도 우수하므로 절삭면의 품위가 좋다. 그러나 취약하므로 절삭날에 치핑이 생겨 절삭을 중지해야 한다.

③ CBN ····· 초경과 마찬가지로 마모가 빠르다. CBN은 다이아몬드에 다음 가는 경도를 갖는 물질로 다이아몬드와 함께 초지립(超砥粒)이라 부르는데 고규소알루미늄의 절삭에는 적당하지 못하다.

④ 소결 다이아몬드 ····· 천연 다이아몬드에 비해 초기 마모가 생기지만, 정상 마모 영역에서의 증가율은 동등하다. 또 비교적 높은 항절력값(약 $110Kg/mm^2$)을 가지므로 치핑에 의하여 수명이 다하는 가능성은 낮다.

이상의 사실에서 피삭재를 고규소알루미늄 부품으로 한정하면 여기에서 절삭 공구에 요구되는 중요한 특성, 즉 강한 연마 마모에 견디는 내마모성, 단속 절삭에 굴하지 않는 내충격성을 겸비하는 것은 소결 다이아몬드가 가장 우수하다는 것을 알 수 있다.

가공 예

소결 다이아몬드 공구의 실용 예로 고규소알루미늄 피스톤의 절삭 가공의 사용 예를 소개한다.

이 피스톤의 가공 공정에서는 ① 외주, ② 피스톤 링, ③ 핀 구멍, ④ 피스톤 핀 구멍(핀 구멍의 윤활용 구멍)의 가공에 다이아몬드 바이트와 다이아몬드 리머가 사용되고 있다.

바이트에 관해서는 문제가 적으나 리머는 기계 진동이나 공구의 고정 방법에 의하여 공구가 가진 우수한 성능을 발휘할 수 없을 뿐더러 절삭날의 치핑 또는 결손이 생길 위험성이 높으므로 주의가 필요하다.

형상적으로도 칩의 배출을 원활하게 하기 위하여 품을 충분히 잡아야 하며, 가이드 패드(다듬질면 거칠기의 향상과 축흔들림 방지를 위하여 설치한다)에 초경을 쓸 때에는 공구와의 내마모성 차

표 3 소결 다이아몬드 공구의 사용 예

공구 형식		바 이 트		리 머	
피삭재	명 칭	피 스 톤			
	가공 부분	핀 구멍		가존 핀 구멍	
	재 질	25%Si-Al		18%Si-Al	
	가공 부분 치수	$\phi\,34 \times l\,18$		$\phi\,8$	
	가공 여유	0. 3mm/ϕ		0. 8mm/ϕ	
	다듬질면 거칠기	1S		3~6S	
절삭조건	절삭 속도	106m/min		63m/min	
	이 송	0. 02mm/rev		0. 2mm/rev	
	절삭 깊이	0. 3mm/ϕ		0. 8mm/ϕ	
	절삭 유제	건 식		습 식	
시험결과	공구 재료	소결 다이아몬드	천연 다이아몬드	소결 다이아몬드	초경 합금
	절 삭 성	양 호		양 호	
	다듬질면 거칠기	1~1.5S	1S	1. 5S	3~6S
	수 명	240000개	18000개	350000개	30000개
		천연 다이아몬드는 치핑, 결손이 많은데 소결 다이아몬드는 수명이 안정되어 있다.		소결 다이아몬드의 사용에 의해 치수 정밀도, 다듬질면 거칠기 가 안정되어 이익률이 높다.	

를 고려한 설계가 필요하다.

  표 3은 핀 구멍과 피스톤 핀 구멍 가공에 관한 사용 예를 나타낸 것인데 현재는 소결 다이아몬드 공구만 사용되고 있다.

*　　　*　　　*

  소결 다이아몬드 공구의 특성과 그 사용 예를 고규소알루미늄의 가공에 대하여 일부 다루어 보았다. 고규소알루미늄의 가공에 사용되는 공구는 강한 마찰 작용 때문에 천연 다이아몬드 또는 소결 다이아몬드에 한정된다. 소결 다이아몬드는 내마모성이란 점에서 천연 다이아몬드에 뒤지나 수명의 안정성, 내충격성, 피가공성이 우수하므로 공구 재료로서의 자유도는 훨씬 크다고 할 수 있다.

다이아몬드 코팅 팁의 절삭 성능과 가공 예

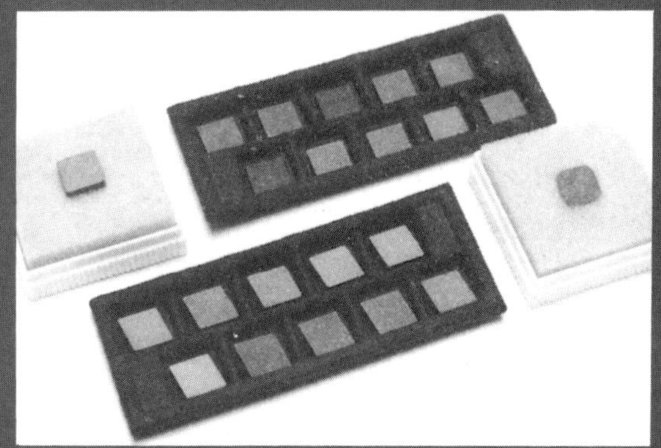

　지구상에서 가장 단단한 다이아몬드는 다른 물질과는 비교할 수 없는 기계적, 광학적, 전기적 특성을 갖고 있어서 기계, 전자, 우주, 의학 등 많은 분야에 이용되고 있다. 또 미래에도 첨단 분야를 맡을 재료로 기대되고 있다.

　이와 같이 이용 가치가 높은 다이아몬드를 쉽고 저렴하게 인공적으로 만들 수 없을까 하는 연구, 시도가 한참 이루어지고 있는 것은 당연한 일이다. 다이아몬드의 인공 합성은 1955년 미국의 GE사에 의하여 처음으로 발표된 이래 여러 곳에서 이루어지고 있다. 최초의 합성법은 다이아몬드가 열역학적으로 안정된 조건하에서의 고온 고압법으로 그 후 인공 다이아몬드 제조법의 주류를 이루고 있다. 여기서 설명할 다이아몬드 코팅 팁은 흑연이 안정된 비평형 상태에서 다이아몬드를 합성하는 저압 기상법(氣相法)이라 부르는 방법에 의한 것이다.

　이 저압 기상법에 의한 다이아몬드 코팅 공구는 소결 다이아몬드 공구보다 비교적 저렴하게 구입할 수 있고 또 소결 다이아몬드에서는 어려웠던 복잡한 형상의 절삭날을 가진 공구에의 응용도 가능하다. 따라서 다이아몬드 코팅 공구는 신소재를 비롯한 난삭재의 고정밀도, 고능률 가공용으로 기대되는 절삭 공구로 되고 있다.

　다이아몬드의 기상 합성법에는 크게 나누어 CVD(화학적 기상 성장)법과 PVC(물리적 기상 성장)법이 있다.

　현재 공구의 다이아몬드 코팅은 CVD법 중 열 필라멘트법, 직류법, 직류 아크법, 마이크로파법, 연소염법 등이 이용되고 있다. 이 합성 다이아몬드 박막의 물성값은 천연 다이아몬드에 비해 손색이 없다.

● 팁의 제조

出光石油化學에서는 각종의 다이아몬드 합성법 중 마이크로파 플라스마 CVD법을 쓰고 있다.

　이 방법은 원료 가스의 분해를 열이 아닌 직류 또는 마이크로파 여기(勵起)에 의한 플라스마 중에서 공구(700~1000℃)상에 다이아몬드 합성을 하는 것으로 다음과 같은 특징이 있다.

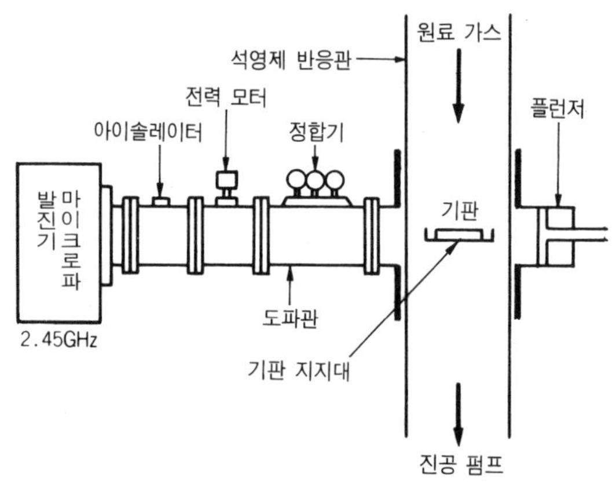

그림 1 마이크로파 플라스마 CVD 장치의 개략

① 무전극 방전이므로 전극으로부터의 오염이 없어서 순수한 플라스마를 얻는다.

② 전력을 국소적으로 공급할 수 있어서 고밀도의 플라스마를 생성시킬 수 있다.

③ 매칭을 잡기 쉬워 장시간 동안 안정적이므로 플라스마를 유지할 수 있어서 재현성이 있다.

그림 1을 기초로 마이크로파 플라스마 CVD법에 의한 다이아몬드의 합성을 간단히 설명한다.

마이크로파 발진기에서 발진되는 마이크로파는 도파관(導波菅)을 통해 석영제 반응관에 유도되고 석영제 반응관 상부에서 도입된 원료 가스와 섞어지는 중앙부에 설치한 기판(공구) 주변에 플라스마를 발생시킨다. 그리고 플라스마 중에서 원료 가스를 분해·여기시켜 공구 표면에 다이아몬드를 석출시킨다.

이 때의 원료 가스로는 일반적으로 CH_4+H_2, CH_3OH+H_2, $CH_3COCH_3+H_2$, $C_2H_2+H_2$ 등이 사용되는데 운전 조작성이 좋으며, 다이아몬드의 성장 속도가 빠르다고 하는 우위성에서 $CO+H_2$를 썼다.

그러나 $CO+H_2$를 절삭 공구에 응용할 경우에는 공구 모재와 다이아몬드막과의 밀착성이 중요한 문제가 된다. 밀착성이 우수한 다이아몬드를 합성하려면 어떤 모재가 좋을까. 이것에는 다이아몬드를 생성하는 핵의 수가 많을 것과 다이아몬드와 열팽창 계수가 가까울 것이 필요하다. 일반적으로 다이아몬드의 핵을 생성하기 쉬운 모재 재질의 조건으로는 녹는점이 높을 것, 탄화물이 생성되기 쉬울 것, 탄소의 확산 계수가 적을 것 등을 들고 있다.

예를 들어 이들 조건에 맞는 W, Si, Mo의 표면에서는 다이아몬드의 핵이 생성되기 쉬우나 Fe, Co의 표면에서는 생성되기 어렵다. 또 다이아몬드의 핵생성에는 모재의 표면 상태도 영향을 미쳐 모재 표면에 다이아몬드나 SiC 등의 작은 분말로 아주 작은 홈집을 내면 생성되는 핵이 증대된다. 또 모재에 열팽창 계수가 다이아몬드보다 큰 것을 쓰면 현상태의 다이아몬드의 합성 온도가 높고 절삭 가공시의 온도 상승(수 100~1000℃) 때문에 이것이 실내 온도로 되돌아올 때 계면(界面)에 인장 응력이 남아 밀착 강도 저하로 이어진다.

이 때문에 고온, 저온에서의 팽창 계수가 다이아몬드와 같은 것을 모재로 선택하는 것이 바람직하지만 다이아몬드는 단단하고 내마모성이 큰 반면 인성은 그다지 크지 않아 절삭 공구의 경우 가공시 날끝부분에 큰 힘이나 충격이 걸려 크랙이나 치핑이 일어나기 쉬우므로 고강도(고인성)의 것이 요구된다. 이 때문에 절삭 공구로 다이아몬드의 내마모성을 살리려면 모재에 인성이 높은 재료를 써야 한다.

이런 사정으로 원료 가스에 $CO+H_2$계 모재에 고인성의 Si_3N_4계 세라믹을 써서 밀착성이 우수하고 성장 속도가 빠른 다이아몬드 코팅 공구의 개발에 성공했다.

● 절삭 성능

사진 1은 절삭 공구 전용 모재를 사용한 다이아몬드 코팅 팁의 표면 조직과 파단면 조직의 예이다. 이 팁은 이쁜 자형(自形)을 가진 다결정의 막으로 덮여 모재와 다이아몬드의 밀착성도 매우 양호함을 알 수 있다.

또 사진 2는 다이아몬드 코팅 팁의 막 두께 분포를 나타낸 것인데 경사면에서 여유면에 걸쳐 양호하고 균일한 다이아몬드막이 얻어지고 있음을 알 수 있다. 절삭 가공에서 다이아몬드는 고온으로 되면 Fe족 금속과 반응하거나 다이아몬드의 흑연화를 촉진하므로 마모가 빨라진다. 이 때문에 일반적으로 Fe족 금속의 가공에는 사용되지 않으나 비철금속이나 비금속의 절삭 가공에는 우수한 절삭 성능을 나타낸다.

여기에서는 다이아몬드 코팅 팁의 절삭 예로 Al-Si 합금의 절삭 가공 예를 알아보자.

(1) Al-Si 합금의 선삭 가공

난삭재인 $AC8A-T6$(Al-Si 12% 합금)을 다이아몬드 코팅 팁 R(R는 〔出光 다이아플러스〕의 일반 그레이드)와 초경 합금 팁 K10으로 선삭 가공했다. 이 때의 내마모성 비교를 그림 2에, 팁 날끝의 마모 상태를 사진 3에 표시했다.

초경 합금 팁은 절삭 거리의 증가와 함께 마모가 급속히 진행되고 있는데 반하여 다이아몬드 코팅 팁쪽은 거의 마모가 진행되고 있지 않다.

또 초경 합금 팁에서는 절삭 거리 1000m에서 이미 경사면, 여유면에 큰 마모가 생겨 여유면 마모폭은 $200\mu m$ 이상 달하고 있는데, 다이

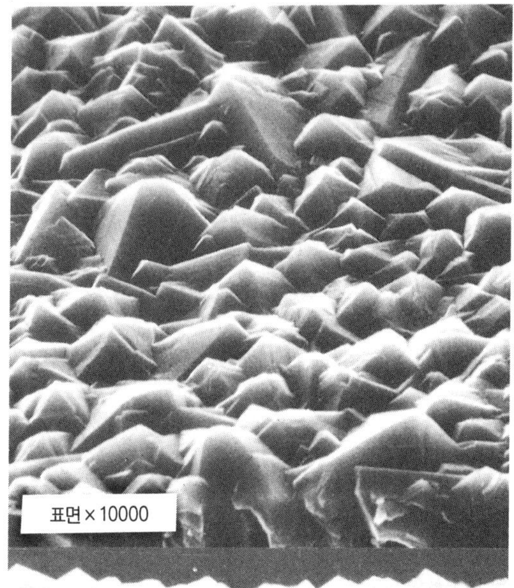

사진 1 다이아몬드 코팅 팁의 표면과 파단면

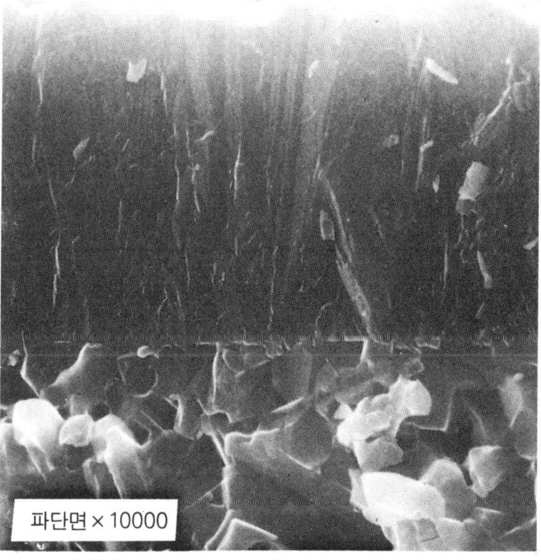

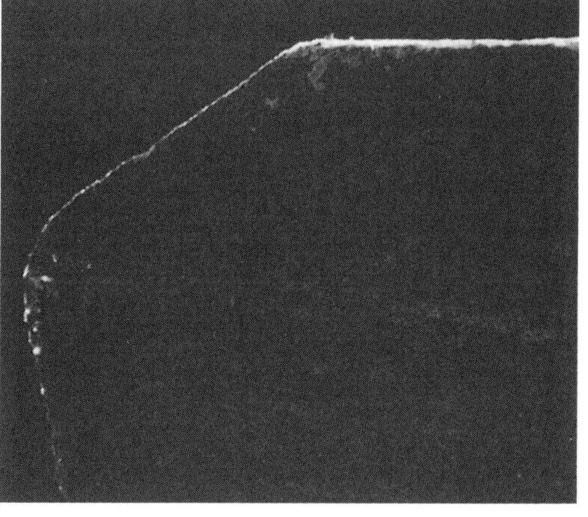

사진 2 다이아몬드 코팅 팁의 막두께 분포

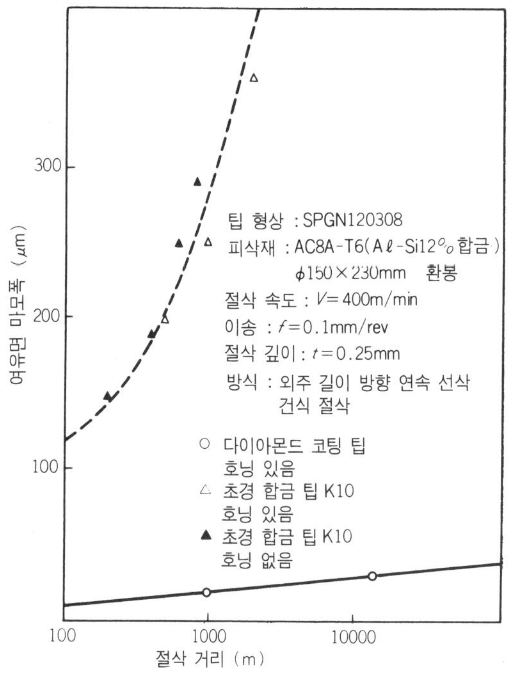

그림 2 다이아몬드 코팅과 초경의 내마모성 비교

아몬드 코팅 팁은 초경 합금 팁의 13배의 거리 (13000m)를 절삭하고 있는데도 불구하고 경사면, 여유면에 마모가 관찰되지 않는다.

그림 3은 다듬질면 거칠기를 비교한 것으로 초경 합금 팁에는 이송 마크의 혼란이나 파상이 보이는데 반하여 다이아몬드 코팅 팁은 안정된 이송 마크가 관찰된다. 이 때의 다듬질면 거칠기는 R_{max} 2.0~2.8μm이고 이론 거칠기 (약 R_{max} 1.6μm)의 약 1.5배 정도로 상당히 양호한 값을 나타낸다. 이 때의 다듬질면 상태를 보면 초경 합금 팁에 의한 다듬질면은 팁의 마모, 피삭재의 용착 때문에 광택도 없고, 뜯긴 흔적이 관찰되는데 반하여 다이아몬드 코팅 팁에서는 뜯긴 흔적도 없고 광택이 있는 좋은 다듬질면이 얻어지고 있다.

(a) 초경 합금 팁 1000m 절삭 후 ×100

(b) 다이아몬드 코팅 팁 13000m 절삭 후×100

사진 3 절삭 후의 날끝의 상태 비교(절삭 조건은 그림 2)

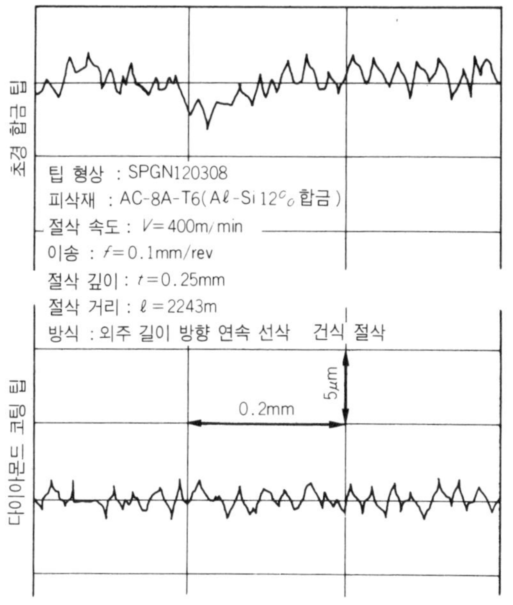

그림 3 각종 팁에 의한 AC 8 A-T 6재의 다듬질면 거칠기 비교

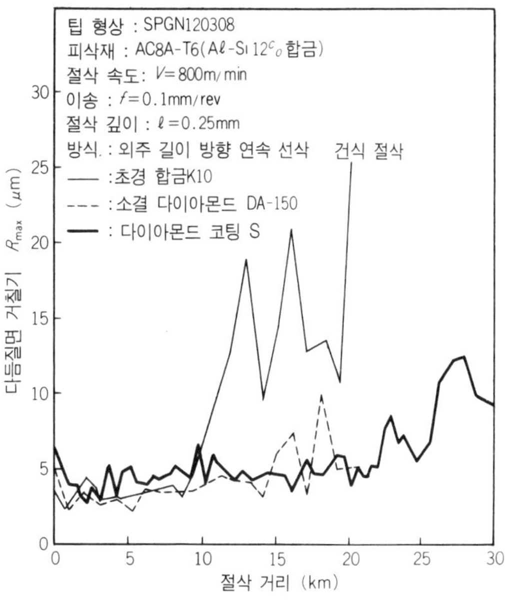

그림 4 각종 팁에 의한 절삭 거리와 다듬질면 거칠기

다음에 같은 AC8A-T6을 다이아몬드 코팅 팁 S(S는 〔出光 다이아플러스〕 두꺼운 막 그레이드), 소결 다이아몬드 팁, 초경 합금 팁 K10으로 선삭했을 때의 다듬질면 거칠기의 비교를 그림 4에 표시했다.

여기에서도 다이아몬드 코팅 팁은 소결 다이아몬드 팁에 비해 손색이 없다는 것을 알 수 있다.

이상의 가공 예는 모두가 건식 절삭의 결과이다. 일반적으로 절삭 가공에서는 팁과 피삭재의 접촉면 온도는 수 100~1000℃에 이른다. 다이아몬드는 공기 중에서 600℃ 이상에서 산화, 열화되므로 절삭 가공시의 다이아몬드는 산화되기 쉬운 상태에 있다고 해도 과언은 아니다. 이 때문에 보다 효과적인 다이아몬드 공구를 사용하려면 냉각재를 뿌려주는 것이 좋다.

절삭 테스트에서는 극압계 에멀션 타입의 냉각재가 내마모성면에서 효과가 있었다. 또 냉각재의 사용에 의하여 내마모성뿐만 아니라 다듬질면 거칠기의 안정, 향상도 달성된다.

그림 5는 AC8A-T6보다 더 난삭재인 A390(Al-Si 18% 합금)을 선삭 가공했을 때의 다이아몬드 코팅 팁 S 및 초경 합금 팁 K10의 수명 곡선이다. 다이아몬드 코팅 팁은 초경 합금 팁의 10배 이상의 수명을 나타내고 있다.

(2) 공구 마모의 형태

사진 4는 (A390) Al-Si 18% 합금을 절삭 조건 V=100m/min, f=0.05mm/rev, f=0.25mm, 습식으로 선삭하여 절삭 거리 10만 m일 때 다이아몬드 코팅 팁 S와 소결 다이아몬드 팁의 마모 상태를 비교한 것이다.

다이아몬드 코팅 팁(팁을 연마 처리한다)은 주로 다이아몬드 입자가 달아 없어지는 모양의 마모가 진행되어 입자의 탈락은 여유면에서 얼마 동안 관찰될 뿐이다. 한편 소결 다이아몬드 팁은 내마모성이 없는 Co, Ni 등의 결합재를 포함하고 있으므로 주로 입자 탈락형으로 마모가 진행된다.

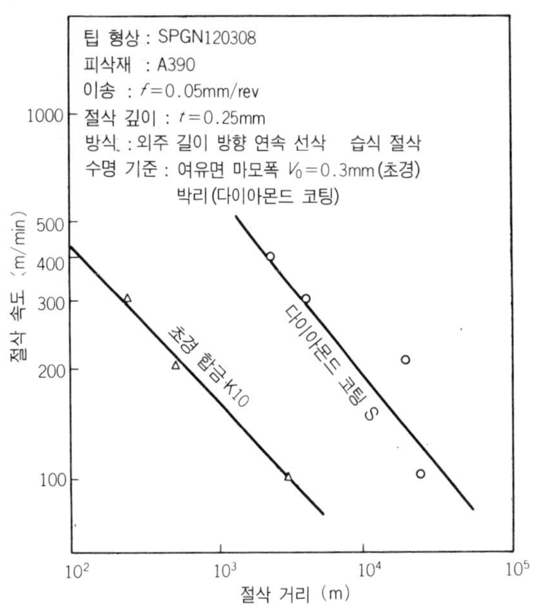

그림 5 A 390 절삭에서의 공구 수명 곡선

사진 4 A 390 의 절삭시의 공구 마모

표 1 다이아몬드 코팅 팁의 권장 절삭 조건

피 삭 재	절삭 속도 (m/min)	이 송 (mm/rev)	절삭 깊이 (mm)
알루미늄 합금(Si 10%이하)	<1500	< 0.3	< 3
알루미늄 합금(Si 16%이하)	200 ~ 1200	< 0.3	< 2
알루미늄 합금(Si 16%이상)	100 ~ 500	< 0.1	< 1
동합금	100 ~ 200	< 0.1	< 1
티탄 합금(Ti-6 Al-4V)	50 ~ 100	< 0.3	< 1
G-FRP (유리 섬유 60%)	50 ~ 800	< 0.3	< 2
C-FRP (탄소 섬유 52.1%)	50 ~ 200	< 0.3	< 1
흑 연	50 ~ 200	< 0.1	< 1
세라믹 그린체	10 ~ 100	< 0.1	< 1

또 마모가 진행됨에 따라 절삭날의 직선성을 잃어 일부에 치핑도 관찰된다. 이 때문에 다듬질면 성상에 악영향을 주고 있다.

이와 같이 다이아몬드 코팅 팁의 마모가 달아 없어지는 마모로 진행되는 한 소결 다이아몬드 팁보다 높은 절삭 성능이 기대된다.

표 1은 대표적인 피삭재에서의 다이아몬드 코팅 팁의 권장 절삭 조건을 나타낸 것이다. 절삭 깊이, 절삭 속도를 더 크게 하여 사용하고 싶을 때에는 두꺼운 막 그레이드, 특수 그레이드의 팁을 쓴다.

part·4

선삭 공구 활용의 실제

절단, 홈절삭의 포인트

절단 가공은 공작물을 축에 대하여 직각 방향으로 절단하는 가공으로 환봉 부품, 파이프 부품, 육각형상 부품 등을 절단하는 작업이다.

또 홈절삭 가공은 공작물에 각종 용도에 맞는 홈형상을 가공하는 작업으로 외경 홈절삭 가공, 내경 홈절삭 가공, 단면 홈절삭 가공 등이 있다.

● 절단, 홈절삭 가공의 문제점

절단, 홈절삭 가공이 다른 선반 작업과 다른 점은 바이트가 절삭해 가는 좁은 스페이스 안에서 ① 홀더 강성, ② 강고한 팁 클램프, ③ 원활한 칩 배출을 확보해야 하는 점이다.

이 때문에 다음과 같은 문제점이 발생하기 쉽다.

① 절삭 가공 중에 채터링이 발생하기 쉬워 고능률 가공이 어렵다.

② 깊은 홈가공 또는 지름이 큰 공작물을 절단 가공할 때 칩이 막히기 쉬워 바이트가 부러지기

표 1 판 바이트의 형상 치수 (JIS B 4151)

호칭	폭 W		높이 H		전체 길이 L			단면의 각도 θ
	기준 치수	허용 오차(h13)	기준 치수	허용 오차(h13)	기준 치수		허용 오차	
3 ×12× L	3	0 −0.14	12	0 −0.27	160	200	± 2	0 ~ 15°
3 ×16× L			16					
4 ×16× L	4	0 −0.18						
4 ×19× L			19	0 −0.33				
5 ×19× L	5							

쉽다.

③ 칩이 공작물이나 척에 얽히는 등 칩 처리가 나쁘기 때문에 NC 선반 등에 의한 자동화가 어렵다.

　이 때문에 절단, 홈절삭 가공은 바이트의 선정을 신중히 하고 작업의 요점을 확실히 파악해 둘 필요가 있다. 그래서 아래에 절단, 홈절삭 바이트의 종류와 특히 문제가 생기기 쉬운 절단 작업의 요점, 가공 실례를 소개한다.

● 절단, 홈절삭 바이트의 종류

(1) 솔리드 바이트

날부분과 섕크 또는 보디가 일체인 재료로 되어 있는 바이트로 보통 「판 바이트」, 「스틱 바이트」라고 부르고 있는 것이다. 공구 재질로는 고속도 공구강이 일반적으로 사용되고 있으며 JIS B 4151에 규정되어 있는 표준적인 판 바이트는 **표 1**과 같이 되어 있다.

(2) 납땜 바이트

고속도 공구강 또는 초경 합금을 납땜한 바이트이다. 표준적인 형상 치수를 **표 2**(JIS B 4152)에 표시했다.

(3) 클램프 바이트

팁 또는 블레이드를 기계적으로 고정한 바이트로 이것은 **그림 1**에 표시한 구조의 것이 많이 쓰이고 있다.

표 2 절단 바이트(31형)의 형상 치수 (JIS B 4152)

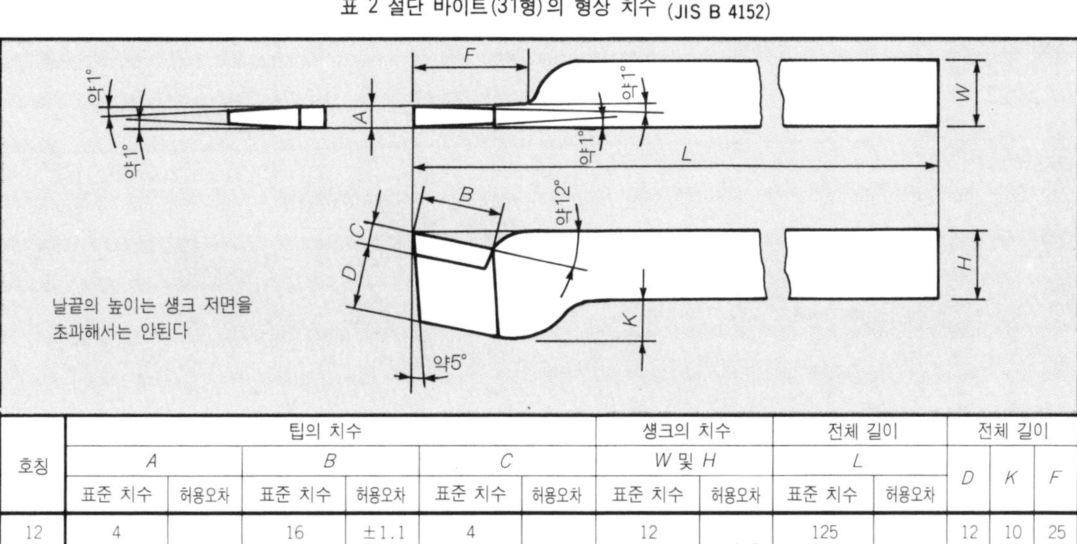

호칭	팁의 치수						섕크의 치수		전체 길이		전체 길이		
	A		B		C		W 및 H		L		D	K	F
	표준 치수	허용오차	표준 치수	허용오차	표준 치수	허용오차	표준 치수	허용오차	표준 치수	허용오차			
12	4	±0.75	16	±1.1	4	±0.75	12	±0.5	125	± 4	12	10	25
16	5	±0.75	20	±1.3	5	±0.75	16	±0.5	140	± 4	16	12	30
20	6	±0.75	25	±1.3	6	±0.75	20	±0.8	160	± 5	19	16	36
25	8	±0.9	32	±1.6	8	±0.9	25	±0.8	200	± 5	25	20	45
32	10	±0.9	40	±1.6	10	±0.9	32	±1.0	250	± 6	32	25	56

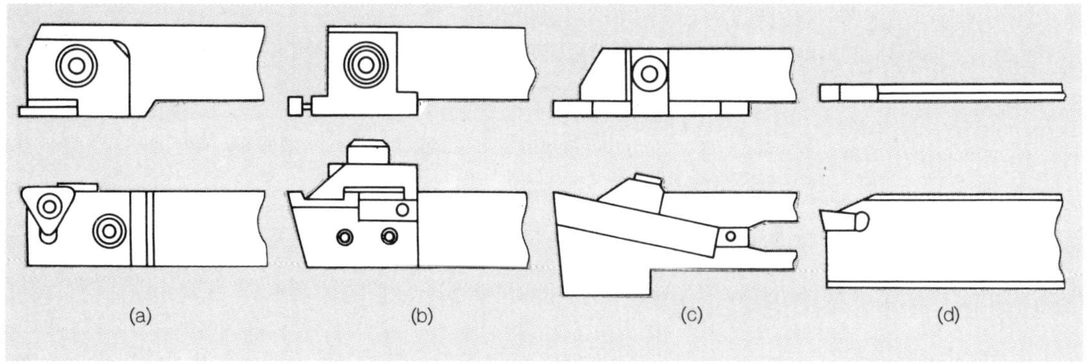

그림 1 각종 클램프 바이트

　(a)는 3코너 팁을 쓸 수가 있어서 경제적이므로 홈절삭 가공의 주류로 되어 있는 것이다. 팁의 재질도 초경 팁에 더하여 내마모성, 내용착성이 우수한 서멧이 많이 쓰이고 있다. (b)는 비교적 홈폭이 크고 깊은 홈가공에 사용된다. (a), (b)는 홈절삭 가공용으로 주로 쓰이며 같은 클램프 형식의 내경 홈절삭 가공용 바이트, 단면 홈절삭 가공용의 바이트도 많이 나오고 있다. (c)는 초경 블레이드 클램프 방식으로 초경 블레이드는 재연삭하여 사용된다. 또 (d)는 팁의 클램프가 홀더의 쐐기 힘에 의하여 이루어지며, 클램프 강도, 칩 처리, 최대 절단 지름, 코팅 재종의 사용 등 여러 가지 이점이 있기 때문에 널리 쓰이고 있는 것이다.

　이 (d) 타입의 바이트는 홀더 강성을 향상시키기 위하여 **사진 1**과 같이 홀더를 초경제로 만든 것이 개발되어 있다.

● 절단 작업의 포인트

　절단 가공에서는 우선 채터링이 문제가 된다. 가공시에 발생되는 채터링을 줄이기 위하여 바이트는 될 수 있는 대로 강성이 높은 것을 사용하고 공구대에서 바이트 돌출량을 될 수 있는 대로

사진 1 초경 합금 홀더를 사용한 절단 바이트의 예

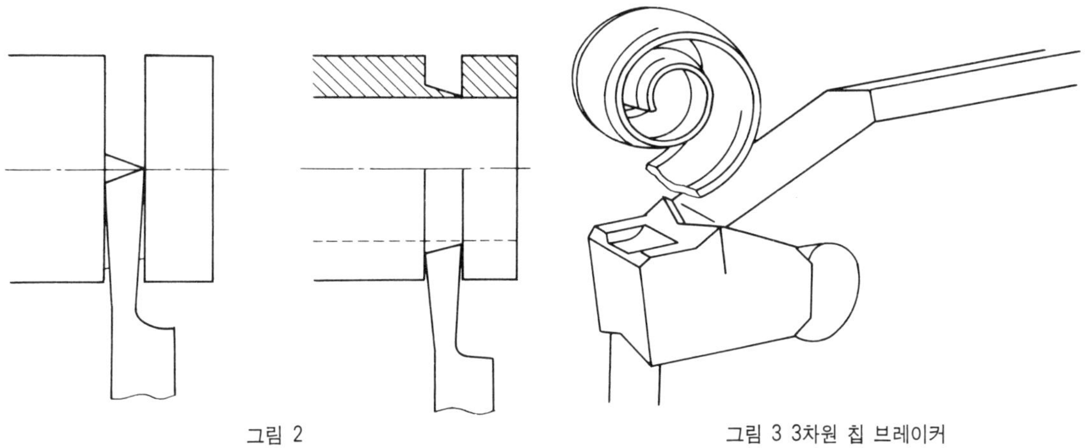

그림 2　　　　　　　　　　　　　　그림 3 3차원 칩 브레이커

공작물 형상	피삭재 재질	SCM 415
	사용 공구	메이커　　　：住友電工 홀더형 번호：GSER 2020 − 4 D 팁형 번호　：TGER 4370 팁 재질　　：서멧 　　　　　　T 12 A
	절삭 조건	절삭 속도：$V = 110$ m/min 이송　　　：$f = 0.08$ mm/rev 건식 절삭：
	공구 수명	$N = 110$

그림 4 홈절삭 가공

　작게 하는 것이 가장 중요하다. 그리고 가공물은 가공중에 휘거나 움직이지 않도록 척에 단단히 고정한다. 또 척에서의 돌출 길이도 최소로 되도록 한다. 지름이 큰 공작물로 중량이 있는 것을 가공할 때에는 절단되는 공작물에 의하여 바이트가 파손되는 경우가 있다. 이것을 방지하려면 공작물을 완전히 절단하기 전에 가공을 정지하고 손작업 또는 쇠톱으로 절단하면 좋다. 공작 기계에 대해서는 당연하지만 강성이 높은 것을 사용한다. 또 유압 이송인 것은 절삭이 안정적이지 못하므로 피하는 편이 좋다고 생각한다.

　이와 같은 기본적인 조건이 갖추어지면 다음은 가공상의 포인트를 알아보자.

　우선 바이트의 날끝 높이를 공작물의 중심에 맞춘다. 다만 절삭중에 채터링이 발생하기 쉬울 때나 바이트의 돌출량이 커서 휘기 쉬울 때는 날끝 높이를 조금 높게 설정한다. 그리고 바이트의 고정은 공작물에 대하여 직각이 되게 한다. 직각도가 바르지 않으면 바이트의 직진성이 나빠지므로 가공면에 구부러짐이 생기게 됨과 동시에 다듬질면도 악화된다.

　솔리드 환봉은 공작물 절삭 남김이 생기지 않도록 또 파이프재에서는 버(burr)가 생기지 않도

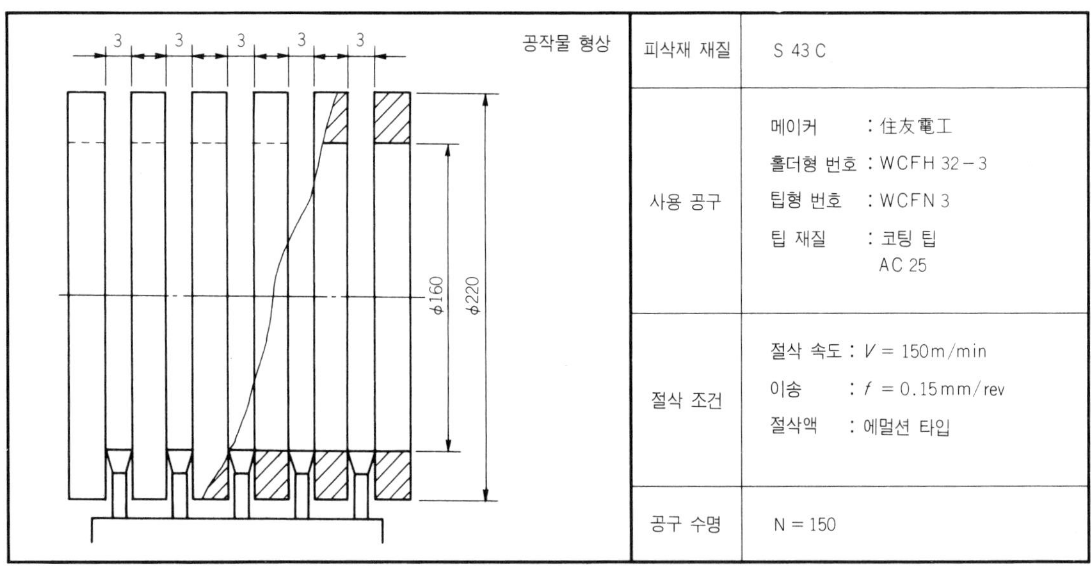

피삭재 재질	S 43 C
사용 공구	메이커　　　　：住友電工 홀더형 번호：WCFH 32−3 팁형 번호　：WCFN 3 팁 재질　　：코팅 팁 　　　　　　　AC 25
절삭 조건	절삭 속도 : V = 150m/min 이송　　　: f = 0.15mm/rev 절삭액　　: 에멀션 타입
공구 수명	N = 150

그림 5 절단 가공

록 하기 위하여 **그림 2**와 같이 각도가 있는 바이트를 사용하면 효과가 있다. 다만 이와 같은 바이트를 쓰면 홀더의 직진성이 나빠지므로 이송을 낮출 필요가 있다. 또 칩의 처리성도 나빠지는 것을 고려하여 사용해야 한다.

칩 처리성(배출성)을 좋게 하려면 **그림 3**과 같은 칩을 홈폭보다 좁게 하여 태엽 모양으로 처리할 수 있는 3차원 칩 브레이커가 붙은 바이트를 사용하면 좋다. 특히 지름이 큰 공작물 절단에는 효과적이다. 또 이송을 스텝 이송으로 하여 칩을 절단하는 방법도 많이 쓰이고 있다.

절삭 조건은 일반강을 가공할 경우 고속도 공구강 바이트로 15~30m/min, 초경 바이트로 30~100m/min, 코팅 팁 붙이 바이트로 80~150m/min로 이송량을 증가시킴에 따라 저절삭 속도를 택한다. 이송량은 0.05~0.3mm/rev정도이다. 절삭중에 채터링이 발생할 때에는 이송을 크게 하고 절삭 속도를 낮추는 것으로 대처한다. 또 날끝에 치핑이 생길 때에는 공작물을 깎기 시작할 때와 잘라 떨어뜨릴 때의 이송을 작게 한다.

끝으로 주철 이외의 공작물에 대해서는 절삭 유제를 충분히 공급하여 날끝에 충분히 미치도록 한다.

그림 4는 홈절삭 가공, **그림 5**는 절단 가공의 실례를 나타낸 것이다. 어느 경우나 일반적인 가공 방법이다.

소직경 보링 가공의 포인트

선반에 의한 보링 가공은 외경이나 단면 가공에 비해 여러 가지 문제점이 있는 가공이다. 예를 들면

① 공작물의 보링 구멍의 깊이가 깊을수록 홀더의 돌출량도 길어져 섕크 지름에 대한 돌출량이 일정값을 넘을 때에는 채터링이 발생한다.

② 가공중 연속 발생되는 칩은 공작물의 내부에 머물고 다시 공작물의 회전에 의한 원심력으로 내벽에 달라붙어 그 결과 팁이 칩을 물어 치핑이 생기거나 절삭면을 긁어 흠집을 낸다.

③ 소내경 가공용의 절삭 공구는 홀더 섕크 지름과 팁이 너무 작아져 기구적으로 스로어웨이화가 어려워 납땜 바이트가 많이 쓰이므로 능률, 안정 수명의 향상면에서 장애로 되고 있다.

등의 문제점을 들 수 있다.

여기에서는 보링 가공 중 특히 소내경 가공의 문제점과 그 해결책을 중심으로 설명한다.

● 채터링 대책

보링 가공에서는 채터링 대책이 특히 중요하며 종래부터 다음과 같은 대책이 강구되고 있다.

① 날끝의 중심 높이를 재조정한다(보통 공작물의 센터보다 조금 낮게 하는 것이 효과적).

② 절삭 속도(주축의 회전수)를 내린다.

③ 사용 팁의 노즈 반지름을 일단 작은 것으로 바꾼다.

④ 홀더의 돌출량을 될 수 있는 대로 짧게 한다.

⑤ 칩 브레이커를 경사각이 큰 연마 부가형 브레이커로 바꾼다.

⑥ 섕크 바의 재질을 강(鋼) 섕크 바에서 초경 섕크 바로 바꾼다.

이상이 대표적인 채터링 대책인데 모든 조건에 완벽한 것은 없다. 예를 들어 절삭 속도를 내리면 채터링은 멈추기 쉬우나 너무 내리면 가공 시간이 길어져 비실용적이다. 또 노즈 반지름을 작게 하면 다듬질면 거칠기가 열화되는데 다듬질면 거칠기를 향상시키려고 이송을 낮추면 역시 가공 시간이 늘어난다.

홀더의 돌출량을 짧게 하는 것은 공작물의 형상에 의하여 이미 한계가 있고, 절삭날의 연마 부가형 브레이커를 바꾸는 것은 칩 처리성을 희생시키는 경우가 흔히 있다. 한편 초경 섕크 바를 사용하면 가공 조건은 같아도 채터링이 방지되므로 유효한 수단이라 할 수 있다. 다만 초경 섕크 바는 강으로 된 팁 고정부와 초경 섕크를 납땜하고 있으므로 중(重)절삭 조건하에서 발생열과 절삭 저항에 의하여 납땜부에서 팁 고정부가 떨어지는 경우가 있으므로 절삭 깊이량이 적은 다듬질 절삭 중심의 공구라 할 수 있다. 또 초경 섕크 바는 강샌크 바에 비해 값이 비싼 것도 문제이다. 이 때문에 京세라에서는 전혀 새로운 생크 재료를 써서 초경에 가까운 성능을 갖는 보링 공구를 개발 했다. 이것은 액설런트 바라 명명되어 종래의 강생크와 마찬가지로 납땜 부위가 없는 일체형으로 스로어웨이 팁용의 생크 바이다. 이 때문에 황삭에도 문제 없이 견디고 가격도 강생크 바와 같은 정도이다.

절삭 속도 $V=70\mathrm{m/min}$, 절삭 깊이 $d=0.5\mathrm{mm}$, 이송 $f=0.1\mathrm{mm/rev}$인 절삭 조건에서 SCM435를 가공했을 때 L/D, 즉 생크 지름에 대한 돌출량의 비는 강생크 바 지름의 4배, 초경 생크 바에서는 일반적인 지름의 7~8배의 돌출량까지 가능한데 그 이상이 되면 채터링이 발생된 다.

한편 액설런트 바의 돌출량은 강생크 바의 1.5배가 가능하다.

이와 같이 최근에는 홀더의 생크 재료에 새로운 제진(制振) 재료를 사용하여 채터링의 발생을 방지한 것을 선정하는 것도 효과적인 채터링 방지책의 하나로 들 수 있다.

● 보링 가공의 칩 처리

칩 처리 대책에는 우선 칩 브레이커 형상의 선정이 있다. 칩 브레이커에는 연마 부가형 브레이 커에서 3차원적인 요철을 부가한 형압형 브레이커까지 여러 가지가 있다. 일반적으로 연마 부가형 브레이커는 절삭 저항이 적은 반면 칩 처리 성능이 떨어진다. 형압형 브레이커는 칩이 걸리지 않 도록 효과적인 오목부가 배열되어 있어서 칩의 처리 성능은 우수하나 반면에 실제 경사각이 작아 져 다소 절삭 저항이 증가되는 경향이다.

보링 깊이가 얕으면 연속 컬(curl)로 되는 칩을 배출해도 문제가 안되나 깊은 구멍일 때는 칩이 분단되어 있는 편이 트러블이 적다. 특히 막힌 구멍의 보링은 칩이 충분히 절단되어 나오도록 하 는 것이 포인트이다. 또 절단된 칩도 원심력으로 구멍 내벽에 달라붙기 쉽고 그것을 절삭날이 물 면 치핑을 일으키는 경우가 있다. 이 트러블을 막으려면 충분한 절삭유제를 뿌려서 칩을 구멍 밖으 로 배출하는 것이 효과적이다. 한편 공작물이 연하고 끈적거리는 재료에서는 절단된 칩이 절삭면을 긁어 홈집을 내기 쉽다. 이런 경우에는 칩은 절단되지 않고 연속 컬링된 상태로 원활하게 배출시킬 수 있는 칩 브레이커 형상과 절삭 조건을 선정해야 한다.

● 소(小)내경 공구의 스로어웨이화

여기에서는 $\phi10\mathrm{mm}$이하의 소내경의 보링을 염두에 두고 이야기를 진행한다. $\phi10\mathrm{mm}$ 이하의 소내경 보링 공구의 스로어웨이화는 가느다란 생크의 끝부분에 팁을 고정시키는 기능을 마련해야 하므로 여러 가지 제약이 많아 한계가 있다. 그림 (a)는 강생크 바의 일체형, (b)가 초경 생크

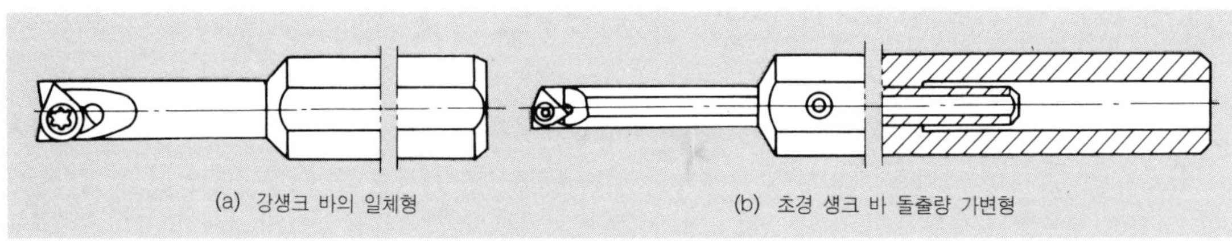

그림 1 스로어웨이식 소직경 보링 바이트(ϕ 6mm 이상)

바의 돌출 가변형이다. 팁은 소내경의 보링 가공에 대응하기 위하여 삼각형 팁의 변을 일부 컷한 변형 육각형을 쓰고, 날끝 각도는 강도 향상을 지향한 $80°$ 규격으로 되어 있다.

 팁 재료 종류에는 서멧, 코팅 초경, 초경이 있고 칩 브레이커 형상은 절삭성과 칩 처리성의 어느 쪽에도 대응될 수 있도록 연마 부가형과 형압형의 두 가지가 있다. 권장 절삭 조건은 절삭 속도 $V=40\sim120\text{m/min}$, 이송 $f=0.06\text{mm/rev}$ 이하(최대 1mm/rev), 절삭 깊이 $d=0.5\text{mm}$ 이하(최대 1mm)이다.

 한편 최근에는 작은 부품 가공 분야에서도 절삭 공구의 스로어웨이화의 요구가 높고 특히 내경 $\phi2\text{mm}$와 같은 극소 지름의 보링 공구의 스로어웨이화의 요구가 많아지고 있다. 이것은 최근 작은 부품 가공용 공작 기계의 NC화가 진전되어 왔음에도 불구하고 절삭 공구쪽이 여전히 종래의 납땜 바이트의 주류를 차지하여 기계와 공구 사이가 언밸런스로 되어 있는 것에 기인하고 있다고 생각된다. 이 요구에 대응하여 극소 지름의 보링용 스로어웨이 공구(팁 바)를 사진 1에 표시한다. 이 공구의 최소 보링 지름은 $\phi2\text{mm}$부터이므로 바 형상 자체가 팁 본체이고 이 팁을 전용 슬리브

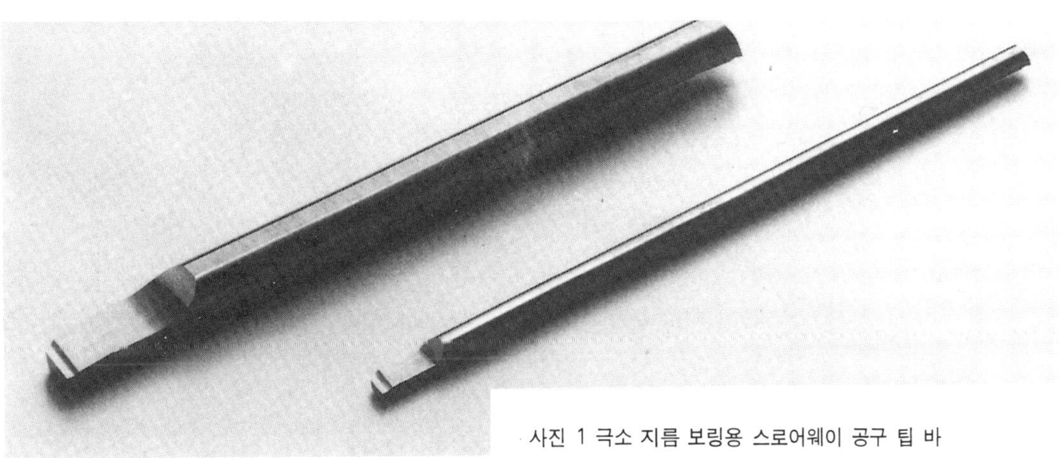

사진 1 극소 지름 보링용 스로어웨이 공구 팁 바

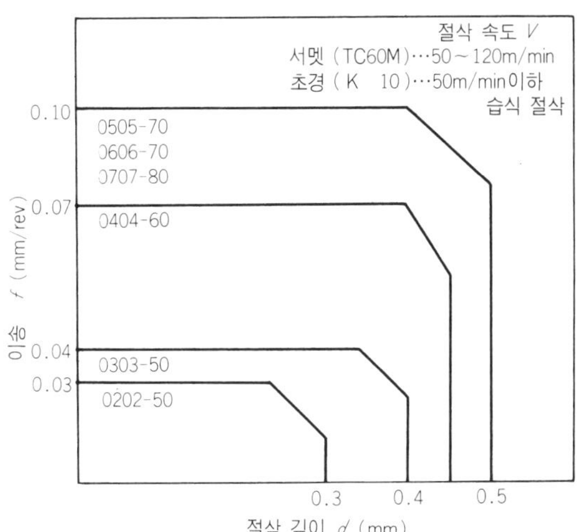

그림 2 팁 바의 권장 절삭 조건

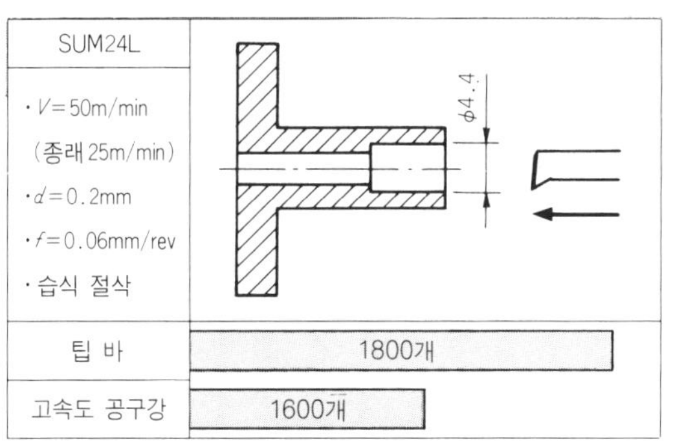

그림 3 팁 바에 의한 $\phi4.4\text{mm}$ 보링 가공 예

또는 시판되고 있는 콜릿 척에 고정하여 사용한다.

최소 보링 지름 ϕ2mm부터의 스로어웨이화 이외에 2코너 사용이며 칩 브레이커도 표준 장비로 바로 사용될 수 있도록 완전 성형되어 있어서 추가 가공이 필요 없는 등의 특징을 갖고 있다.

또 공구 재종로 강인 서멧(TC60M), 초경 K10이 준비되어 있다. 권장 절삭 조건은 **그림** 2와 같다. 팁 재종의 사용 분류는 일반강 및 스테인리스강의 가공에서 절삭 속도가 V=50m/min 이상일 때는 서멧(TC60M)을, V=50m/min 이하일 때나 비철금속의 절삭에는 초경 K10을 사용한다.

그림 3은 팁 바에 의한 내경 ϕ4.4mm의 보링 가공의 예로 피삭재는 유황 쾌삭강 SUM24L이다.

종래에는 고속도 공구강 바이트를 수동 연삭하여 사용하고 있었다. 팁 바는 절삭 속도를 2배로 올려서 가공 시간이 짧아진 외에, 고속도 공구강 바이트의 수동 연마에서는 수명의 편차가 컸었는데 반하여, 추가 가공이 필요 없는 안정 상태에서 1800개/코너의 수명이 되고 있다.

이 팁 바에는 보링뿐만 아니라 내경 홈절삭용의 **사진** 2와 같은 홈절삭 팁 바도 있다. 이 홈절삭용은 최소 구멍 지름이 ϕ5mm로 2코너 사용하며 브레이커가 표준 장비된 저절삭 저항의 공구이다.

그림 4는 홈절삭 팁 바에 의한 내경 ϕ5.76mm의 구멍에 폭 2.4mm인 홈절삭 가공의 예로 피삭재는 유황 쾌삭강 SUM31L이다.

이 가공에서도 종래는 고속도 공구강 바이트를 수동 연마한 다음 추가 연삭하여 사용하고 있었

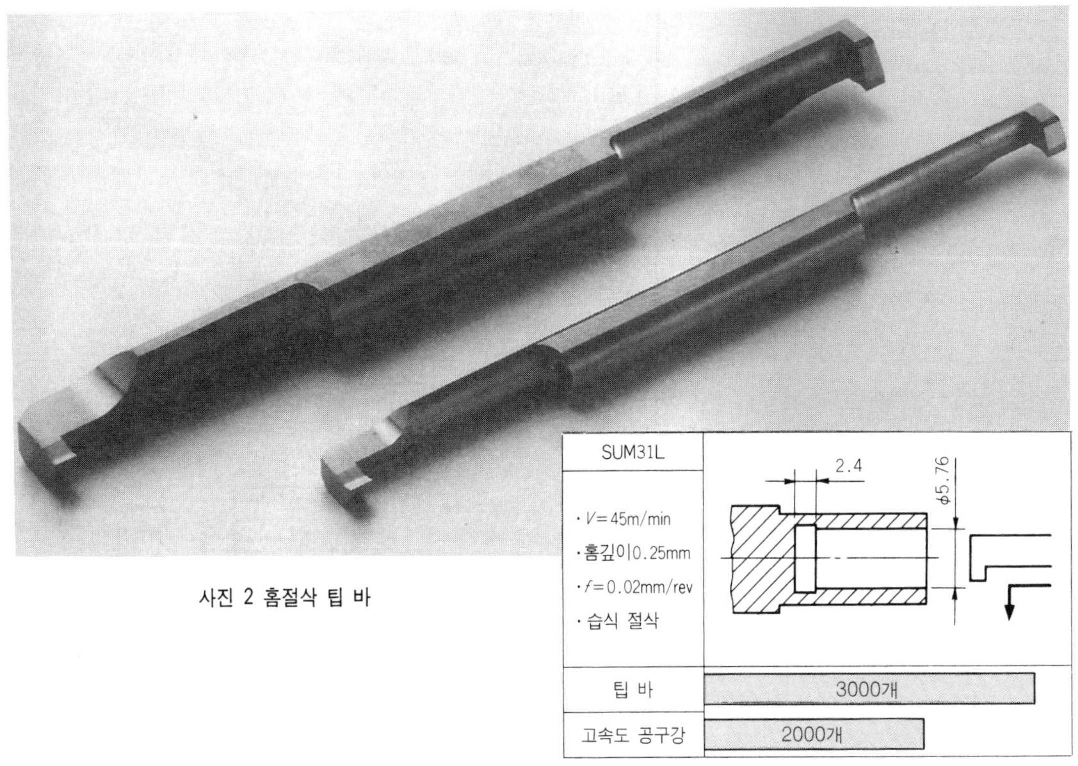

사진 2 홈절삭 팁 바

그림 4 팁 바에 의한 소내경 홈절삭 가공 예

다. 수동 연마 바이트를 만드는데 30분이 필요하고 경험이 필요한 작업으로 누구나 할 수 있는 일은 아니다. 이들 문제도 이 홈절삭 팁 바의 사용으로 일거에 해결할 수 있고 공구 수명도 고속도 공구강에 비해 50%나 향상시킬 수 있다.

이들 예와 같이 극소 내경 가공용 공구의 스로어웨이화에 의하여 종래의 연삭 시간의 삭감, 수명 편차의 향상, 가공 시간의 단축, 가공 정밀도의 향상 등이 실현되고 있다.

● 기타의 내경 가공

① 동심도내기 가공 ‥‥‥ 예를 들어 **그림 5**와 같은 외경과 내경의 동심도가 필요한 공작물이라면 원 처킹으로 외경, 내경을 선삭해야 한다. 이 때 내경부 깊은 곳의 가공이 문제가 되는데 내경끌기 가공용 보링 공구를 쓴다.

② 공구 개수의 제한 ‥‥‥ 예를 들어 NC 선반에서 고정 공구 개수의 제약으로 드릴을 고정할 수 없을 때 **그림 6**과 같은 가공법을 쓰면 가능하다.

이 공구는 본래 내경 가공용의 공구인데 생크 중심부까지 절삭날이 있어서 드릴링도 가능한 공구이다. 그리고 그대로 터릿 선회하는 일 없이 보링 가공을 할 수 있는 드릴링 바이다.

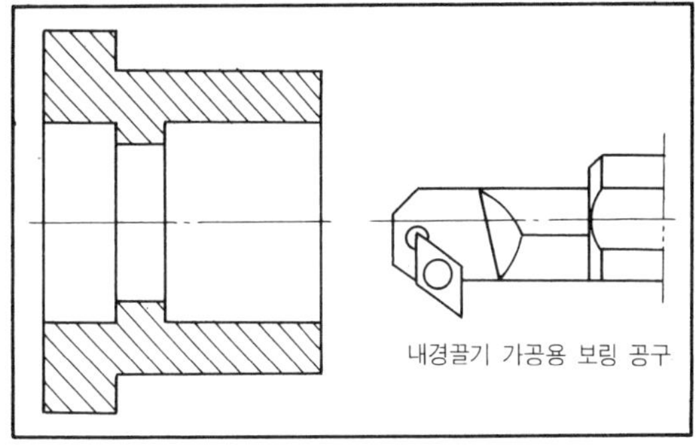

그림 5 내경끌기 가공용 공구와 동심도내기 가공 예

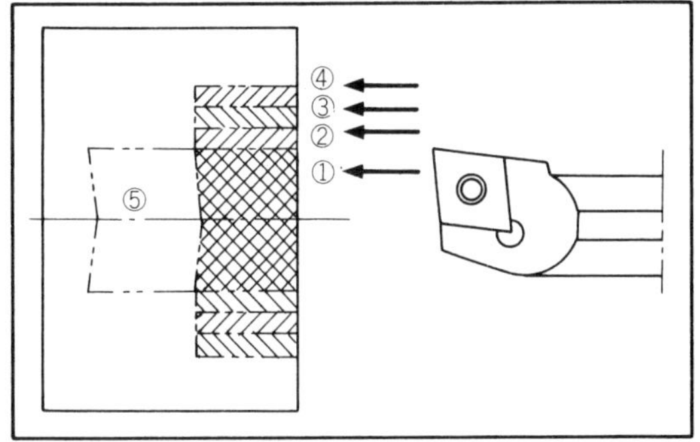

그림 6 드릴링 바에 의한 구멍뚫기와 보링 가공 예

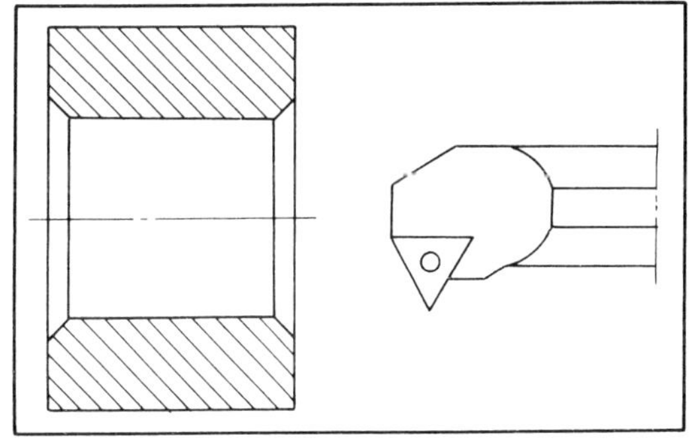

그림 7 관통 구멍의 양단면 모떼기 가공 예

드릴링 깊이는 칩의 배출 문제로 칩 포켓의 길이까지인데 깊은 구멍 보링 가공일 때는 그림과 같이 입구측을 내경 가공으로 넓혀 칩 배출 공간을 만들어 주고 거기서부터 다시 드릴링을 하여 내경 가공하면 결과적으로 깊은 구멍 보링 가공이 가능하게 된다.

③ 관통 구멍의 양단면 모떼기 가공 ‥‥‥ 예를 들어 **그림 7**과 같은 공구를 쓰면 관통 구멍의 보링 가공을 하면서 양단의 모떼기 가공을 하는데 효과적이다. 또 이 공구는 노즈 반지름이 작은 팁을 붙이면 60° 산형의 내경 나사 절삭을 할 수 있다.

＊　　　　＊　　　　＊

선반에 의한 보링 가공의 포인트에 대하여 채터링 대책, 칩 처리, 소내경 보링 공구의 스로어웨이화 등을 설명했다. 보링 가공은 가공 형태 그 자체가 채터링되기 쉽고 칩 처리 문제 등의 트러블이 발생되기 쉬운데 가장 알맞는 공구, 최적의 절삭 조건을 선정하면 트러블을 극복하고 고능률로 고정밀도의 가공을 할 수 있다.

나사 절삭 가공의 포인트

현재 나사 절삭 바이트로 일반적으로 쓰이고 있는 것에는 납땜 바이트와 스로어웨이형 바이트가 있다. 최근에는 스로어웨이형 바이트가 주로 쓰이고 이 바이트 홀더용의 팁(인서트)도 여러 가지 피치에 대응 가능한 범용형의 것에서부터 나사를 창성함과 동시에 나사산을 다듬질할 수 있는 날붙이형까지 표준 설정되어 있다.

또 사용자의 다종 다양한 요망에 부응할 수 있도록 가공 가능한 나사의 종류도 이전부터 있었던 미터 나사의 범용 사이즈에서부터 유니파이, 위트, 사다리꼴 나사, 관용 나사까지 표준 규격으로 설정되어 있다.

그러나 나사 절삭 가공은 일반적인 외경 절삭과 큰 차이점을 갖고 있다. 이 때문에 공구 수명, 칩 처리 또 이들과 밀접한 관계를 갖는 절삭 조건 등 아직 해결되지 않는 문제를 많이 내포하고 있는 것이 현실이다. 이런 배경을 기초로 나사 절삭 가공의 개략을 설명한다.

우선 현재 각 방면에서 일반적으로 쓰이고 있는 나사 절삭 바이트에 대하여 간단히 소개한다.

현재 가장 널리 쓰이고 있는 것은 싱글 포인트의 스로어웨이형 나사 절삭 바이트이다. 팁은 3코너 사용 가능하고 나사의 종류에 대한 적용 범위도 넓은 것으로 되어 있다. 또 홀더의 설정도 외경용, 내경용, 빗날형 선반용까지 표준화되어 있어서 어떠한 가공 형태에 대해서도 대응될 수 있는 규격으로 되어 있다. 다음에 체이서가 있다. 복수의 절삭날을 갖고 최적의 절삭 깊이 분할과 패스 횟수에 의하여 가공 능률의 향상과 수명 향상이 가능하다. 아래에 나사 절삭 가공시에 발생되는 팁 손상과 절삭 조건, 절삭 방법과의 관련성을 중심으로 보다 능률적인 나사 절삭 가공에 대하여 실제의 응용 예를 섞어가면서 소개한다.

● 나사 절삭 가공의 특징

나사 절삭 가공의 가장 큰 특징이고 또 그 가공을 가장 어렵게 만드는 조건은 절삭되는 나사 형상이 바이트 날끝의 형상으로 결정된다는 점이다. 특히 플랫 드래그(flat drag)붙이 팁(그림 1)의 경우는 플랫 드래그가 있기 때문에 나사산의 높이가 자동적으로 정해지는 특성을 갖고 있다.

이 때문에 플랫 드래그붙이의 경우는 나사의 피치마다 나사산과 노즈 반지름이 다른 팁이 준비되어 있어야 한다.

나사 절삭 가공에서 팁의 손상은 이와 같은 특이성을 반영한 것으로 그 중 전형적인 공구 손상 예로 노즈 끝부분에 손상이 집중된다는 것을 들 수 있다.

나사 절삭 가공에서는 한 번의 이송으로 나사산을 깎아내는 것은 극히 어렵고 일반적으로 절삭

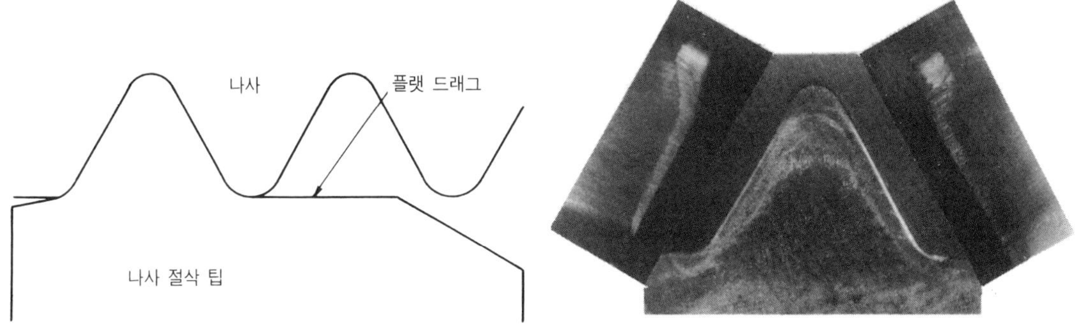

그림 1 플랫 드래그붙이 나사 절삭 팁　　　　사진 1 노즈 끝부분의 소성 변형 예

깊이를 여러 번 나누어 절삭해 간다. 따라서 노즈 끝부분은 각 패스마다 반드시 절삭에 관여하게 되고 그 결과 손상이 노즈부에 축적되어 끝부분에 손상이 집중된다. 또 나사 절삭용 팁의 노즈 반지름은 나사산 형상에 대응한 값으로 형성되어 있으며 그 값도 대단히 작아(0.1×피치) 강도상 아무리 해도 결손이 생기기 쉬운 형상으로 되어 있다. 또 일반적인 절삭에 비해 10배 정도의 높은 이송 등에 의하여 발생되는 절삭열, 절삭 저항이 그 부분에 집중되어 이상 마모와 소성 변형, 서로 뒤얽히면서 배출되는 칩의 변형 저항 등도 날끝 손상의 원인이 된다. 나사의 정밀도나 품위에 관해서도 노즈 끝부분에서 발생되는 불균일한 여유면 마모, 소성 변형에 의하여 요구 정밀도를 유지할 수 없게 되거나 절삭날의 치핑, 압착물에 의한 다듬질면의 뜯김이나 금 등이 발생되어 다듬질면 품위가 훼손되는 경우가 있다. 이와 같이 다양한 원인에 의한 특이한 공구 손상 때문에 나사 절삭 가공은 절삭 가공 분야에서도 가장 어려운 가공의 하나라고 생각된다.

● 절삭 조건과 공구 손상

(1) 절삭 속도

절삭 속도에 기인하여 생기는 공구 손상의 전형적인 예로 저속도 영역에서 발생되는 치핑과 결손, 고속도 영역에서 종종 일어나는 노즈 끝부분의 소성 변형이 있다. 그러나 실제의 생산 현장에서는 가공 능률면에서 고경도재, 난삭재 등을 빼고는 저속에서 가공되는 경우가 적으며, 절삭 속도의 영향에 의한 공구 손상도 고속측에서 발생되는 것이 주가 된다고 생각된다.

이와 같은 원인에 의하여 생긴 노즈 끝부분의 소성 변형의 예를 사진 1에 표시했다. 소성 변형이 생긴 채 절삭을 계속하면 날끝의 결손이 일어나기 쉬워져 절삭상 바람직한 상황이라 할 수 없다. 그래서 이 손상의 대책으로

①절삭 속도를 내린다.

②절삭 깊이를 작게 한다.

③수용성 절삭유제를 사용한다.

등을 생각할 수 있다. 절삭 속도를 내리는 것은 절삭열에 의한 공구 재질의 기계적 강도의 열화를 적게 하려는 것이고, 절삭 깊이를 줄이는 것은 노즈부에 부가되는 부담을 경감하려고 하는 것이다. 어느 쪽이나 노즈부 손상의 주원인으로 되는 절삭열과 절삭 저항을 감소시키려는 것이 주목적이다.

특히 수용성 절삭유제의 사용은 공구의 냉각, 용이한 칩 배출, 다듬질면에의 칩 부착·스커핑의

방지란 점에서 대단히 유효하다. 이 때문에 나사 절삭 가공 전반에 대하여 수용성 절삭유의 사용은 권장된다.

(2) 패스 횟수

일반적인 나사 절삭 가공에서는 한 번의 절삭 깊이로 나사산을 깎아내는 것은 대단히 어려워 여러 번의 절삭 깊이 패스로 나누어 절삭하는 것이 일반적인 방법이란 것을 앞에서 설명했다. 이와 같은 절삭 깊이 분할에 의하여 절삭할 때 총절삭 깊이 중 최대의 절삭 깊이는 첫번째 패스가 된다. 그러나 첫번째 절삭 깊이는 노즈 끝부분만으로 절삭이 이루어진다. 이 때문에 총절삭 깊이 단면적(절삭 깊이의 총합)에서 생각하면 첫번째 절삭 깊이의 절삭 면적은 작게 할 필요가 있다. 즉 강도적으로 약한 형상의 노즈 끝부분만의 절삭에서는 노즈부에 집중되는 손상을 억제하는 의미에서 과대한 절삭 깊이는 피하는 것이 좋다. 실제 절삭 깊이 최대값의 척도로는 노즈 반지름의 150~200% 정도로 억제하는 편이 좋고, 최대라도 0.4~0.5mm를 넘지 않게 하는 것이 중요하다. 일반적으로 ISO 미터 외경 나사일 때 권장되는 절삭 깊이 분할의 예를 표 1에 표시했다.

다음에 실제 절삭 깊이 d와 절삭 두께 t의 관계를 그림 2에 표시한다. 일반적인 길이 방향 절삭에서는 절삭 두께가 0.1mm 미만으로 되면 여유면에 불균일하고 더욱 큰 마모가 발생하며 경사면에서의 크레이터 마모도 절삭날 모서리 부근에 발생된다. 이들의 원인으로는 이송이 작은(t에

표 1 ISO 외경 나사의 절삭 깊이량과 패스 횟수의 참고값

피치	0.5	0.75	1.0	1.25	1.5	1.75	2.0	2.5	3.0	3.5	4.0	4.5	5.0	5.5	6.0
H	0.38	0.56	0.76	0.95	1.14	1.33	1.52	1.89	2.28	2.65	3.03	3.41	3.79	4.17	4.55
H_0	0.32	0.47	0.63	0.79	0.95	1.11	1.27	1.58	1.90	2.21	2.53	2.85	3.16	3.48	3.80
R	0.06	0.09	0.13	0.16	0.19	0.22	0.25	0.31	0.38	0.44	0.50	0.56	0.63	0.69	0.75
1회의 절삭 깊이량 (mm)															
1	0.15	0.18	0.25	0.25	0.30	0.30	0.30	0.35	0.35	0.40	0.40	0.40	0.45	0.50	0.50
2	0.12	0.12	0.20	0.20	0.25	0.25	0.25	0.30	0.30	0.35	0.35	0.35	0.35	0.35	0.40
3	0.10	0.10	0.13	0.15	0.20	0.20	0.20	0.25	0.25	0.30	0.30	0.30	0.30	0.30	0.30
4	0.05	0.10	0.10	0.14	0.15	0.16	0.20	0.20	0.20	0.25	0.25	0.25	0.25	0.25	0.25
5		0.05	0.05	0.10	0.10	0.15	0.15	0.20	0.20	0.20	0.20	0.25	0.25	0.25	0.25
6				0.05	0.05	0.10	0.12	0.15	0.15	0.20	0.20	0.20	0.20	0.20	0.20
7						0.05	0.10	0.15	0.15	0.15	0.20	0.20	0.20	0.20	0.20
8							0.05	0.10	0.15	0.15	0.15	0.20	0.20	0.20	0.20
9								0.05	0.10	0.15	0.15	0.15	0.20	0.20	0.20
10									0.10	0.10	0.15	0.15	0.15	0.15	0.15
11									0.05	0.10	0.10	0.15	0.15	0.15	0.15
12										0.05	0.10	0.10	0.15	0.15	0.15
13											0.10	0.10	0.10	0.15	0.15
14											0.05	0.10	0.10	0.10	0.15
15												0.10	0.10	0.10	0.10
16												0.05	0.10	0.10	0.10
17													0.10	0.10	0.10
18													0.05	0.10	0.10
19														0.10	0.10
20														0.05	0.10
21	보통날 팁의 경우는 절삭 깊이량을 약간 적게 하기 위하여 패스 횟수를 늘린다														0.10
22															0.05

(행 머리표: 패스 횟수)

그림 2 (삽도 내 레이블):
피치에 대응한 R
나사
H_0 H
앞공정의 다듬질면
다듬질 여유 0.1~0.2
플랫 드래그 붙이 팁
나사산 꼭대기 (나사 절삭 팁으로 다듬질한다)

해당) 것에 의해 실제의 경사각이 감소되고 그 결과 절삭 변형이 증대해서 온도가 상승하여 이상 마모가 발생되는 메커니즘을 생각할 수 있다.

또 이송이 작아지면 앞의 절삭에서 생긴 가공 경화층을 여유면이 긁으므로 다시 마모가 조장된다. 이것을 나사 절삭에 적용해도 완전히 동일하게 된다.

이 결과 나사 절삭 가공에 생기는 현상은 어떤 것이냐 하면 다듬질면은 광택이 없어지고 뜯긴 면

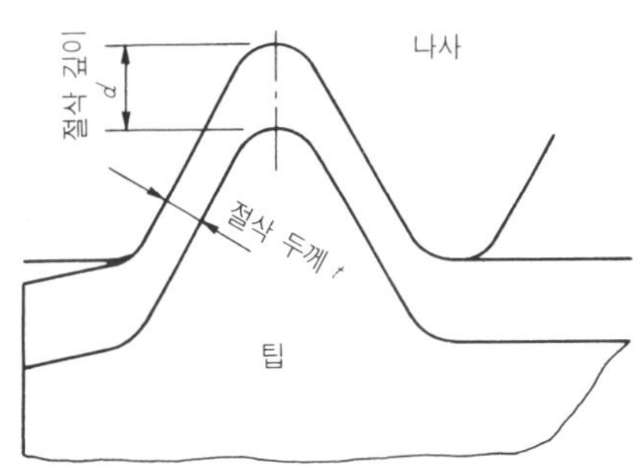

그림 2 절삭 깊이와 절삭 두께의 관계

으로 되며 다듬질면 품위, 팁 수명이 함께 현저하게 저해받게 된다. 즉 나사 절삭은 절삭 깊이를 너무 많이 잡거나 덜 잡아도 다듬질면, 팁 수명 등에 미치는 영향이 커서 균형잡힌 조건을 선택하는 것이 필수인 가공이라 할 수 있다.

(3) 절삭 방식

원하는 나사를 절삭하기 위하여 여러 패스로 절삭 깊이를 분할하여 절삭하는데 실제로 절삭 깊이 분할을 할 경우에 몇 가지 방법을 생각하게 된다. 여기에서는 축직각 방향에 똑바로 절삭하는 방법(그림 3)과 나사산을 따라 한 쪽 방향으로 절삭하는 방법(그림 4), 그리고 **그림 5**와 같이 복합적으로 절삭하는 방법에 대하여 설명하기로 한다. 우선 똑바로 축직각으로 절삭하는 방법인데 이것은 피치가 작은 나사에 많이 쓰이는 방법으로 가장 많이 쓰이는 것 중의 하나이다. 그러나 절삭이 진행됨에 따라 좌우 절삭날의 접촉 면적이 증대된다는 결점이 있다. 이것은 절삭 저항 중의 배분력 성분이 커지는 것을 뜻하며 그 결과로 채터링이 발생되기 쉬워진다. 특히 피삭재의 강성이 부족할 경우는 그 경향이 현저해진다. 또 칩의 배출성에 대해서도 양측면의 절삭날에서 생성된 칩이 중앙에 끌어 모아지므로 칩의 변형에 필요한 힘이 그만큼 커져 공구 수명에 큰 악영향을 미치게 된다.

또 스테인리스강, Ni 합금, 고크롬 합금 등의 대표적인 난삭재나 인장 강도가 큰 피삭재를 가공할 때에는 이 경향이 현저하게 나타난다. 이와 같이 축직각 방향에 곧바로 절삭하는 것이 어려울 때는 그림 4와 같이 한쪽 방향으로 절삭하는 방법이 유효할 때가 많다.

이 한쪽 방향으로 절삭하는 방법은 일반적인 길이 방향 절삭과 같은 원리를 가진 절삭 방식으로

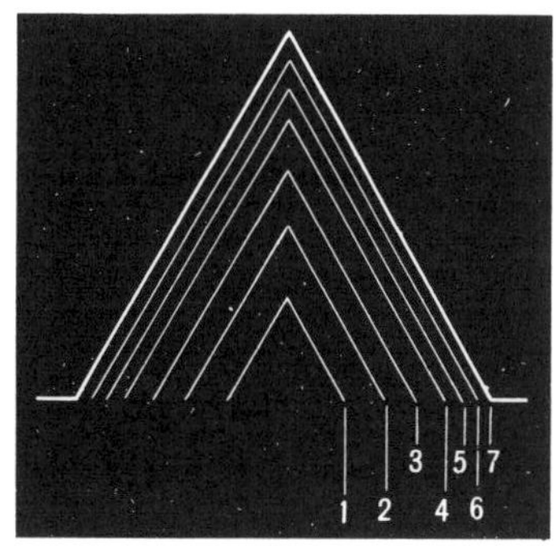

그림 3 축직각으로 절삭

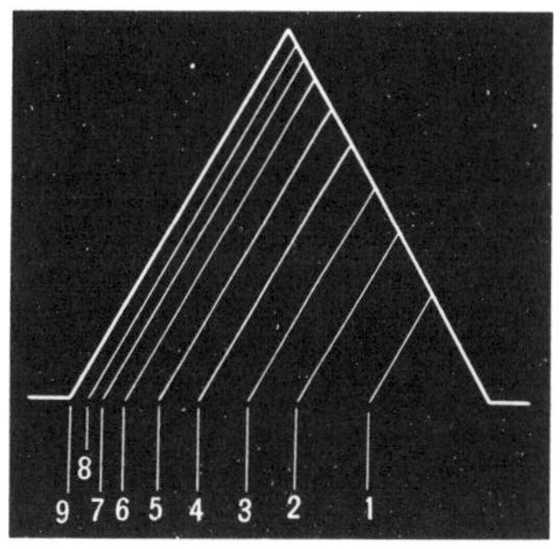

그림 4 한쪽 방향으로 절삭

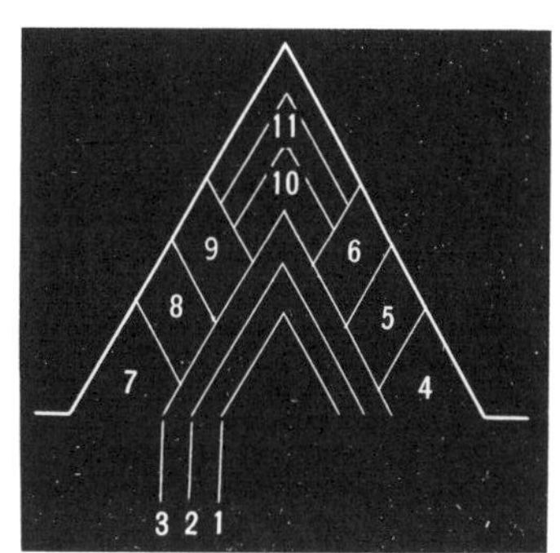

그림 5 복합적으로 절삭

표 2 표준 절삭 조건

피 삭 재		절 삭 속 도(m/min)				
재　질	인장 강도(kgf/mm²)	P10초경	M30초경	K10초경	서　멧	코팅 초경
연　강	45~70	180~150	120~80		150~100	200~150
보통 탄소강	70~110	150~100	100~70		130~80	180~100
합　금　강	85~110	130~100	100~70		120~70	150~100
스테인리스강			100~70			130~70
주　철	(HB 180~250)			90~70		150~70
비 철 금 속				180~120	130	

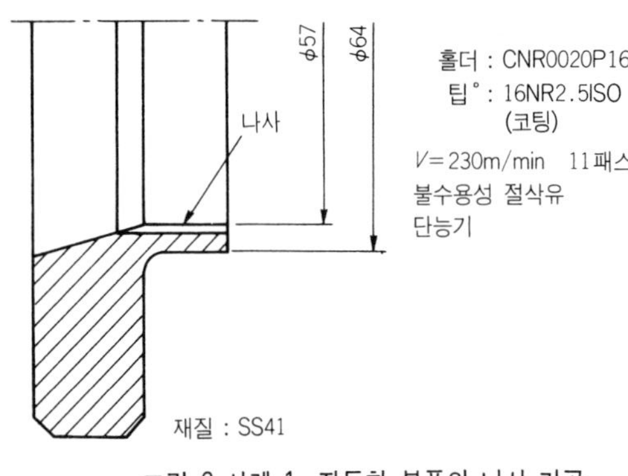

그림 6 사례 1·자동차 부품의 나사 가공

칩의 배출성도 좋고 절삭날에 걸리는 부하가 비교적 적어진다. 이 때문에 피치가 큰 것(4mm 이상), 피삭재가 채터링되기 쉬운 형상인 것, 가공 경화가 심한 재료(스테인리스강 등) 등의 경우에 유효한 수단으로 되어 있다. 그러나 절삭하는 방법에서는 한쪽의 절삭 깊이는 항상 0으로 되기 때문에 실제로는 그쪽에 약간의 틈새를 마련할 것을 권장한다. 그림 5는 복합적으로 절삭하는 방법인데 이것은 축직각 방향으로 절삭하는 방법과 한쪽으로 밀어 깎는 방법을 합한 절삭 방법으로 큰 피치 또는 큰 나사를 절삭할 경우에 유효한 수단이다.

(4) 공구 재종의 선정

강의 고속 절삭에는 종래 P 계열 초경 재종인 P10이 일반적으로 쓰였는데 최근에는 우수한 내마모성과 양호한 다듬질면을 얻기 위하여 서멧 재종의 사용이 많아지고 있다. 다시 고속에서 수명 연장을 바라는 것이라면 노즈부의 내소성 변형, 내마모성이 우수한 세라믹 코팅 초경 재종을 쓰는 것이 가장 효과적이다.

절삭 속도가 그다지 빠르지 않은 저·중속도 영역에서는 내치핑, 내결손성이 우수하고 인성이 풍부한 M 계열 초경 재종인 M30의 사용을 권장한다. 또 스테인리스강의 나사 절삭에는 저속 영역에서 초경의 M30, 고속에서는 코팅 재종이 일반적으로 쓰인다. 주철, 알루미늄 합금 등의 비철 금속에서는 내여유 마모성이 양호한 K 계열 초경 재종류 K10을 사용하는 것이 가장 좋다. 절삭 조건에 대해서는 그 기준을 **표 2**에 각 공구 재종별로 표시했다.

● 각종 나사 절삭의 응용 예

여기에서는 각종 나사 절삭 가공에서 실제 사용된 예를 들었다.

그림 6은 자동차 부품의 나사 절삭 가공이며 종래에는 납땜 바이트를 사용하여 1회의 재연삭으로 150~200개 정도의 수명이었던 것이 코팅 팁을 사용함으로써 코너당 480~530개로 수명을 향상시킨 예이다.

알루미늄과 가는 가공물 다듬질 선삭의 스로어웨이화

절삭 공구를 크게 분류한 것 중에서 선삭 공구는 스로어웨이화가 가장 앞선 공구라 할 수 있다. 그러나 이 선삭 공구 중에는 아직도 납땜 공구에 의존하지 않으면 안되는 가공이 있어서 공구 관리나 자동화 진행상 애로점으로 지적되고 있다.

이런 스로어웨이화를 어렵게 하는 가공 중에서 가장 밀접한 관계가 있는 것으로 알루미늄의 가공을 들 수 있다.

이 알루미늄 합금은 현재는 알루미늄 깡통에서 자동차 엔진에 이르기까지 폭넓게 쓰이며 해마다 증가하는 경향으로 많은 산업 분야에서 철의 지위를 위협하는 존재로 되고 있다. 이미 유럽과 미국에서는 자동차 1대당의 알루미늄 사용량이 50kg에 달했다고 전해지고 있다. 이에 따라 당연히 알루미늄 가공도 증대 경향이고 가공 현장을 괴롭히는 재료가 되고 있다.

● 알루미늄의 칩 처리와 용착

한눈에 보기에는 깎기 쉬울 것 같은 알루미늄이지만 그 종류는 다종 다양하게 나뉘어지고, 그 중에서도 순알루미늄에 가까운 재질의 물건은 절삭중의 용착, 늘어나 얽히기 쉬운 칩 처리란 두 가지 면에서 난삭재라 불러도 차질이 없을 것이다.

이 난삭재 알루미늄을 절삭하는 바이트로는 납땜 바이트에 큰 브레이커를 갈아 붙인 수제 바이트가 주류로 가공 현장에서의 경험과 솜씨에 의존하고 있는 것이 현실이다.

이번에 알루미늄 가공용으로 개발된 바이트는 앞에서 설명한 두 가지 문제점을 개선하여 알루미늄 선삭 가공의 스로어웨이화를 가능하게 했다. 아래에 이 알루미늄용 바이트의 특성을 종래의 스

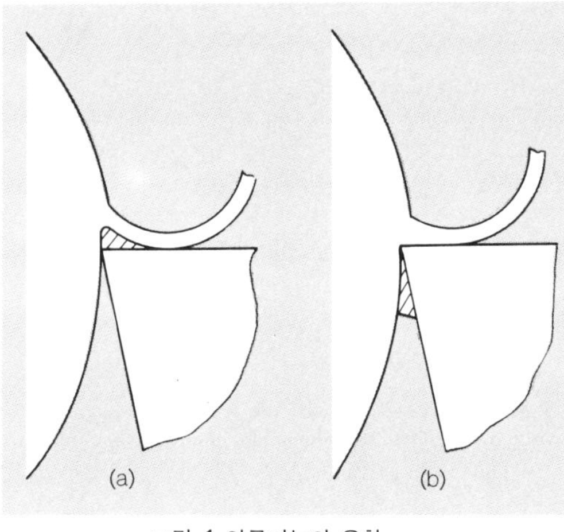

그림 1 알루미늄의 용착

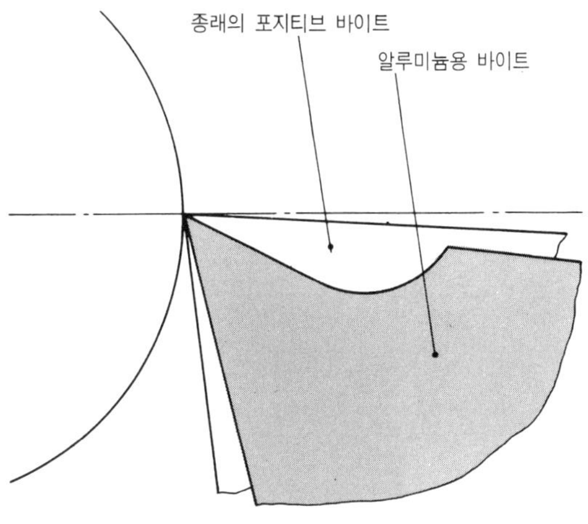

그림 2 종래의 포지티브 바이트와 알루미늄용 바이트의 각도

로어웨이 포지티브 바이트와 비교하면서 설명한다.

(1) 내용착성

알루미늄 절삭중의 용착으로는 그림 1(a)의 경사면측 용착, (b)의 여유면측 용착의 두 종류가 있는데 어느 경우나 다듬질면, 가공 치수 정밀도를 악화시켜 최종적으로는 절삭날의 결손으로 이어진다.

이 용착 중에서 우선 경사면의 용착을 적게 하는 방법은

- 절삭 저항을 작게 한다(경사각을 크게 한다).
- 절삭날과 피삭재(칩)와의 마찰 계수를 작게 한다(절삭날 경사면의 거울면 랩 등).

등이 경험적으로 알려져 있다.

알루미늄용 바이트는 스로어웨이 바이트로는 최대인 $20°$ 포지티브 팁을 사용하고 더하여 $20°$의 브레이커를 연마 부가하여 도합 $27°$의 경사각을 갖고 있다. 이 큰 경사에 의한 절삭 저항의 경감에 더하여 날끝을 샤프 에지로 다듬어 더욱 내용착성을 향상시켰다.

다음에 여유면 용착의 대책은 피삭재의 절삭날과의 간격을 어떻게 크게 할 것인가가 포인트이다. 실용면에서는 여유각을 크게 잡는다. 즉 하이 릴리프의 설계가 효과를 올린다. 그림 2는 종래의 포지티브 바이트에 알루미늄용 바이트를 겹쳐 맞춘 그림으로 이 경사면쪽과 여유면쪽의 각도차가 내용착성을 크게 향상시키고 있다.

(2) 칩 처리성

한마디로 강가공에서 칩 처리는 칩을 연속 분단하는 것을 목표로 하고 있다. 그러나 알루미늄 선삭 가공에서는 알루미늄의 연성이 높으므로 칩을 분단하는 것은 불가능에 가까워 종래의 스로어웨이 바이트의 칩 처리와는 근본적으로 사고 방식을 바꿀 필요가 있다. 따라서 알루미늄 가공에서의 칩 처리는 어떻게 칩을 피삭재 또는 공구와 그 주변 기기에 엉켜 붙지 않도록 처리해 가는가가 중요한 열쇠로 되고 있다.

사진 1 양호한 칩의 흐름

알루미늄용 바이트를 개발할 때에는 칩의 흐름을 컨트롤하는 것에 중점을 두고 칩이 피삭재 등에 엉켜 붙지 않도록 칩 브레이커로 컬(curl)시켜 칩의 덩어리가 일정한 중량에 달할 때 그 자체 무게로 아래로 떨어져 나가도록 하는 배출 방법이 가장 좋다는 결론에 이르고 있다.

이상의 검토 결과로 설계된 브레이커 형상에 의하여 안정된 절삭 상태에서는 사진 1과 같이 알루미늄 가공이라고는 생각할 수 없는 양호한 칩의 흐름을 볼 수 있다.

그림 3은 알루미늄용 바이트의 브레이커 유효 범위를 나타낸 것이다.

이와 같이 내용착성, 칩 처리성을 향상시킨 결과 알루미늄 합금 A1070에서 다듬질면 거칠기 $1\sim2\mu m$ R_{max}와 고정밀도로 아름다운 광택이 있는 다듬질면을 얻는 데 성공했다.

● 채터링하기 쉬운 가는 가공물의 다듬질 가공

이 알루미늄용 바이트의 또 하나의 특징으로 강의 가느다란 지름 공작물 가공에도 위력을 발휘하는 것을 들 수 있다. 종래의 채터링이 발생하기 쉬운 가느다란 공작물 가공은 알루미늄 가공과 마찬가지로 납땜 바이트에 커다란 브레이커를 연마 부가한 공구가 주류로 스로어웨이식의 바이트는 쓸 수 없는 것으로 생각했다.

그러나 이 알루미늄용 바이트를 저강성(低剛性)의 피삭재에 사용하면 하이 포지티브의 효과에 의하여 피삭재의 채터링을 방지할 수가 있다(사진 2).

시험 데이터를 보면 그림 4와 같은 돌출물이 매우 채터링하기 쉬운 가공 상태에서 종래의 스로어웨이식 포지티브 바이트를 사용하면 절삭 개시와 동시에 채터링이 발생하여 사진 3과 같은 다듬질면으로 되었다.

여기에서 같은 절삭 조건하에서 알루미늄용 바이트를 사용하면 사진 4와 같이 전혀 채터링이 없는 안정된 다듬질면을 얻을 수 있다.

그림 5는 더 까다로운 테스트로 가공 지름을 $\phi 4.0$mm로 낮추어 절삭한 예인데 사진 5와 같은 안정된 다듬질면을 유지하고 있다.

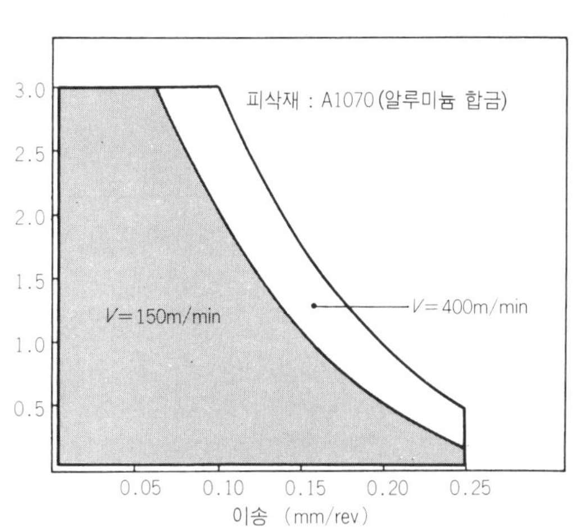

그림 3 브레이커의 유효 범위 절삭 깊이

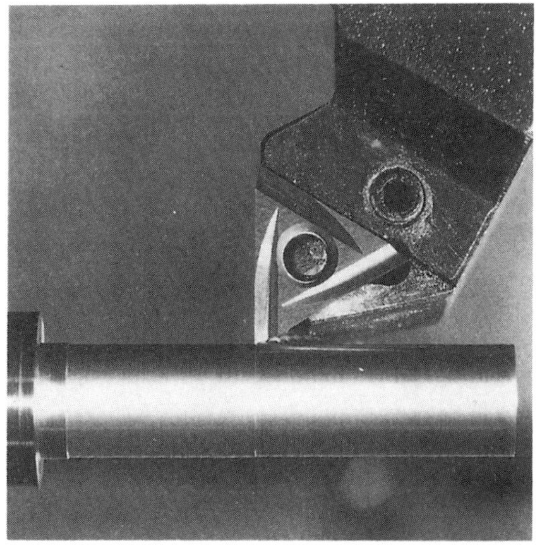

사진 2

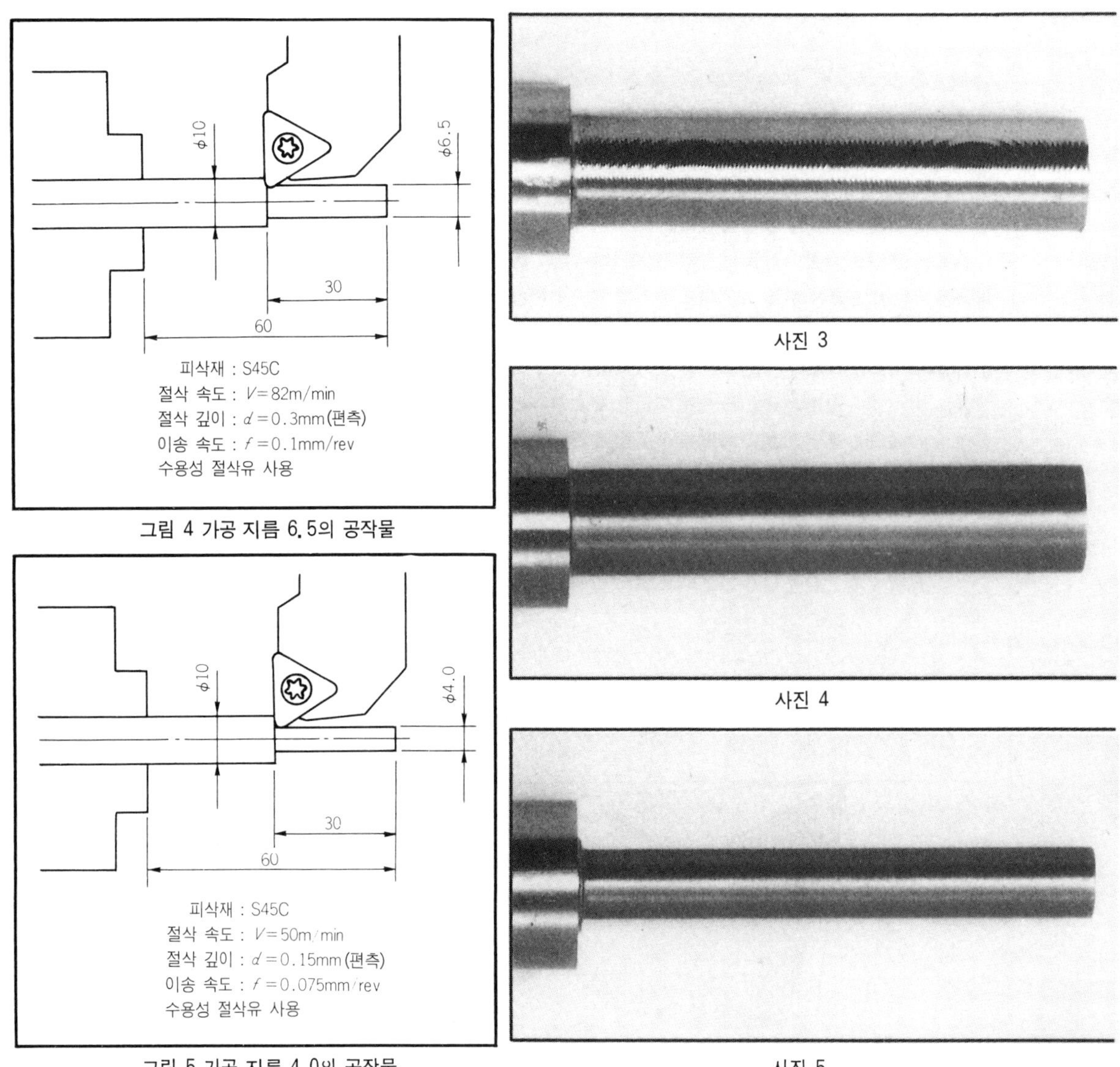

그림 4 가공 지름 6.5의 공작물

그림 5 가공 지름 4.0의 공작물

사진 3

사진 4

사진 5

기타 알루미늄용 바이트의 용도로는 동 등 비철금속 가공 전반에, 또 스테인리스강의 다듬질 가공에도 양호한 성능을 나타내 금후의 이용 기술에 의하여 새로운 가치를 찾아낼 수 있을 것으로 생각한다.

*　　*　　*

현재와 같은 강성 중시의 스로어웨이 바이트 속에서 절삭성을 추구한 바이트를 개발함으로써 납땜 공구와 숙련 기능에 의지할 수밖에 없었던 바이트의 스로어웨이화가 가능하게 되었다.

금후 더욱더 자동화·무인화가 파급되는 중에서 한 개라도 더 많은 공구를 스로어웨이화하기 위해서는 종래의 개념에 사로 잡히지 말고 새로운 공구를 추구해 나가는 것이 중요하다.

스테인리스강의 선삭 가공

　스테인리스강은 그 우수한 금속성 성질에 의해 여러 가지 분야에 이용되고 있다. 그러나 절삭 가공에서는 상당한 난삭성을 나타내 현재에도 대표적인 난삭재로 다루어지고 있다.

　이것은 스테인리스강이 갖는 재료 특성 그 자체가 절삭 가공시에 일반강과는 다른 특유의 현상을 나타내기 때문이다. 따라서 스테인리스강을 절삭할 때에는 이들 현상을 충분히 이해해야 한다.

　여기에서는 스테인리스강의 선삭 가공에서의 적정 공구 재종, 가공 조건, 칩 브레이커의 역할, 절삭 유제의 효과 등에 대하여 설명한다.

(1) 스테인리스강 가공에서의 유의점

　그림 1은 스테인리스강의 재료 특성과 절삭 현상의 관계를 나타낸 것이다. 스테인리스강의 난삭성을 불러 일으키는 재료 특성으로는

　① 가공 경화가 생기기 쉽다　② 공구 재료와의 친화성이 높다　③ 열전도율이 작다

의 세가지를 들 수 있다.

　그 결과 절삭날은 가공 경화층을 절삭하기 위하여 절삭 저항이 커져 채터링 진동이 발생하여 절삭날에 치핑이나 결손이 생기기 쉬워진다. 동시에 절삭날 용착물의 생성·탈락도 절삭날 이상 손상의 원인이 된다.

　또 절삭열이 분산되기 어려우므로 절삭날에 절삭열이 축적되어 이상한 경사면 마모나 소성 변형이 쉽게 생기고 있다. 이상과 같이 스테인리스강의 절삭에서는 어떻게 이들 현상을 작게 억제하느냐가 포인트로 된다.

(2) 공구 재료

　스테인리스강의 선삭에서 공구 재료에 요구되는 성능 특성으로는

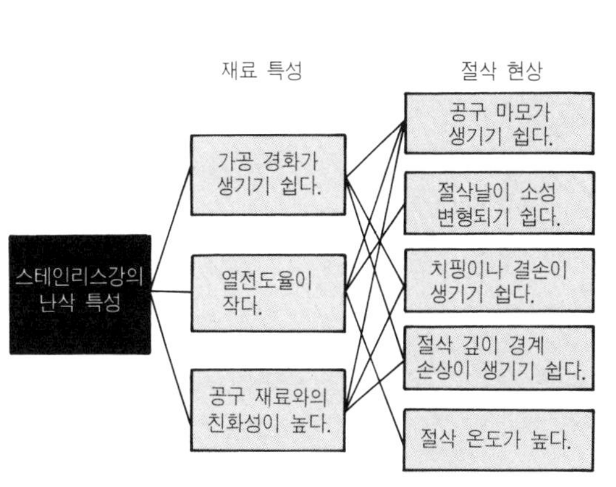

그림 1 스테인리스강의 재료 특성과 절삭 현상

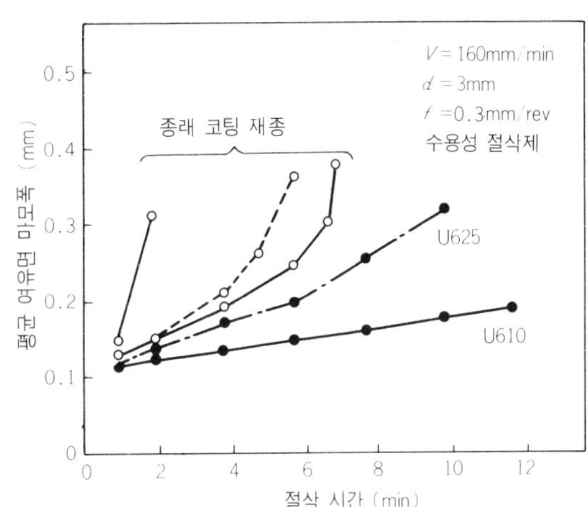

그림 2 코팅 초경에 의한 SUS 304의 선삭 가공에서의 마모

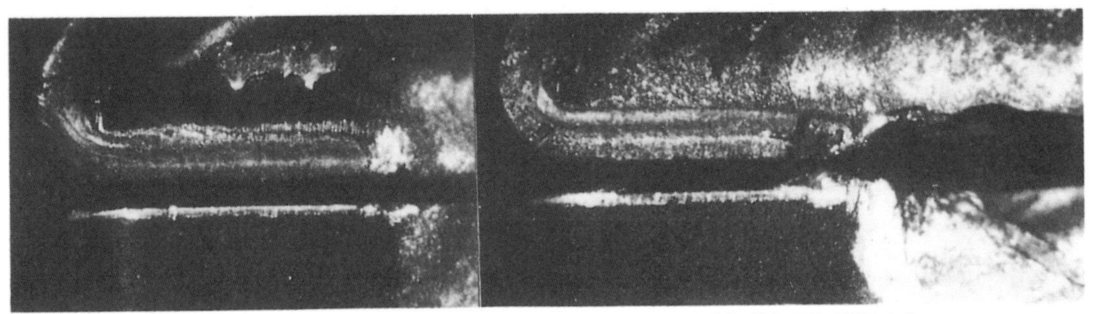

<table>
<tr><td>(a) 코팅 초경 U 610의 손상</td><td>(b) 종래 코팅 초경의 손상</td></tr>
</table>

사진 1 스테인리스강 절삭에서의 공구 손상 비교

① 내결손성이 우수할 것 ② 내마모성이 우수할 것 ③ 내용착성이 우수할 것 ④ 고온하에서도 경도를 잃지 않고 안정적일 것 등을 들 수 있다.

이런 것들을 고려해서 코팅 초경 합금과 초경 합금 중에서 스테인리스강의 선삭 가공에 알맞는 공구 재종을 소개한다. 코팅 초경에서는 미쯔비시 머티리얼의 UP 20 M(PVD : 물리 증착법에 의한 것)과 U 610, U 625(CVD : 화학 증착법에 의한 것)가 있다. 어느 것이나 코팅층에 내마모성, 내용착성, 열적 안정성이 높은 물질이 피복되어 있어서 고속 절삭이 가능한 재종이다.

UP 20 M은 초경 M 20에 비해 고속 절삭에서 장수명으로 적정 절삭 속도는 100~150m/min 정도이다.

U 610과 U 625는 고속 절삭에 좀더 적합하다. 그림 2는 그 2종으로 스테인리스강을 가공했을 때의 마모 진행을 나타낸 것인데 두 재료 종류 다같이 열적 안정성이 우수하여 고속 절삭에서도 잘 마모되지 않는 특징이 있는 것을 알 수 있다.

사진 1은 스테인리스강을 절삭한 U 610의 절삭날을 본 것인데 치핑이나 결손이 생기는 일 없이 안정된 마모 형태를 나타낸다. 또 지금까지의 코팅 재종에 비해서도 절삭날의 신뢰성이 높고 고속 절삭(적정 절삭 속도는 120~180m/min)에 의하여 가공 능률을 향상시키는 것이 가능하다.

초경 합금 중 스테인리스강의 절삭에 적합한 것은 강인 재종으로서 절삭날의 신뢰성이 우수한 특성을 갖는 공구 재종이다.

작은 부품이나 가공물의 형상, 구조, 기계 강성 등의 점에서 절삭 속도를 올릴 수 없는 경우 또 절삭 상태가 불안정하여 채터링이나 진동이 따르기 쉬울 때는 코팅 초경으로는 가공 정밀도를 얻지 못하거나 치핑, 결손 등 절삭날에 이상 손상이 생기기 쉬워진다. 이런 경우에는 초경 합금 UTi20T, STi40T가 적합하다. 이들 재종은 어느 것이나 내결손성이 우수하다.

그림 3은 초경 합금으로 스테인리스강을 절삭했을 때의 마모 진행을 나타낸 것이다. 코팅 초경에 비해 내마모성이 떨어지므로 고속 절삭은 안되지만, 가공 경화나 용착에 의한 절삭날의 치핑이나 결손이 잘 생기지 않으며 안정된 마모 진행을 나타낸다.

(3) 칩 브레이커

칩 브레이커에 요구되는 성능 특성으로는

① 절삭성이 좋고 절삭 저항, 절삭열을 억제하는 형상일 것 ② 절삭날 강도가 높을 것 ③ 능률이 좋은 칩 처리가 가능할 것 등을 들 수 있다.

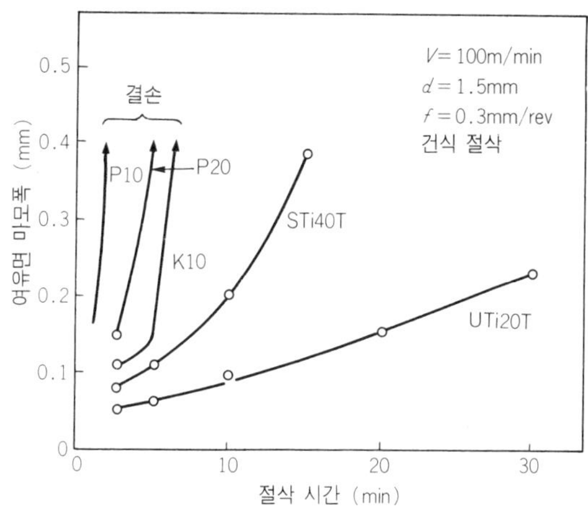

그림 3 초경 합금에 의한 SUS 304의 선삭 가공에서의 마모

이들 중 어느 것인가에 불만족한 점이 있다면 적정 공구 재종이라 할지라도 잘 가공되지 않는 경우가 많다.

스테인리스강 절삭에 적합한 칩 브레이커는 절삭날의 랜드부가 포지티브 랜드로 설계되어 있으므로 절삭 저항, 절삭열 등은 다른 브레이커에 비해 낮은 값을 나타내고 있다. 또 절삭날의 용착도 억제하는 효과가 있다.

MA 브레이커는 일반용, 모방 가공 등에 쓰이며, MS 브레이커는 절삭 저항의 감소에 중점을 둔 것이다.

(4) 절삭 유제

스테인리스강의 절삭에서는 절삭날의 용착, 절삭열의 상승을 억제하기 위해 절삭 유제를 쓰는 것이 가장 간단하며 효과가 큰 방법이다. 절삭 유제를 사용하면 공구 마모도 50% 정도 감소된다.

또 절삭날의 용착에 의한 치핑이나 결손 등도 생기기 어려워져 절삭날의 신뢰성이 증가한다.

위스커 강화 세라믹 공구에 의한 내열강의 선삭

  최근에는 난삭재를 대표하는 인코넬, 하스텔로이 등의 내열 합금을 고능률로 절삭하는 가공 기술의 확립이 중요한 과제로 되고 있다. 이들 내열 합금을 가공하는 공구로는 지금까지 일반적으로 초경 합금 공구가 사용되어 왔는데 초경은 성분으로 코발트를 함유하므로 날끝 온도가 850℃ 이상이 되면 급격히 연화되어 강도가 떨어지는 결점이 있다. 이 때문에 날끝 온도가 높아지지 않도록 절삭 속도를 늦출 수밖에 없으며, 따라서 생산성이 현저히 낮아져 비능률적인 작업을 강요당하게 된다.

  한편 고속 가공용 공구로는 세라믹 공구가 있지만 일반적으로 인성이 낮고 내충격성도 나쁘므로 공구의 결손 및 열부하에 의한 균열이 생기기 쉬운 문제점이 있다.

위스커 강화 알루미나 절삭 공구

  종래의 세라믹 공구의 결점을 해소하는 방법으로 세라믹 속에 위스커라 부르는 단결정재를 분산시켜 모재의 인성과 내열 충격성을 향상시킨 위스커 강화 알루미나 절삭 공구가 미국의 국립 연구소에서 개발되어 GE사(제너럴 일렉트릭) 등의 항공 엔진 메이커에서 니켈기의 내열 합금의 고속 가공용 절삭 공구로 효과를 올리고 있다.

  이 위스커 강화 알루미나 절삭 공구는 상품명을 "WG 300"이라 하며 「日鐵超硬」이 미국의 그린·리프사에서 수입, 판매하고 있다. 여기에서는 WG 300에 의한 내열 합금의 선삭 예를 중심으로 설명한다.

  사진 1은 위스커 강화 알루미나 절삭 공구 WG 300의 현미경 사진인데 알루미나 속에 외경 0.6μm, 길이 10~80μm인 탄화

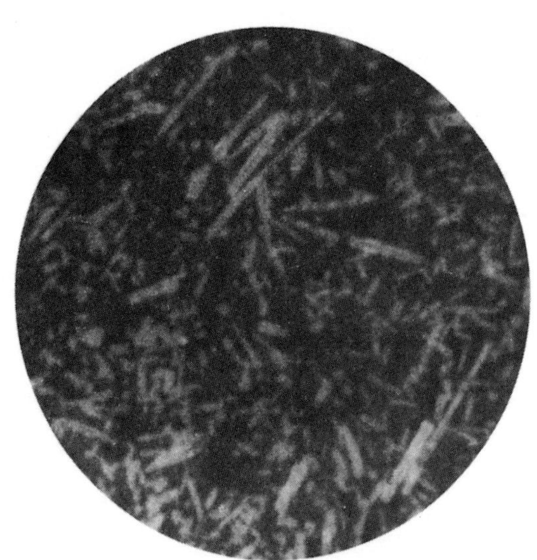

사진 1 WG 300의 조직 (×1000)

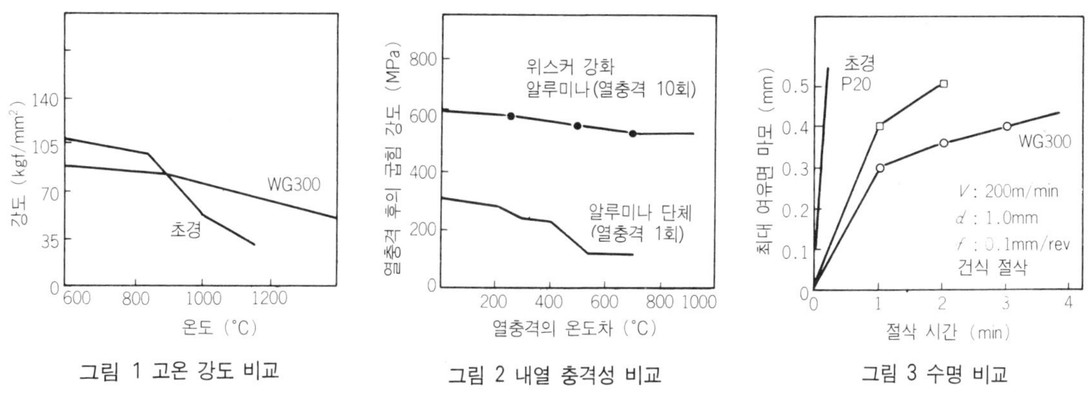

그림 1 고온 강도 비교   그림 2 내열 충격성 비교   그림 3 수명 비교

규소 위스커가 약 30% 분산, 혼입되어 있다.

그림 1은 WG300과 초경 공구의 고온 강도를 비교한 것이다. 그림에서 알 수 있듯이 WG300은 850℃ 이상의 고온에서도 연화되지 않으므로 고속 절삭이 가능하다. 또 위스커가 균열 진전을 막아주는 역할을 하여 파괴 인성값이 흑(黑)세라에 비해 약 2배이고 신뢰성의 지표인 와이불 계수도 약 3배이다. 또 내열 충격성은 그림 2와 같이 1000℃의 열충격에 대하여 강도의 열화가 적어 반(半)이상의 강도 열화로 되는 알루미나 단체에 비해 우수하다. 이 밖에 공구 수명의 비교를 그림

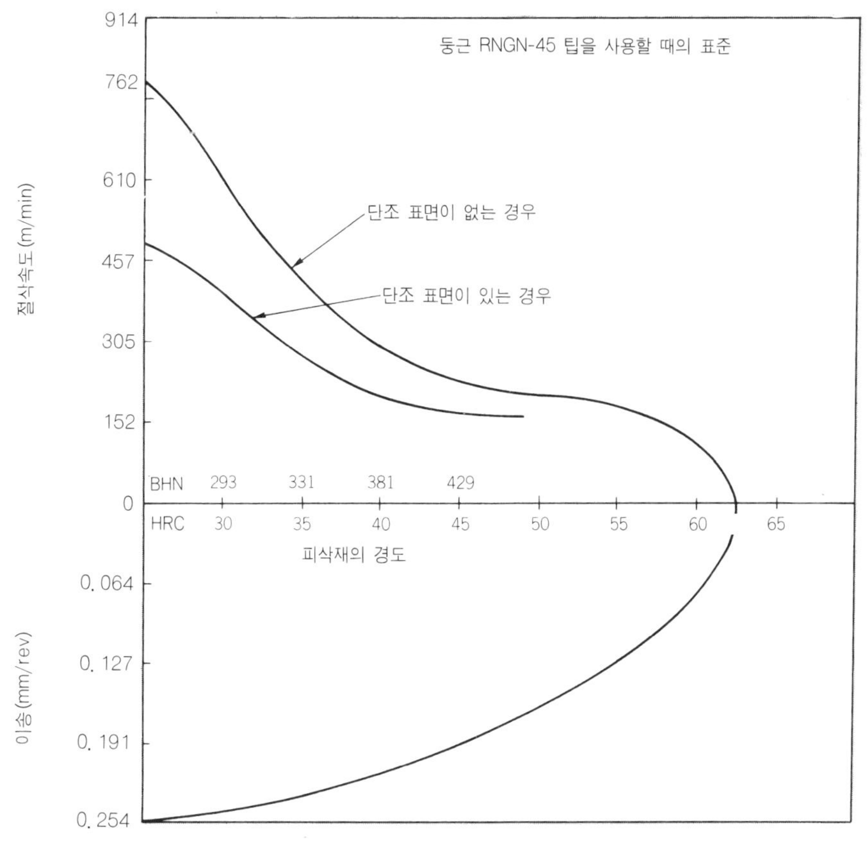

그림 4 WG 300에 의한 니켈기 합금강의 절삭 속도·이송량 권장값

표 1 피삭재의 주성분 (%)

	재 질	Ni	Cr	Co	Mo	W	Fe
단조품	인코넬 718	52.5	19		3		18
	하스텔로이 X	47.5	22	1.5	9	0.6	18.5
	인코넬 625	62	21.5		9		2.5
주조품	인코넬 713 C	76	12.5		4		

표 2 인코넬 718 (HRC 41~44)의 절삭 권장 조건

	둥근형 RNGN45		정사각형 SNGN433		마름모형 CNGN433
절삭 속도(m/min)	300		300		300
이 송(mm/rev)	0.15	0.20	0.10	0.15	0.10
절삭 깊이(mm)	~3.0	~2.0	~3.0	~2.0	~0.18

3에 표시했다. 인코넬 718재를 초경 공구 P20, 흑세라 및 WG300으로 200m/min의 고속 절삭을 한 데이터이다. 그림과 같이 가장 마모가 작았던 것이 WG300이다.

니켈기 합금의 권장 절삭 조건

일반적으로 니켈기 합금을 절삭할 경우 절삭 속도와 이송의 권장값은 그림 4와 같이 피삭재의 경도에 따라 결정된다. 이 권장값은 ⌀12.7mm의 둥근 팁을 사용하여 절삭 깊이 3.2mm로 인코넬 718재를 절삭할 때의 것으로 피삭재의 종류, 공구 형상, 절삭 깊이, 홀더의 어프로치각이 다를 때는 보정이 필요하게 된다. 또한 피삭재의 표면이 단조 표면일 때는 그림 4와 같이 절삭 속도를 25~50% 내릴 필요가 있다. 또 공작 기계의 속도가 권장값까지 올라가지 않을 때나 공작 기계, 피삭재의 강성이 작을 때에도 권장값은 보정이 필요하다. 어디까지나 단조품에 한한 권장값으로 주조품에 대해서는 다른 수치로 된다. 표 1은 니켈기 합금의 피삭재 주성분을 나타낸 것이다.

니켈기 합금인 다음의 단조 내열 합금의 환봉을 선삭한 결과를 소개한다.

(1) 인코넬 718의 선삭 예

외경 80mm, 길이 250mm, 경도 HRC 41~44 인 시효 경화된 인코넬 718의 최적 권장 절삭 조건을 구하면 표 2와 같은 값을 얻는다. 또 이 권장값을 구하는 과정에서 다음과 같은 것을 알 수 있다.

① 절삭 속도를 200, 300, 350m/min, 이송을 0.1, 0.15, 0.2mm/rev로 조합하고 절삭 깊이량을 1mm로 일정하게 한 결과 절삭 속도는 300m/min가 가장 적당했다.

② WG300에 의한 고속 절삭에서는 공구 형상에 의하여 비절삭 저항은 변하지 않으므로 피삭재의 가공 형상이 허용한다면 둥근 팁을 권장한다. 둥근 팁은 다른 형상의 팁에 비해 마모량이 적고 다듬질면 거칠기도 좋은 것이 특징이다. 또 사진 2와 같이 칩은 컬되어 처리하기 쉽다.

③ 둥근 것 이외의 형상 공구를 쓸 경우는 코너 R가 큰 팁 및 홀더의 어프로치각이 큰 것이 경계 마모가 적어진다. 예를 들어 정사각형 팁은 SNGN432보다 SNGN433, 홀더의 어프로치각은 15° 보다 45° 쪽

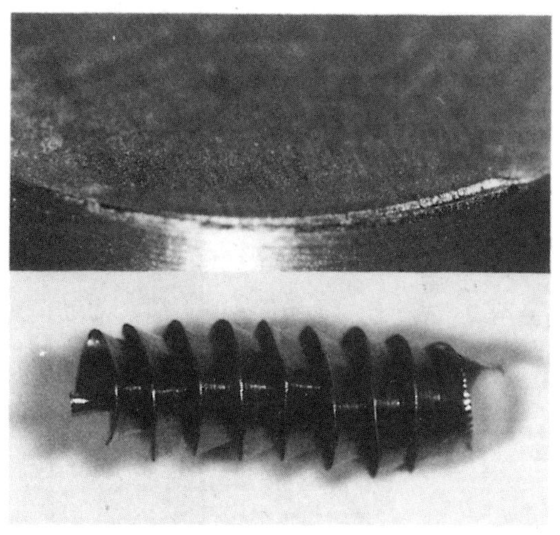

사진 2 인코넬 718 절삭시의 공구 마모와 칩

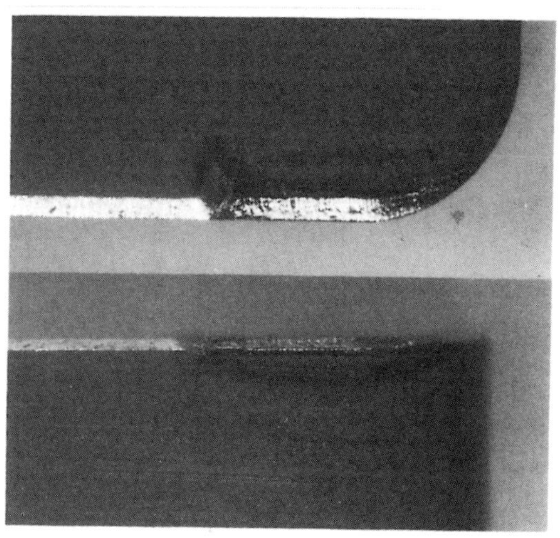

사진 3 모떼기한 경우(상)와 모떼기하지 않은 경우(하)의
공구 마모의 차이

사진 4 단조 표면이 없는 하스텔로이 X의 외면 선삭시의
공구 마모

이 권장된다. 또 마름모꼴 팁은 코너 R를 15% 이하의 절삭 깊이량으로 하면 경계 마모의 억제가
가능하다. 예를 들어 1.2 mm인 코너 R의 경우 0.18mm 이하의 절삭 깊이를 권장한다.

④ 피삭재의 절삭 개시단(端)을 **사진 3**과 같이 모떼기하면 하지 않을 때보다 경계 마모의 발생
을 억제할 수 있다. 또 단이 있는 부품의 모서리부를 가공할 때는 피삭재의 버 등의 접촉으로 팁
이 손상되기 쉬우므로 이송을 50 % 낮추거나 버가 말려들어 가기 직전에 잘라낼 필요가 있다.

⑤ 피삭재의 표면에 단조 표면이 있을 때에는 **그림 4**와 같이 절삭 속도와 이송을 감소시킴과 동
시에 절삭중의 절삭 깊이량을 바꾸는 것으로 경계 마모의 발생을 제어할 수가 있다.

(2) 하스텔로이 X의 선삭 예

외경 105mm, 길이 400mm, 경도 HRC 7~11 인 단조 표면이 없는 하스텔로이 X의 최적
권장 절삭 조건을 구한 결과 다음과 같은 것을 알았다.

① 절삭 속도를 350, 400, 450, 500 m/min, 이송을 0.15mm/rev, 절삭 깊이량을 1mm로
일정하게 한 결과 절삭 속도 450m/min에서 가장 공구 마모가 적었다. 사진 4는 그 때의 공구 마
모의 모습이다.

② 상기 ①의 조건하에 초경, 코팅, 질화규소의 각 공구로 절삭했더니 어느 것이나 현저한 마모
를 나타냈다. 흑세라 공구에서는 단속 절삭 등의 충격에 의한 결손이나 냉각재의 접촉이 나쁠 때
열충격에 의한 균열이 확인되어 WG 300이 가장 우수했다.

③ 단조 표면의 가공에서는 절삭 속도를 상기 최적 절삭 속도 450m/min의 50~75%로 감소시
키는 편이 공구 마모가 적다는 것을 알았다. 사진 5는 그 때의 공구 마모의 모습이다.

④ 폭 3.175mm의 홈절삭 팁으로 이송을 0.03mm/rev, 홈절삭 깊이를 5mm로 했더니 절삭
속도는 450 m/min편이 250m/min에 비해 공구 마모가 적고 또 냉각재를 사용하는 편이 마모
가 적다는 것을 알았다. 사진 6은 그 때의 공구 마모의 모습이다.

(3) 인코넬 625의 선삭 예

외경 105mm, 길이 350mm, 경도 HRC14인 인코넬 625의 최적 권장 절삭 조건을 구한 결

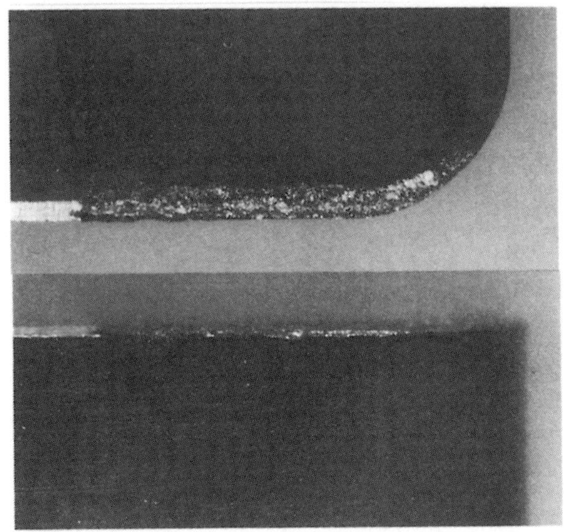

사진 5 단조 표면이 있는 하스텔로이 X의 외면 선삭시의 공구 마모

사진 6 단조 표면이 없는 하스텔로이 X의 외면 홈절삭시의 공구 마모

과 다음과 같은 것을 알았다.

① 절삭 속도를 300, 350, 400, 500, 600m/min, 이송을 0.10, 0.15, 0.20mm/rev로 조합하고 절삭 깊이량을 1mm로 한 결과 절삭 속도는 600m/min, 이송은 0.10mm/rev가 최적이었다. 이 때의 경계 마모와 여유면 마모는 각각 0.205mm와 0.165mm였다(절삭 길이 170mm).

② 저속도, 고이송의 절삭 예로 절삭 속도 70m/min, 절삭 깊이 1mm를 일정하게 하고, 이송을 여러 가지로 바꾼 결과 1.0mm/rev에서는 즉시 파손되었는데 0.5mm/rev에서는 파손되지 않았다.

그러나 경계 마모량은 0.435mm로 고속도, 저이송에 비해 약 2배의 값을 나타냈다.

주조 내열 합금의 선삭 예

일반적으로 주조품의 경우는 단조품에 비해 이송을 작게 하고 절삭 속도를 빠르게 할 필요가 있다.

외경 80mm, 길이 150mm, 경도 HRC 37~39인 인코넬 713C의 최적 권장 절삭 조건을 구했다.

절삭 속도를 300, 450, 460, 480, 500m/min, 이송을 0.05, 0.06, 0.08, 0.15mm/rev의 조합으로 절삭한 결과 절삭 속도 480m/min, 이송 0.06mm/rev가 가장 적합했다.

*   *   *

4종류의 내열 합금에 대하여 위스커 강화 알루미나 절삭 공구 WG 300에 의한 선삭 실험을 했다. 이 종류의 재료 고속 선삭에서는 역시 WG 300이 가장 적합했다.

이 밖에 적용 가능한 재료로는 와스파로이, 인코로이 901 등을 들 수 있다.

단결정 다이아몬드 공구에 의한 초정밀 선삭 가공

　다이아몬드는 공구 재료로 여러 가지 특징을 가지고 있으므로 세라믹 가공이나 초정밀 절삭 가공 등 용도가 넓다. 다이아몬드 공구를 사용한 거울면 절삭 가공 사례가 발표된 것은 1966년이 처음이라고 하지만 가공 기계, 재료나 주변 기술 등의 정밀화와 진보에 따라 급속히 보급되어 왔다.

　초정밀 가공에 의하여 얻을 수 있는 거울면의 형상 정밀도나 표면 거칠기를 고정밀도로 달성하기 위해서는 공구의 절삭날이 예리해야 한다. 날끝의 예리한 정도뿐만 아니라 좋은 공구란 무엇인가 하는 물음의 답은 현재까지도 명확하지 못하다.

　여기에서는 다이아몬드 공구측에서 본 초정밀 절삭 가공의 나노미터 테크놀러지(1nm=0.001 μm)의 일부를 알아보기로 한다.

● 천연 다이아몬드와 인공 다이아몬드

　자연에서 산출되는 다이아몬드는 품질이 고르지 못하고 색, 모양, 크기도 가지각색이다. 투명하고 양질인 단결정은 보석용으로 쓰인다. 단결정 중에서도 함유물이 너무 많고 색이 나빠 보석으로 쓸 수 없는 원석이 공업용으로 된다. 채굴된 전체 다이아몬드 중에서 보석용으로 쓰이는 비율은 겨우 1/4 정도이다.

　결정의 결함과 불순물이 적은 것이 초정밀 절삭 가공 공구로 적합한 돌이라 할 수 있는데 이와 같은 돌은 보석용으로도 쓸 수 있어서 값이 비싸다. 따라서 공업용 중에서 초정밀 절삭 가공용에 알맞는 돌을 선별하는 것이 중요하지만 자칫하면 경험적으로 하게 되므로 반드시 충분한 특성을 지닌 원석이 골라진다고는 할 수 없다.

　인공 다이아몬드는 최근에 와서 다이아몬드 공구로 쓰일 수 있는 크기의 것이 합성되어 절삭 가공에 많이 쓰이게 되었다. 초정밀 절삭 가공에 적당한 다이아몬드의 특

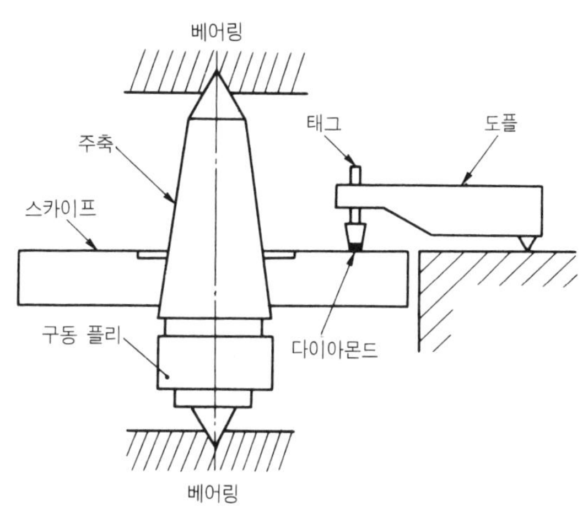

그림 1 다이아몬드 연마 장치

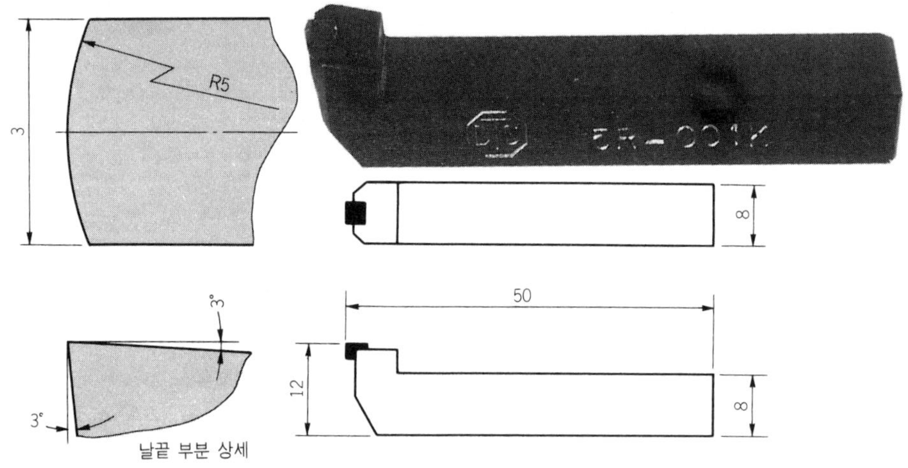

그림 2 다이아몬드 공구(R 바이트의 예)

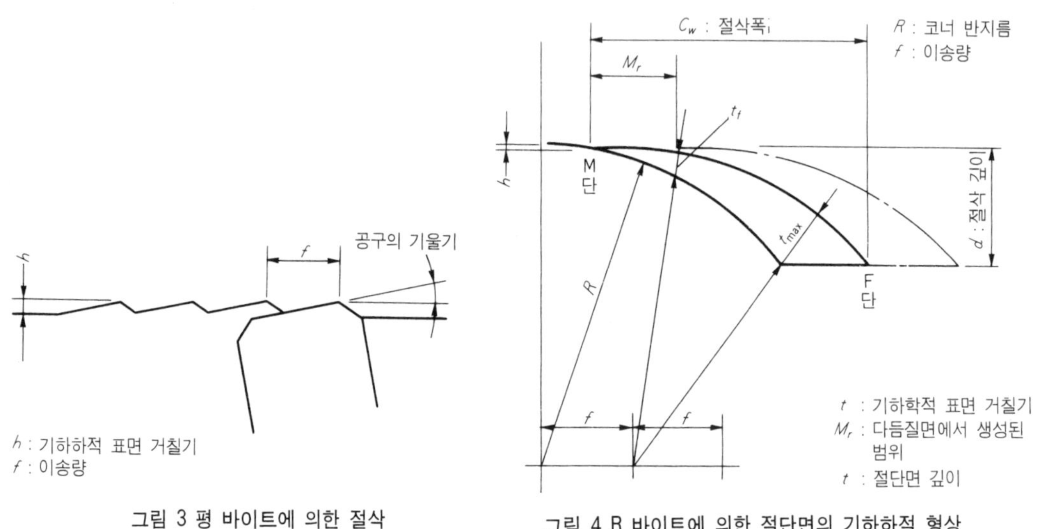

그림 3 평 바이트에 의한 절삭   그림 4 R 바이트에 의한 절단면의 기하하적 형상

성이 분명해지고 또 그것이 저렴하게 합성된다면 장래는 더욱더 많이 쓰이게 될 것이다.

● 공구 형상과 절삭 단면 형상

다이아몬드 보석이나 공구는 그림 1과 같은 장치로써 연마한다. 다이아몬드 숫돌을 올리브유로 녹인 페이스트를 도포한 스카이프(scaife)라 부르는 주철제 원반에 다이아몬드를 도프의 끝부분에 고정된 태그를 밀어붙여 연마한다.

장치나 기구는 전통적인 것으로 작업은 기능자의 오랜 세월에 걸쳐 쌓은 경험과 기술에 의하는 경우가 많아서 초정밀 절삭 가공용의 공구를 연마할 수 있는 기능자는 공구 메이커 각사마다 1~2명 정도이다. 그러나 최근에는 좋은 공구의 요구에 맞추어 연마기의 베어링에 정압 베어링을 넣는 등 연마 기술도 진보되었다.

초정밀 절삭 가공에 적합하게 쓰이는 공구의 예를 그림 2에 표시했다. 수 mm 이하의 코너 반지름을 가진 R 바이트와 날끝이 평평한 평 바이트로 나누어진다.

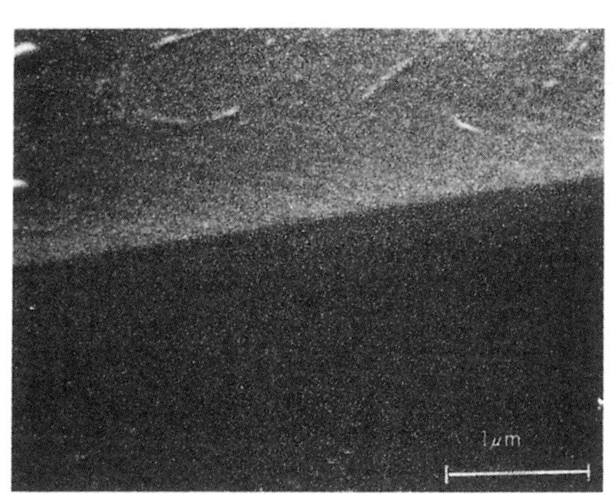

사진 1 다이아몬드 공구 날끝의 SEM 사진

사진 2 순알루미늄 절단면 : f =31μm/nev

평 바이트에 의한 절삭은 그림 3에 표시한 것과 같이 창성된다.

공구의 이송 때마다 톱날 모양의 절삭면이 되는데 공구의 기울기를 잘 설정하면 그림 중에 표시한 h가 거의 0으로 되어 전혀 절삭 흔적(이송 마크)이 없는 거울면을 얻을 수가 있다. 디스크 기판이나 다면경 등의 절삭 흔적을 꺼리는 절삭에서는 이들 평 바이트가 쓰이는데 공구의 기울기 조정에 고도의 기술이 필요하다.

R 바이트에 의한 절삭에서는 절삭 흔적은 남지만 절삭 저항이 낮으므로 공구의 기울기 조정은 필요 없다.

평 바이트는 평면 절삭에는 상태가 좋은 반면 구면(球面)이나 비구면 형상을 절삭하는 데는 R 바이트가 아니면 안되므로 설삭 기구를 생각할 때는 R 바이트가 기본이 된다.

그림 4는 R 바이트를 썼을 때 절삭 단면의 기하학적 형상을 표시한 것이다. 절삭폭 C_w 전역의 원호가 거울면이 되는 것이 아니라 다음 절삭에서 깎여 나가고 이송량 f에 해당하는 M_r부분만이 거울면으로 남는다.

h는 삼각형 모양의 절삭 남김 높이로 코너 반지름 R과 이송량 f로부터 기하학적으로

$$h = R - \sqrt{R^2 - \left(\frac{f}{2}\right)^2} \fallingdotseq \frac{f^2}{8R}$$

으로 구한다.

이 h를 기하학적 표면 거칠기라 하고 절삭면의 거칠기는 날끝의 예리한 정도에 의하여 이보다 나빠진다. 예리한 날끝의 공구로 절삭하면 기하학적 표면 거칠기에 가까운 절삭면이 얻어진다.

기하학적 표면 거칠기 $h=0.01\mu$m가 얻어지는 조건 ($R=5$mm, $f=0.02$mm)으로 그림 4에 표시한 절삭 단면 깊이 t_f를 계산하면 80nm로 된다. 양질의 거울면을 얻으려면 80nm 이하 두께의 절삭이 정확하게 이루어져야 한다. 또 공구의 날끝은 그것에 부응할 만한 예리함을 갖고 있어야 한다.

● 절삭날 모서리 둥글기 반지름과 절삭면

공구의 경사면과 여유면이 교차하여 이루어지는 모서리(날끝)는 둥글기를 갖고 있다. 사진 1은 날끝을 16000 배로 촬영한 SEM(주사 전자 현미경) 사진이다. 평면 사진에서 입체 형상인 절삭

사진 3 알루미늄 합금의 절삭면 : $f = 34\mu m/nev$

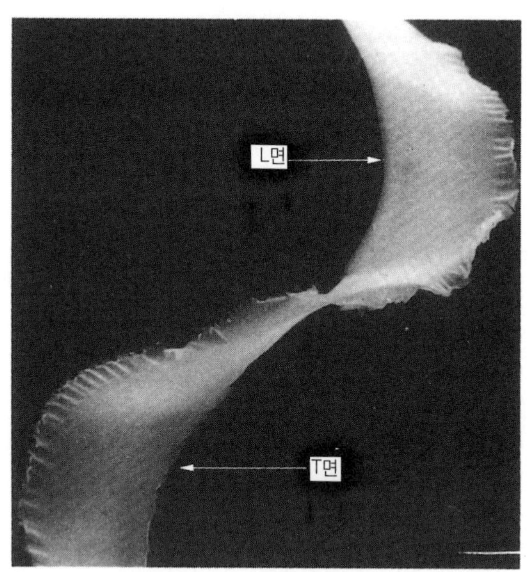

사진 4 R 바이트에 의한 절삭

날 모서리 둥글기 반지름을 측정하는 것은 어려운 일이지만 사진 중의 스케일의 $1/10 \sim 1/20$을 끊고 있다고 추정하면 50nm 이하의 절삭날 모서리 둥글기 반지름이라고 할 수 있다.

사진 2, 3은 노멀 스키 미분 간섭 현미경 사진으로 거울면의 모양을 알 수 있는 대표적인 예이다. 어느 쪽이나 코너 반지름 5mm인 R 바이트로 절삭하고 절삭 조건은 그다지 좋지 않은 예이다(좋은 절삭면은 평탄하여 사진으로 되지 않는다). 노멀 스키 미분 간섭 현미경은 1nm까지의 단차가 식별되며 표면의 요철이 과장되어 보인다. 사진 2는 순알루미늄의 절삭 예이다. 소재에 내재되어 있는 변형이나 전위(轉位)의 영향이 절삭에 의하여 표면에 나타나 있다. 오른쪽으로 올라가는 경사진 선이 R 바이트의 궤적이며 원호 홈으로 되어 있다. 원호 홈의 가장자리는 예리하여 R 바이트의 코너 형상이 잘 전사되어 있다.

사진 3은 알루미늄 합금의 절삭 예로 전사성은 좋지 못하다. 더구나 날끝에 치핑이 있어서 그 흔적이 금으로 되어 있다. 거울면을 잘 관찰하면 처음 부분과 끝부분에 있는 금이 보인다. 이것을 스크래치라 하며 재료의 단단한 입자가 날끝으로 절단되지 않은 채 끌려가거나 날끝에 부착되어 거울면에 생긴 금이다. 절삭성이 나쁜 공구에서는 스크래치가 일어나기 쉽고 또 코너 반지름이 같은 장소에서 잘 발생된다. 그대로 사용하면 날끝의 치핑이 차츰 커진다. 큰 주름같이 보이는 것은 결정 입계(粒界)이며 결정 입자마다 단차가 생겨 있다. 이 입계 단차는 절삭 조건을 적절히 선택하고 절삭성이 좋은 날끝 공구에 의하여 줄일 수가 있다.

● 칩

거울면 가공에 의하여 얻어지는 칩의 대부분은 거울면 창성 부분(M단(端)이라 한다)을 외측으로 한 원호 모양으로 휘고 동시에 자유면은 내측으로 젖혀져 있다. 덧붙여서 절삭을 사과깎기에 비교하면 벗긴 사과 껍질의 표면을 자유면(L면)이라 하고 칼로 깎여진 속살쪽의 면을 공구면(T면)이라 한다.

사진 4는 L면과 T면이 동일 시야로 관찰되는 칩 사진이다.

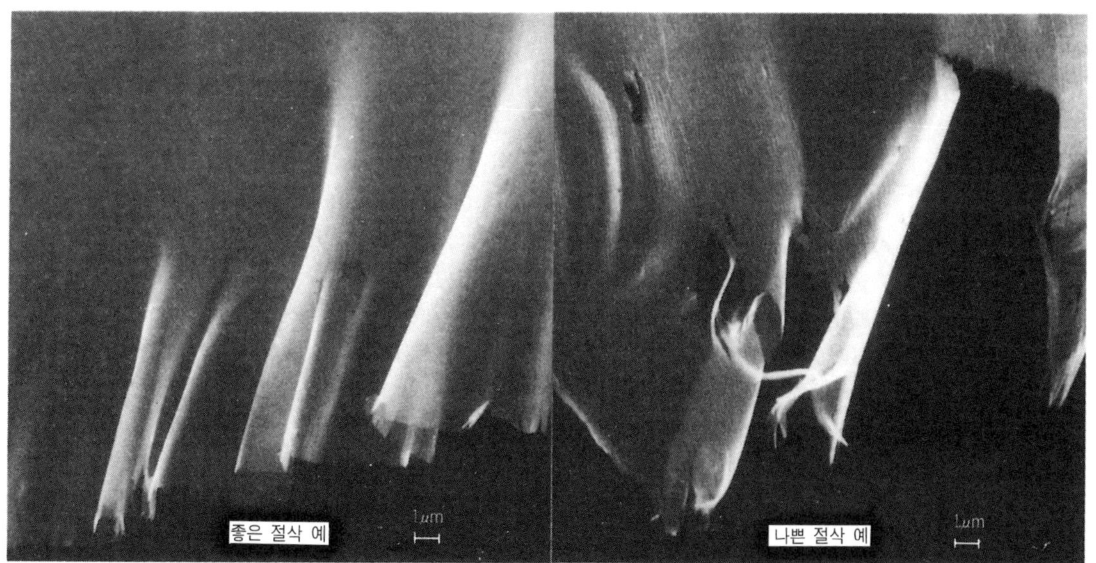

사진 5 거울면 창성 부분의 칩

L면에 라메러 모양이 보이고 T면은 거울면으로 되어 있어서 양자는 쉽게 식별된다. 공구에 의하여 칩이 만들어질 때 L면은 강하게 굽혀져 라메러 모양이라고 하는 모양이 생긴다.

사진 5의 왼쪽은 예리한 날끝의 공구로 절삭한 예이고 M단의 형상이 깨끗이 가지런히 되어 있어서 좋은 절삭이 이루어졌음을 나타낸다. 한편 오른쪽은 칩이 크게 손상되어 있다.

이와 같은 칩의 절삭면은 스크래치도 많아 좋은 거울면으로 되어 있지 못하다. 큰 균열은 칩의 열수축이나 공구면에서의 마찰 또는 부착에 의하여 된 것으로 생각된다. 가느다란 주름과 끝부분이 가느다란 라메러 모양은 피삭재와 절삭의 상태에 따라 달라지며, 예리한 날끝의 공구를 써서 좋은 절삭 조건하에서 가공하면 훨씬 적어진다. 특히 양호한 절삭 상태에서는 라메러 모양은 간격이 좁아지고 결정 입자마다의 차이도 적어진다.

칩 브레이커와
그 선택 기준

칩 브레이커의 기능은 칩을 분단하는 것
으로 특히 강의 선삭 가공에서 중요한
역할을 하고 있다. 만일 칩이 분단되
지 않으면 피삭재에 감겨 붙은 채로
회전하거나 오퍼레이터를 향하여
뻗어와서 위험하다.

최근에는 안전상의 문제에
더하여 가공 능률의 향상면
에서도 큰 문제로 되고 있
다. 즉 인력 절감화에 의한 NC기의 복수대 관리나 로봇에 의한 무인화, 야간 운전 등 칩 처리가
공정 자동화의 큰 장애가 되는 경우도 늘고 있다. 또 칩 브레이커는 단순히 칩을 분단할 뿐만 아
니라 공구 수명의 연장, 절삭 저항의 경감, 다듬질면 거칠기의 개선 등 팁의 종합 성능을 높이는
역할도 하고 있다.

칩 브레이커는 용도에 따라서 여러 가지 종류가 있다. 피삭재나 절삭 조건이 약간 달라도 칩 처
리를 크게 변화시키는 경우가 있기 때문에 그 용도를 확실히 구별해 가장 적합한 칩 브레이커를
선택하는 것이 중요하다.

여기에서는 칩 브레이커 선택의 기본적인 사용 방식과 실례에 의거한 선택 기준에 대하여 설명
한다.

종 류

칩 브레이커를 크게 나누면
① 스로어웨이 팁의 상면에 칩 브레이커 피스를 놓고 폭을 조절하는 타입
② 팁 자체에 숫돌로 칩 브레이커 홈을 연마 부가한 타입
③ 금형에 의해 팁에 요철을 붙인 타입
의 세 가지 종류가 있다.

①은 팁 자체에 브레이커를 갖지 않고 다듬질용, 막깎기용의 전용 브레이커 피스 또는 여러 단
계로 조정되는 칩 브레이커 피스를 고정시킨 것으로 특히 세라믹 공구에 많이 쓰이고 있다. ②,
③에 대해서는 표 1에 요약해 보았다. 우선 ②는 연마 부가한 브레이커라 부르며 절삭날이 연삭되
어 샤프하여 절삭성이 우수한 특징이 있으나 오른쪽, 왼쪽 어느 한쪽만의 전용 브레이커로 된다.

표 1 칩 브레이커의 종류

형식		3차원형		전주(全周)홈형		연마 부가형	
특징		칩에 변형을 주는 방법을 연구함으로써 칩 처리 범위를 넓게 한 3차원 브레이커.		팁 강도와 경제성이 뛰어난 전주홈붙이의 브레이커.		오른쪽·왼쪽 방향에 연마 부가한 브레이커. 절삭성이 우수하다.	
용도		다듬질 절삭~중(重)절삭		경절삭~막깎기 절삭		다듬질 절삭~중(中)절삭	
브레이커 분류		돌기형	딤플형	원호형	각도형	와이드형	평행형
적용 팁	형상	삼각·사각·마름모형		삼각·사각·마름모형		삼각·사각·마름모형	
	사이즈	소~대 (내접원 6.35~31.75mm)		중~대 (내접원 6.35~25.40mm)		소~중 (내접원3.97~12.70mm)	
	M 급	●	●	●	●		
	G 급					●	●
브레이커 예	기호	UU	MU	UJ	UZ	W	UM
	외관						

서멧, 초경 등에 비교적 많이 쓰이고 있다.

브레이커의 모양으로 절삭날에 나란한 평행형과 그렇지 않은 와이드형이 있는데 와이드형은 포지티브 팁에 쓰이는 경우가 많고 다듬질 전용이다. 평행형에는 다시 각도형과 원호형의 두 종류가 있다. 일반적으로 각도형쪽이 낮은 이송에 유효하지만, 어느 것이나 브레이커의 폭에 따라 경절삭에서 황절삭까지로 적절한 선택이 가능하다. 범용 절삭에는 2.0mm 정도의 폭이 적당하다.

다음에 ③은 형입(型押) 창성 브레이커로 브레이커를 연마 부가할 필요가 없기 때문에 경제적이고 칩 처리 범위도 넓어지는 특징이 있다. 이것은 코팅, 서멧에 주로 쓰이고 복잡한 불링에 대응되는 브레이커로 폭넓게 쓰이게 되었다. 이것은 표 1과 같이 전주(全周)홈형과 3차원형으로 나누어지며 어느 것이나 방향 구별 없이 쓰인다.

전주 홈형은 구조가 간단하며 강도와 경제성이 우수하나 복잡한 툴링에는 적합하지 않다. 이것은 절삭날에 직각 방향으로 잡은 단면이 어느 위치에서나 같은 형상으로 되어 있기 때문에 특히 절삭 깊이가 다듬질 절삭~중(中)절삭으로 변동되는 경우에는 대응이 어렵다.

이것에 반하여 3차원형은 단면 형상이 절삭날 위치에 따라 다르며, 각각의 절삭 깊이에 대응되기 때문에 칩 처리 범위가 대폭적으로 확대된다. 각사마다 연구를 집중하여 다양한 형상의 3차원 브레이커가 나와 있는데 住友電工의 포키 칩 시리즈를 예로 설명한다. 이 시리즈는 그림 1과 같이 메인 브레이커와 그것을 보조하는 서브 브레이커, 다시 스테인리스강 등의 난삭재용 스페셜 브레이커로 구성되어 있다.

절삭 깊이 $d=1.5~5.0$mm, 이송 $f=0.3~0.6$mm/rev인 가장 범용적인 영역에서는 메인 브레이커의 MU형으로 대응된다. MU형은 브레이커 홈에 딤플이 있어서 황절삭~중(中)절삭용으로 특히 고이송 가공에 적합하다. 또 $d=0.8~3.0$mm의 중(中)다듬질에는 UU형이 적합하다. 노즈 반지름 근방에 제방 돌기가 있어서 $d=1.0$mm 전후의 칩 처리를 한다. 그리고 선 마크 모양의 보스면은 $d=2.0$mm 전후의 중절삭 영역을 커버하며 다듬질을 포함한 복합 툴링에 적합하다. 황/절삭에서는 칩 절단은 그다지 어렵지 않으나 절삭 부하가 크므로 절삭 저항을 될 수 있는 대로 줄여

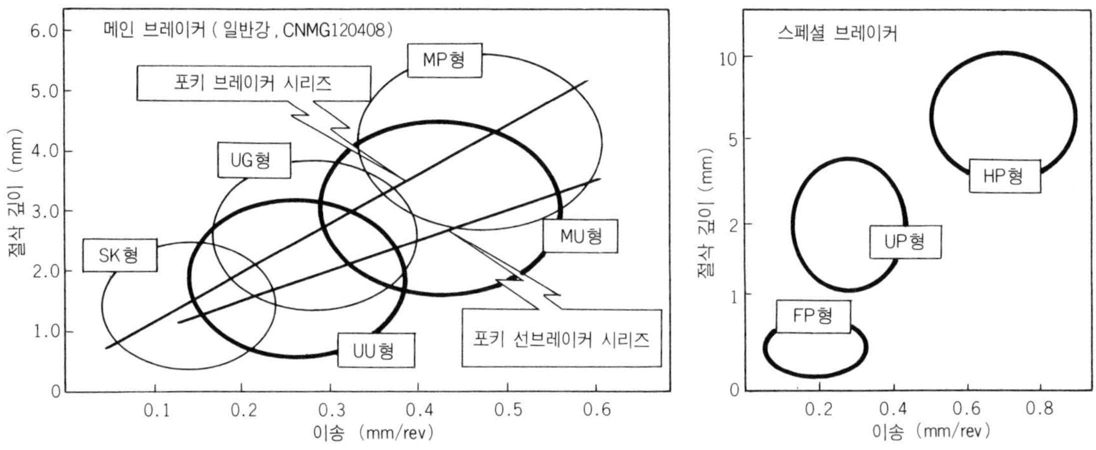

그림 1 3 차원 브레이커 포키 칩 시리즈 절삭 깊이

팁의 자리앉기 안정성을 증가시킬 필요가 있다. MP형은 편면 사용 타입의 $d=5.0mm$, $f=0.6mm/rev$ 전후의 황절삭용 브레이커이며 팁 상면이 구모양으로 오목하여 칩을 원활하게 배출하도록 되어 있다.

일반강의 절삭에는 앞에서 설명한 3종류의 메인 브레이커로 거의 커버되지만 보다 어려운 영역에서는 서브 브레이커와 스페셜 브레이커로 대응한다. 아래에 이들 브레이커의 특징을 든다.

- FP형 ···· $d=0.3mm$ 전후의 소절삭 깊이 절삭에서는 칩 처리가 극히 어려워 일반적인 브레이커로는 컬할 수 없는 경우가 있다. FP형 브레이커는 이같은 소절삭 깊이 절삭에 적합하다.
- UG형 ···· 중(中)절삭용 브레이커
- SK형 ···· 경절삭용 브레이커
- HP형 ···· $d=8.0mm$, $f=0.8mm/rev$ 전후의 중(重)절삭 영역에서는 절삭날의 강도가 문제로 된다. HP형은 절삭날 강도가 높고 단속 절삭에도 적용된다.
- UP형 ···· 스테인리스강용의 스페셜 칩 브레이커이다. 절삭날이 더블 포지티브로 되어 있고 샤프하기 때문에 용착이 적어 부드럽게 칩을 배출할 수 있다.

또 최근에는 소재 가공 여유가 감소되는 추세이며, $d=1.0\sim2.0mm$의 가공이 가장 많아짐과 동시에 툴링은 보다 복잡해지고 칩 처리는 더욱더 어려워지는 경향이다. 그래서 종래의 경절삭, 중(中)절삭, 황절삭용이란 이미지를 넘어 이들을 혼합한 영역을 커버할 수 있는 MU형이나 UU형 브레이커가 효과를 올리고 있다.

선 택

칩 브레이커를 선택할 때의 포인트는 피삭재 재질과 절삭 조건이다.

피삭재를 칩 처리 관점에서 분류하면 일반강(S-C재, SCM재 등)과 탄소량이 극히 적은 연강류(SS재 등), 스테인리스강 등의 난삭재로 나누어진다. 일반강에 비해 연강이나 난삭재에는 칩 처리뿐만 아니라 용착, 공구 수명 등 종합적인 성능이 팁 형상에도 요구되므로 이것을 충분히 고려할 필요가 있다.

표 2 칩 브레이커의 선택

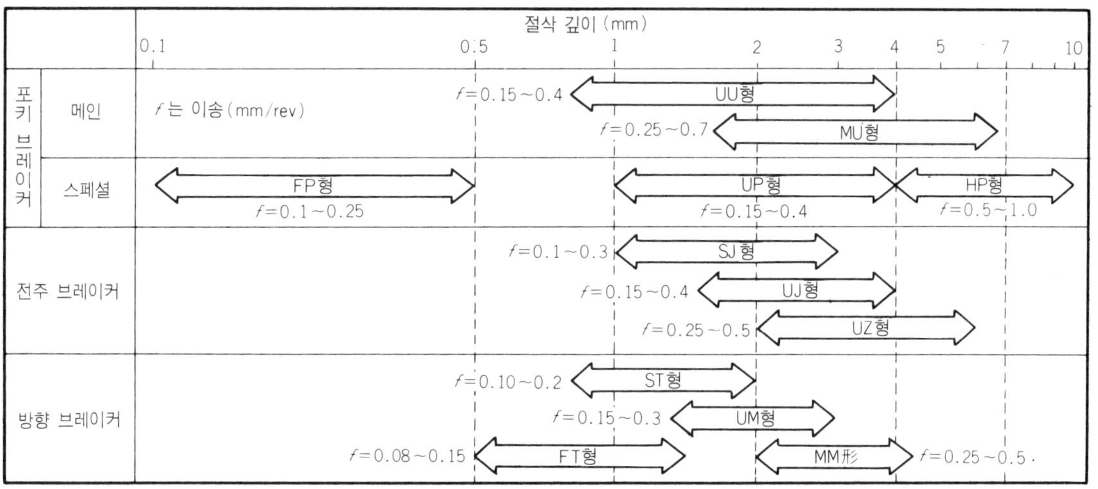

절삭 조건에 대해서는 절삭 깊이가 특히 중요하고 이어서 이송, 절삭 속도를 체크한다. 각 공구 메이커의 카탈로그에는 절삭 영역별로 브레이커를 분류하고 있으므로 절삭 조건을 알아야만 어느 절삭 영역에 있는가를 판단할 수 있다. 그러나 하나의 공정 중에서 절삭 조건에 변동이 있어서 두 가지 절삭 영역에 걸쳐 있을 때에는 보다 중요한 영역의 브레이커를 취할 것인가 아니면 두 종류의 브레이커를 사용할 것인가를 정해야 한다. 또 여러 가지 가공 조건이 있어도 될 수 있는 대로 브레이커의 종류를 줄여 통합화한 경우도 있다. 이런 사정으로 보다 넓은 영역을 커버할 수 있는 브레이커가 요구된다. 기타 요구 특성으로는 가공물의 다듬질면 거칠기 또는 버, 채터링 등의 가공물 품질, 팁의 경제성 등이 있어서 이들을 종합적으로 고려하여 칩 브레이커를 선택해야 한다.

표 2는 일반강을 가공할 때의 칩 브레이커 선택의 기준을 나타낸다. 절삭 영역에는 다듬질 절삭, 경절삭, 중(中)절삭, 황절삭, 중(重)절삭이 있는데 이것을 절삭 깊이와 이송으로 분해하여 최적 브레이커를 표시하고 있다.

브레이커와 함께 팁 재질을 선택할 필요가 있는데 범용 절삭을 경계로 하여 경절삭측은 서멧, 황절삭측은 코팅이 적합하다고 한다.

서멧은 내용착성이 우수하여 훌륭한 다듬질면을 얻을 수 있다. 또 $d=0.5$mm 전후의 저절삭 깊이에서는 코팅보다 절삭날 강도가 높으므로 단속 절삭도 가능하다.

한편 코팅은 모재가 연하고 막질(膜質)이 단단하므로 인성, 내마모성이 함께 우수하여 절삭 깊이가 크거나 이송이 큰 고능률 가공에 적합하다. 이 서멧과 코팅을 잘 나누어 쓰면 공구 수명, 피삭재의 품질 향상이 기대된다.

효 과

(1) 칩 형상의 분류와 영향

사진 1은 칩 형상의 분류를 나타낸다.

양호한 상태는 C 타입과 D 타입으로 몇 번 컬된 것부터 길이가 50mm 이내인 것이 최적이다.

	A	B	C	D	E
칩	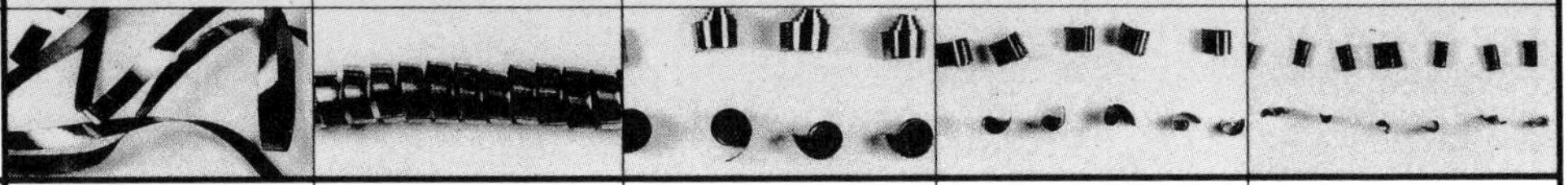				
컬 길이	컬하지 않다	50mm 이상	50m이하, 1~5회 감김	1 회 감김 이하	1회감김 이하, 1/2회 감김
비고	불규칙 연속 형상	규칙적 연속 형상	양호	양호	과도하게 브레이킹.

사진 1 칩 형상의 분류

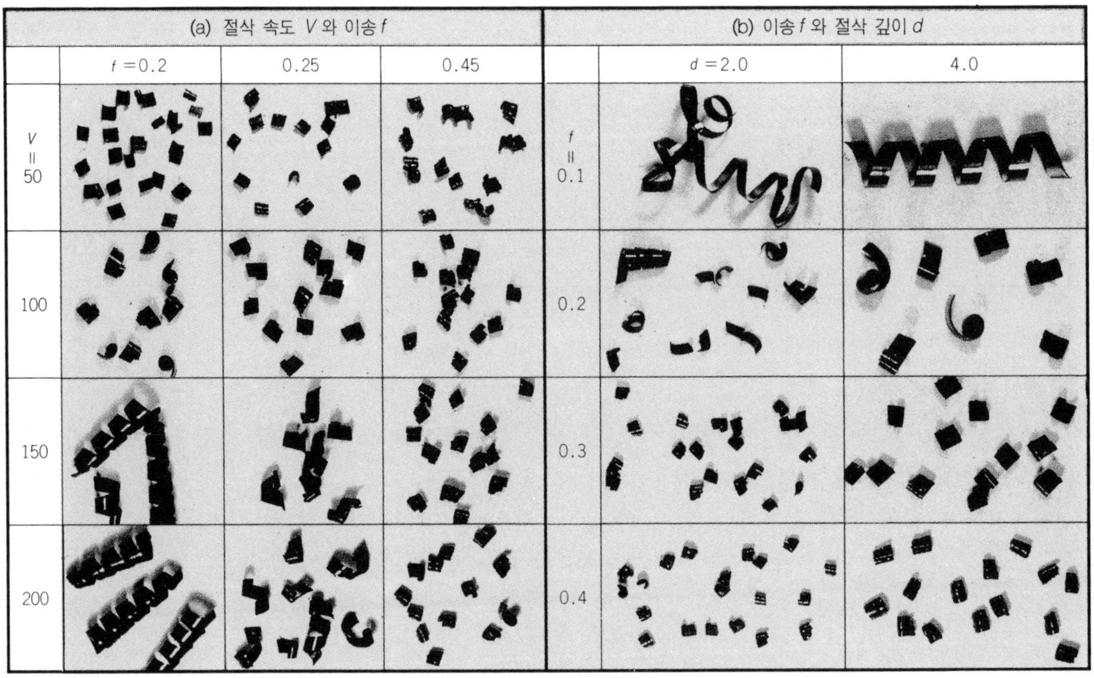

	(a) 절삭 속도 V 와 이송 f			(b) 이송 f 와 절삭 깊이 d	
	$f=0.2$	0.25	0.45	$d=2.0$	4.0
$V=50$				$f=0.1$	
100				0.2	
150				0.3	
200				0.4	

사진 2 절삭 조건에 의한 칩

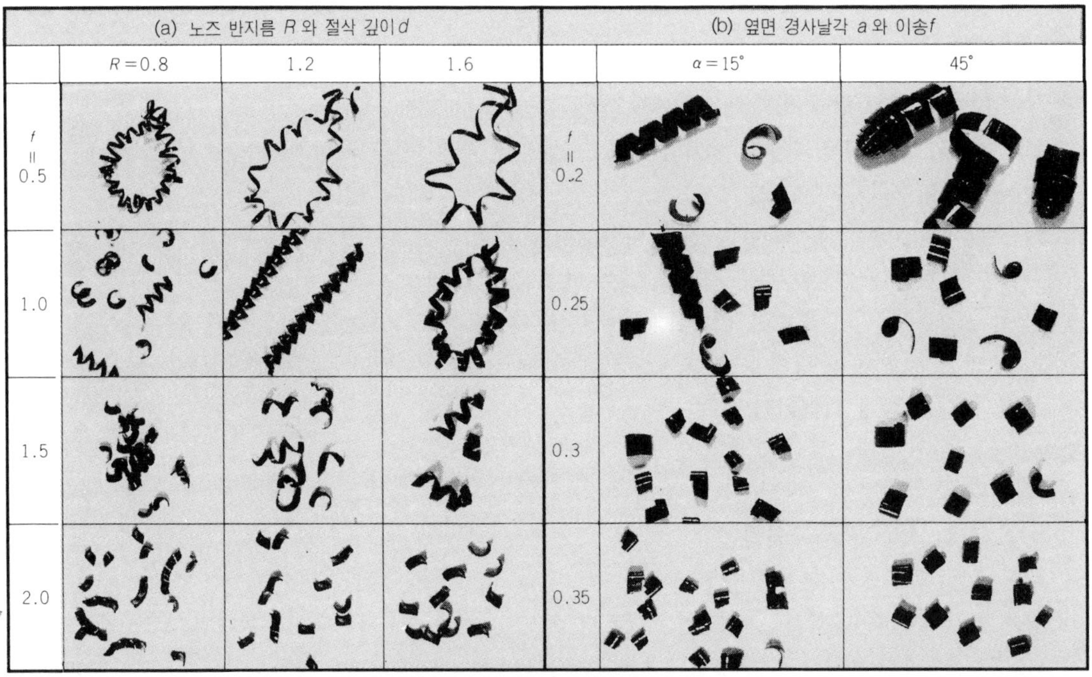

	(a) 노즈 반지름 R 와 절삭 깊이 d			(b) 옆면 경사날각 a 와 이송 f	
	$R=0.8$	1.2	1.6	$\alpha=15°$	45°
$f=0.5$				$f=0.2$	
1.0				0.25	
1.5				0.3	
2.0				0.35	

사진 3 공구 형상에 의한 칩

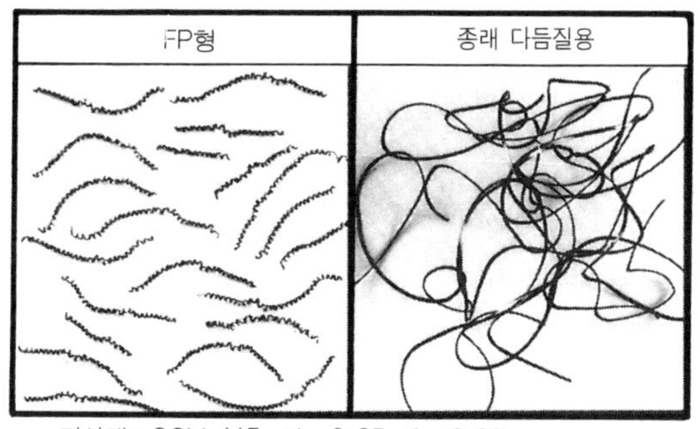

피삭재 : SCM 415, $d = 0.25$, $f = 0.20$

사진 4 FP형과 종래 다듬질용 브레이커의 처리 비교

A 타입은 거의 컬되어 있지 않아 공구나 피삭재에 감겨 붙어서 가공 정지, 가공면 품질의 저하, 안전면에 문제가 발생된다. B 타입은 절단되지는 않았으나 규칙적으로 컬된 칩으로 브레이커의 효과는 일단 나와 있다. 그러나 칩의 자동 반송의 기능 저하나 절삭날의 치핑을 일으키기 쉬워진다. 또 E 타입은 칩이 과도하게 브레이킹된 상태로 반바퀴 정도가 컬되어 있다. 이렇게 되면 칩이 비산되거나 채터링에 의한 다듬질면 불량, 절삭날의 탈락, 절삭 저항이나 발열의 증대 등 좋지 않은 상태가 발생된다.

(2) 칩 처리의 효과

칩 형상을 최적으로 컨트롤하기 위해서는 칩 브레이커 이외에 절삭 조건이나 공구 형상을 바꾸는 방법도 있다. 다음에 이들이 칩 처리에 주는 효과를 실례에 의거하여 설명한다.

우선 절삭 조건에 의한 칩 형상의 변화를 사진 2에 표시했다. 절삭 속도와 이송의 관계에서는 절삭 속도가 높고 또 이송이 낮을수록 칩은 늘어난다. 이송과 절삭 깊이의 관계에서는 이송이 낮고 절삭 깊이가 작을수록 칩이 늘어난다. 따라서 칩 처리는 절삭 속도가 낮고 이송이 큰 편이 바람직하다.

사진 3은 팁의 노즈 반지름과 홀더의 옆면 절삭날각을 바꾸었을 때의 칩 형상을 나타낸 것이다. 노즈 반지름이 크고 절삭 깊이가 작을수록 칩은 분단되기 어려워진다.

노즈 반지름이 커지면 칩두께는 얇아지고 칩 처리성은 악화된다. 또 옆면 절삭날각이 커지면 칩의 유출각이 커져 칩두께가 얇아지므로 칩 처리가 어려워진다.

기타 피삭재 재질이 같아도 경도가 낮을수록, 지름이 클수록 칩 처리는 어려워진다. 이것은 노즈 반지름과 절삭 깊이의 경계부에서 절삭 속도가 다르기 때문에 칩의 폭 단면에서 변형 분포의 변화가 작은 쪽이 칩은 분단되기 어렵기 때문이다. 탄소강의 경우는 탄소량이 적어질수록 칩은 늘어나기 쉬워진다. 이와 같이 가지각색의 원인으로 칩 처리성은 변하는데 가장 큰 영향을 미치는 것은 역시 칩 브레이커이다.

사진 4는 매우 얇은 절삭 깊이의 다듬질 절삭 영역에서 두 가지의 칩 브레이커를 비교한 결과이다. 종래의 다듬질용 브레이커에 비해 FP형의 칩 처리가 우수하다는 것을 알 수 있다. FP형 브레이커는 노즈 반지름 끝부분에 2단의 브레이커 벽이 설치되어 있다. 절삭 깊이가 작고 또 이송도 낮은 경우는 보다 끝부분에 가까운 쪽의 돌기가 칩을 분단한다. 이송이 0.15mm/rev 이상이 되면 칩두께가 증가하여 제1의 돌기를 넘는다. 제2의 돌기는 제1의 돌기보다 후방에 있어서 두꼐

운 칩을 컬시킨다. 따라서 보다 넓은 범위에서 얕은 절삭 깊이 영역의 칩을 처리할 수 있게 된다.

이와 같이 그 작업에 맞는 적합한 칩 브레이커를 선택하여 필요하면 절삭 조건이나 공구 형상을 바꾸어 보는 것도 중요하다.

선삭의 주변 기술

QCT의 활용

기계의 능력이나 주변 기기의 충실로 선삭의 가공 효율은 향상되어 왔으나 좀더 효율을 높이기 위해서는 준비 작업 시간의 단축, 즉 생(省)준비 작업화의 요구가 강해지고 있다.

툴링에서도 툴 체인지를 수초 내에 할 수 있는 방법이 공작 기계 메이커나 툴링 메이커에서 발표되고 있다. 여기에서는 선삭 가공에서 툴 체인지의 현상과 QCT(quick change tool)의 활용에 대하여 설명한다.

공구 교환의 두 가지 유형

다품종 소량 생산에 대응하는 NC 선반의 툴 체인지에 요구되는 조건은

① 원터치 교환이 가능할 것 ② 고강성, 고정밀도(교환 정밀도)일 것 ③ 조작을 쉽게 하기 위하여 중량을 가볍게 할 것 ④ 자동화에 대응하기 쉬울 것 등을 들 수 있다.

이와 같은 툴 체인지 방식에는 현재 두 가지 유형이 있다. 하나는 샌드빅사(그림 1), 크롭위데어사(그림 2)로 대표되는 팁 헤드 교환 방식이고 또 다른 하나는 시판 공구를 고정한 홀더를 신속히 교환하는 QCT 방식이다.

팁 헤드 교환 방식은 수동으로 간단히 교환되고 또 ATC(자동 공구 교환 장치)로 자동화에 대응할 때 그 특징이 발휘된다. 이것은 헤드 자체가 소형화되어 있으므로 ATC 매거진의 용량을 크게 하는 것이 생(省)스페이스화의 조건하에서 가능하다. 각 메이커마다 수동, 자동 교환시에 교환 정밀도를 확보하기 위하여 클램프 기구에 각각 연구를 집중하고 있다. 그러나 팁 헤드 교환 방식의

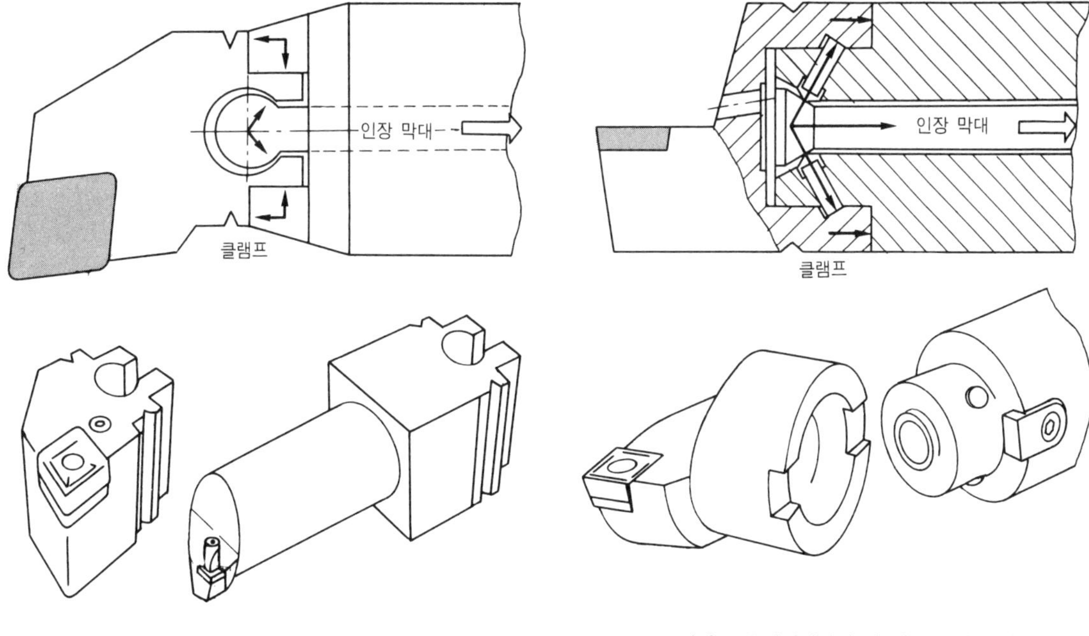

그림 1 샌드빅사의 팁 헤드 교환 방식   그림 2 크룹위데어사의 팁 헤드 교환 방식

문제점은 이미 사용하고 있는 시판 공구를 쓸 수 없다는 점이다. 또 가공 내용에 따라 공구에도 교환 기능을 갖게 하기 위하여 각 종류를 최종 사용자가 준비할 필요가 있다.

또 기존 납품된 기계의 교환 장치에 고정하기는 어렵고 척과 공구의 간섭을 고려하면 기존 납품 기계에의 도입은 어렵다고 생각한다. 팁 헤드 교환 방식은 각사 독자의 방식으로 호환성이 없고 각각의 장점, 단점을 갖고 있기 때문에 이것을 채택하려면 사용자측에서 자사의 툴링에 대한 사용 방식이나 장래의 설비 계획 등에 따라 채택을 결정하지 않으면 여러 회사의 툴 메이커의 툴링 시스템을 준비하게 되어 최종적으로 러닝 코스트의 증가, 공구의 관리 공수의 증가 등으로 이어진다. 여하간에 이 시스템은 본래 ATC 시스템용으로 개발된 것으로 셀 머신의 기본 기능(신뢰성, 공구 저장 관리, 유연성 등)을 만족시키는 것에 중점을 두고 있기 때문에 사용자측에서도 이 점에 주의하여 자사의 장래의 설비 구상, 툴링 시스템 방침을 검토할 필요가 있다. 다음에 또 하나의 유형인 시판 공구를 고정한 홀더를 수동으로 신속히 교환하는 시스템의 대표 예로는 독일에

사진 1 VDI 홀더

사진 2 日立構機의 QCT 시스템   우 : QCT 툴, 좌 : QCT 공구대

서 개발된 사진 1에 표시한 VDI(Verein Deutscher Ingenieure) 방식이 있다. 이 방식은 유럽 각국에서 채택되고 있다. 이 기구의 특징은 세레이션 래크 기구에 의하여 홀더를 클램프, 언클램프하는 것과 홀더의 표준화가 진행되고 있는 것, 경제적이고 심플한 기구 등을 들 수 있다. 그러나 툴링에서 필요 조건인 고강성, 고정밀도에 불만이 남는 것은 부정할 수 없는 사실이다. VDI 방식의 약점을 보충하는 QCT 방식으로 최근 채택되게 된 것이 쇼트 테이퍼에 의한 결합 방식의 홀더이다.

이 특징은

① 고강성, 고정밀도의 확보가 쉽다, ② 자동화에의 대응이 쉽다, ③ 쇼트 테이퍼이므로 소형화가 쉽다 등을 들 수 있다.

日立精機에서 개발한 사진 2에 표시한 QCT 시스템은 이들 특징을 갖는 툴링 시스템으로 선삭 가공의 생(省)준비 작업화에 공헌하고 있다.

QCT 시스템

QCT 시스템은 시판되고 있는 일반 공구(바이트, 보링 바, 드릴 등)의 고정을 절대 조건으로 개발된 시스템이며 또 하나의 조건으로 원터치 교환을 할 수 있게 되어 있다. 이 시스템의 기본 구성은 홀더의 탈착에 사용되는 클램프 장치, 홀더 및 시판 공구로 이루어진다. 또 이들을 고정하는 기계측에는 언클램프 장치로 유압 실린더를 준비, 원터치 고정을 실현하고 있다.

탈착부의 기구는 기본적으로 보틀 그립 테이퍼 생크(BT 툴)를 채택하고 있다. 이것도 이 시스템의 특징의 하나로 고강성을 얻기 위하여 홀더 및 클램프 장치의 테이퍼와 단면이 밀착되는 2면 구속 방식(그림 3)을 채택하여 안정된 절삭을 가능하게 하고 있다.

(1) QCT 시스템의 홀더 결합

그림 4와 같이 이 시스템은 시판 공구를 고정하는 홀더와 이것을 클램프하는 클램프 장치 그리고 언클램프용의 실린더로 구성되어 있다.

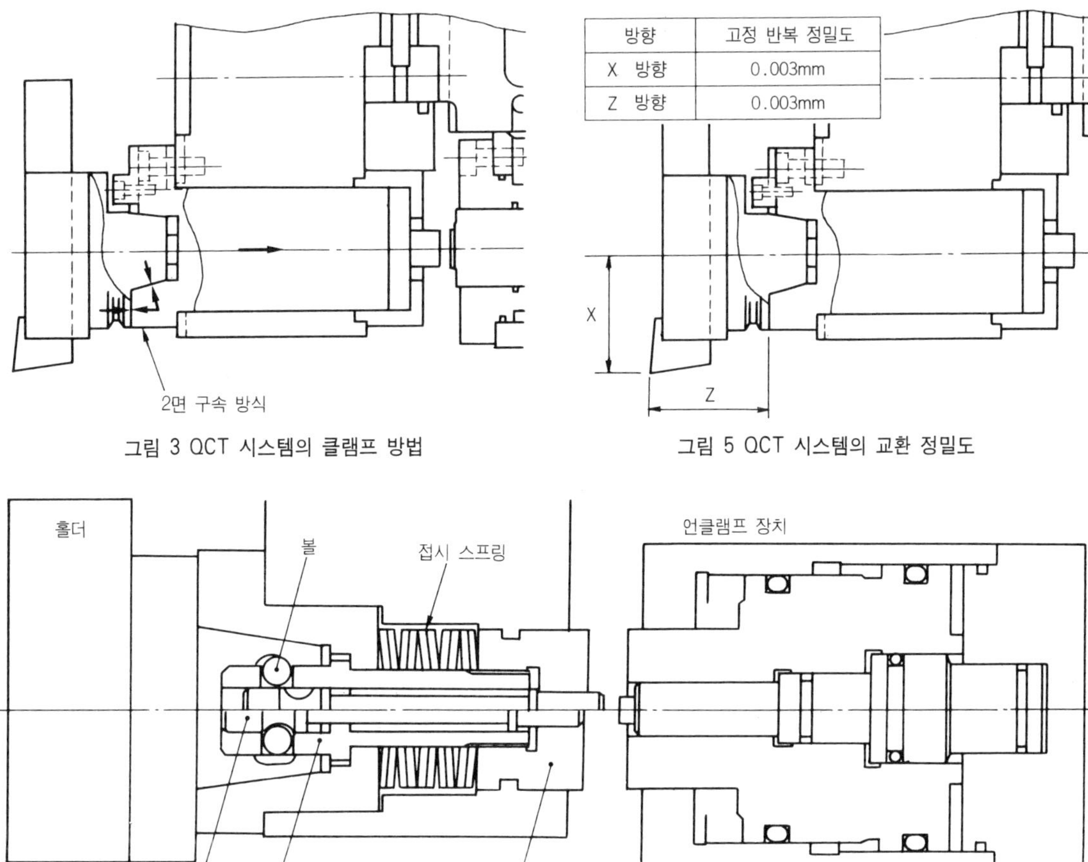

그림 3 QCT 시스템의 클램프 방법

그림 5 QCT 시스템의 교환 정밀도

그림 4 QCT 시스템의 구조

홀더의 결합은 접시 스프링의 힘을 쇼트 테이퍼부의 내측홈에 들어 있는 볼(ball)에 전하여 클램프 장치의 테이퍼 구멍에 고정하는 방법을 쓰고 있다.

홀더를 클램프하는 힘은 QCT의 타입에 따라 달라 QCT 40에서는 750kgf, QCT 50에서는 1100kgf의 힘으로 클램프하여 안정된 가공을 가능하게 하고 있다.

(2) QCT 시스템의 장점

QCT 시스템의 특징은 다음과 같다.

① 원터치 조작으로 확실하게 공구 교환을 할 수 있다(1개당 15초).

② 시판 공구(바이트, 보링 바, 드릴 등)가 사용된다.

③ 교환 정밀도가 높다(그림 5).

④ 기계 밖에서 프리셋 게이지를 사용하여 사전 준비 작업화를 도모할 수 있다.

⑤ 고강성의 홀더에 의하여 안정된 절삭을 보증한다.

⑥ ATC의 구축이 쉽다.

⑦ 내·외경 툴 배열이 간단하다.

사진 3 배속(倍速) 센터 [하이 셀]

(3) 자동 준비 작업화에의 대응

최근의 셀 머신의 개발은 눈부시고 그것에 따라 툴링도 셀 머신에 어울리는 것이 요구되게 되었다. 또 선삭 가공의 부가 가치 향상 또는 다품종 소량 생산을 반영하여 복합 가공기의 대두도 눈에 띈다.

이와 같이 단순히 선삭 가공용의 QCT 시스템만으로는 사용자의 요구에 보답할 수 없게 되었다.

이 QCT 시스템은 이들 요구에 대응하기 위하여 홀더의 플랜지부에 V홈을 마련함으로써 ATC 시스템에 대응할 뿐만 아니라 회전 공구의 QCT화도 실현하여 폭넓은 생(省)준비 작업화와 셀 머신화의 요망에 대응하고 있다.

사진 3은 ATC를 장비하고 바이트 외에 보링바, 드릴 등의 QCT 시스템을 탑재한 공구대의 예이다. ATC 장치는 사진에서 알 수 있듯이 기계 본체 뒷부분에서는 가공중에 셔터가 닫혀 ATC를 차단하여 칩이나 절삭유가 ATC에 비산되지 않도록 되어 있다.

*   *   *

최근의 NC 선반의 고속화, 다기능화 등으로 가공 효율이 눈부시게 향상된 것이 있다. 이와 같은 상황에서 준비 작업 공수의 단축은 더욱 강하게 요구되고 있다.

이 생(省)준비 작업 중에 공구 교환이란 면만을 보아도 다음에 열거하는 과제가 남아 있다.

① 더욱 비용 감소형의 시스템 개발

② 툴링의 표준화, 호환성의 확보

③ 소형화, 고강성화, 고정밀도화의 추구

④ 공구의 정보 관리(툴 ID 등)의 개발

이들 과제를 하나 하나 개선해 나가고 더욱 사용하기 쉬운 툴링 시스템을 목표로 하여 선삭 가공에서 생(省)준비 작업화를 밀고 나갈 필요가 있다고 생각한다.

카세트 툴과 ATC 활용
• 선삭 가공을 FA화에 대응시킨다.

↑ ATC 시스템 I · 선반 탑재형

최근의 기계 가공 현장에서는 FMC(플렉시블 가공 셀)와 FMS(플렉시블 생산 시스템)의 도입 등 FA화가 진행되고 있다. 그러나 이들은 어느 것이나 공작물 중심의 시스템화이고 공구의 교환이나 준비 작업에 대해서는 충분히 배려되어 있지 않는 것이 현실이다. 금후 좀더 기계 가공에서 생산성의 향상을 지향하려면 공구의 신속한 교환과 준비 작업이 필수적이란 것은 누구나 일치된 생각이다. 그래서 여기에서는 선삭 가공에서 공구의 신속한 교환과 준비 작업이라는 요구를 충족시키기 위하여 개발된 모듈러 구성의 "카세트 툴"과 ATC(자동 공구 교환 장치)에 대하여 설명한다.

우선 이들 시스템의 도입을 검토하기 위한 포인트를 들면

① 공구 교환이 매우 빈번히 이루어지고 더욱 신속히 교환하고 싶다.

② 야간에 무인 운전을 하고 싶다.

③ 장시간에 걸친 연속 운전을 하고 싶다.

④ 사용할 공구 개수를 늘리고 싶으나 스페이스는 늘리고 싶지 않다.

⑤ 어느 정도 유연한 툴링으로 하고 싶다.

⑥ 공구의 핸들링을 좋게 하고 싶다.

⑦ 공구를 될 수 있는 대로 표준화하고 싶다.

등이 있으며 이들을 충분히 음미, 검토할 필요가 있다.

카세트 툴

왜 모듈러 구성의 카세트 툴이란 것이 만들어졌을까. 그 이유를 생각해 보면 다음과 같은 것이 있다.

① 자동 교환이 가능(용이)한 공구 ② 여러 가지 조합에 의하여 유연한 툴링이 가능 ③ 소형, 경량으로 핸들링이 용이. ④ 공구의 표준화와 다양성이 있다.

이들은 어느 것이나 공구 준비 또는 공구 관리를 위한 것으로 주로 공구의 신속한 교환이 목적

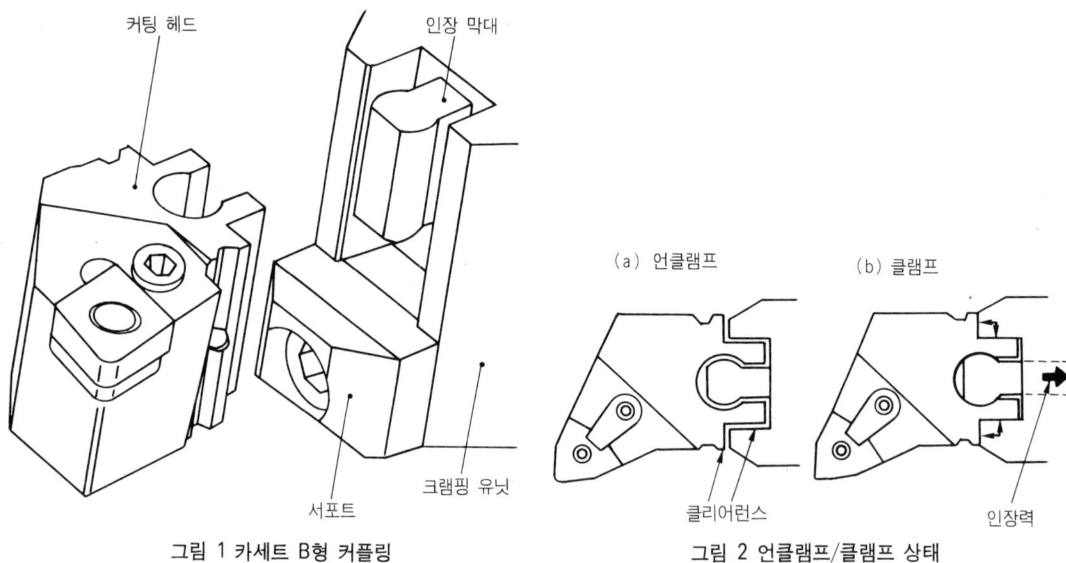

그림 1 카세트 B형 커플링   그림 2 언클램프/클램프 상태

이다. 이 목적을 달성하기 위하여 모듈러형 공구가 생겨나 카세트 툴이 만들어졌다. 또 이들의 이점을 충족시킴과 동시에 모듈러화에 따르는 공구 성능에도 충분한 배려가 되고 특히 공구의 강성, 조합, 반복 정밀도, 내구성에 대해서는 일체형 공구와 동등한 성능을 유지하기 때문에 여러 가지 대책이 강구되고 있다.

그림 1은 東芝탕가로이의 카세트 툴 B형의 커플링 예를 나타낸 것이다. 그림과 같이 이 공구는 종래형 섕크 홀더를 끝부분에서 날부분 모듈러(커팅 헤드)와 섕크 모듈러(크램핑 유닛)로 분할하여 원통 커플링(인장 막대부)과 평면좌(서포트)로 구성되어 있다. 또 결합력으로는 오토 클램퍼의 경우는 접시 스프링 방식, 수동식의 것은 쐐기 기구를 채택하고 있다. 커플링부는 원통 커플링 방식을 채택하고 있으므로 탈착을 신속 용이하게 할 수 있다. 또 결합은 커팅 헤드의 탄성 변형을 이용하고 있으므로 밀착성이 좋고 높은 고정 정밀도를 보증하고 있다. 그림 2는 커플링의 언클램프 및 클램프 상태의 평면도를 나타낸 것이다.

다음에 카세트 툴 B형의 특성인 강성, 반복 정밀도에 대하여 소개한다.

(1) 강성

카세트 툴 B형에는 표준으로 B25, B32, B40, B50(특수)이 준비되어 있고 각 사이즈는 기존 홀더의 섕크 사이즈와 일치된다.

표 1 커플링 사이즈와 최대 절삭 주분력

BT 사이즈	인장 막대 인장력(kg)	최대 절삭 주분력(kg)	최대 절삭 면적(mm²)
B25	1500	800-1000	4-5
B32	2500	1500-1800	8-9
B40	3800	2800-3200	14-16
B50	6000	5000-5500	25-28

(주) 1. 최대 절삭 면적은 K =200kg/mm²일 때를 상정
     2. 최대 절삭 주분력의 상한값은 매뉴얼 타입일 때, 하한값은 오토 타입일 때를 나타낸다.

각 사이즈에서 인장 막대의 인장력과 최대 절삭 주분력에 대한 관계를 **표 1**에 표시했다. 이 표에 표시한 소정의 힘으로 결합하면 종래의 일체형의 공구와 비교해도 강성 저하는 무시할 수 있는 특성을 갖추고 있다.

카세트 툴 B형에 의한 Ni기 합금의 절삭 예를 다음에 나타냈다.

· 기   계 : NC 선반 ANC 56
· 가 공 형 상 : 원통 외경 선삭
· 피   삭   재 : Ni기 합금
· 홀   더 : B 25형 특수 클램프 홀더
· 커 팅 헤 드 : BPCLNR 2532-4
· 팁   : CNMM 120408-57 T 803
· 절 삭 속 도 : $V = 32\text{m/min}$
· 이   송 : $f = 0.51\text{mm/rev}$
· 비절삭 저항 : $K = 515\text{kg/mm}^2$
· 최대 절삭 주분력 : $P_t = a \times f \times k = 4 \times 0.51 \times 515 = 1050\text{kg}$

(2) 반복 정밀도

공구의 자동 교환 및 자동 고정할 때 그 정밀도는 신경쓰이는 점이다. 같은 커팅 헤드를 사용했을 때의 반복 정밀도는 X 방향 : $\pm 2\mu\text{m}$, Z 방향 : $\pm 5\mu\text{m}$이고 실측 데이터를 **그림 3**에 표시했다. 이 때의 X, Z 방향은 그림대로이고 내경용 커팅 헤드의 경우는 X와 Z를 바꾸어 넣고 생각할 필요가 있다.

자동 공구 교환 시스템

이 자동 공구 교환 시스템은 ① 자동 교환용 공구(카세트 툴 B형)와 ② ATC(자동 공구 조립 공급 장치)의 두 가지 요소로 이루어지고 대상으로 되는 공작 기계별 또는 공구대나 툴링별로 여러 가지 시리즈가 있다.

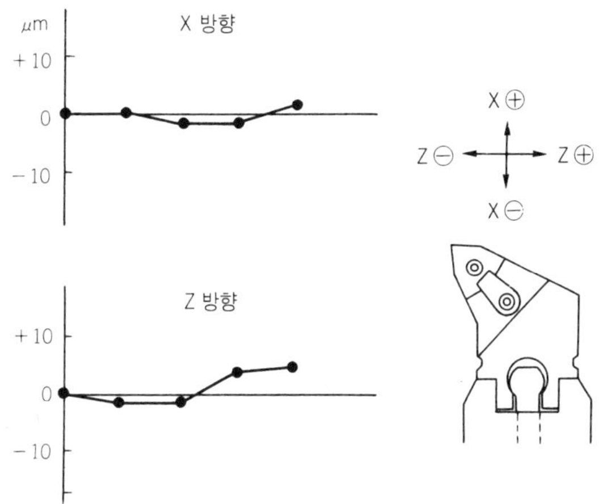

그림 3 반복 정밀도

(1) 시스템 I(선반 탑재형)

이것은 중/대형 NC 선반(수평형)을 대상으로 한 시스템으로 사용 공구는 카세트 툴 B형과 오토 크램핑 유닛(그림 4)과의 조합으로 된다.

컷 사진은 시스템 I의 적용 예이다. 선반의 공구대 위에 크램핑 유닛, 공구 수납 디스크 매거진, 공구 반송 암 & 그리퍼를 일체화하여 탑재하고 있으므로 장치 전체를 콤팩트하게 조합하여 기존의 공구대를 최소한의 변경으로 ATC화가 가능하게 되었다. 즉 신규의 선반뿐만 아니라 기존의 범용 선반에도 비교적 간단히 설치할 수 있다.

다음에 시스템 I의 시방을 표시한다.

- 사용 공구 ·············· 카세트 툴 B 32
- 공구 수납 방법 ······· 디스크 매거진
- 공구 수납 개수 ······· 20개
- 공구 교환 시간 ······· 10~20초
- 제어 방법 ············ 시퀀스 제어
- 교환 방식 ············ 1 그리퍼 ATC 암에 의한 빅 & 플레이스 방식
- 중량 ················ 약 350kgf

역시 이 경우 ATC를 공구대의 베이스에서 풀어내고 거기에 원래의 공구대를 설치하면 종래 기계로 쓰도록 고안되어 있다.

(2) 시스템 I(터릿형)

이것은 터릿형의 선반에 적용되는 것으로 수직형, 수평형 어느 쪽에나 적용된다. 사용되는 공구는 앞에서 설명한 선반 탑재형과 같은 조합에 의하여 터릿 각각에 오토 크램핑 유닛을 내장시키고

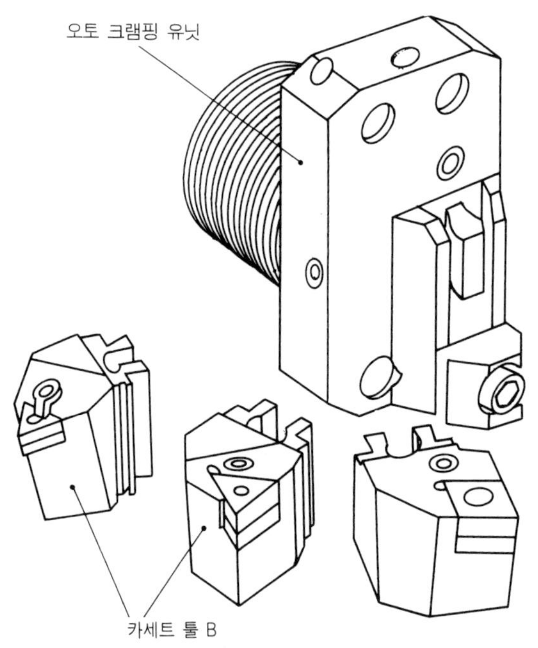

그림 4 카세트 테일 조합 예

있다.

5각 터릿의 수직 선반에 적용한 실시 예에서는 장치로는 공작 기계와 분리 독립한 형식을 채택하고 있다. 이것은 앞에서 설명한 바와 같이 신규 및 기존의 어느 기계에도 적용 가능한 형식이다.

공구의 교환 방법은 드럼 매거진 내의 커팅 헤드를 트래버서로 반송하여 ATC 암을 거쳐 터릿 상의 크램핑 유닛에 직접 고정하는 방식을 취하고 있다. 이 실시 예의 특징은 대용량 공구 수납 드럼 매거진, 2 그리퍼 ATC 암, 직행 로봇을 탑재하고 있는 것이다.

즉 공구 수납 개수 240(최고)개의 드럼 매거진의 채택에 의하여 장시간 연속 운전, 야간 무인 운전이 가능하게 되었다. 이 드럼 매거진은 10개/1프레임의 카세트 프레임 24개로 이루어져 작업자는 카세트 프레임 단위에서 공구 준비, 드럼에 세팅할 수 있다. 이것은 공구의 외부 준비 작업의 신속화에 큰 도움이 된다. 또 2 그리퍼 ATC의 채택으로 신구 공구의 교환 시간을 단축시키고 있다.

다음에 1 그리퍼 방식과 2 그리퍼 방식의 시퀀스의 차이를 나타낸다.
　·1 그리퍼 방식 …대기→가공 완료→구공구 회수→구공구 수납→신공구 할출→신공구 공급
　·2 그리퍼 방식 …전공구 가공중에 다음 공구 준비·대기→가공 완료→구공구 회수 & 신
　　　　　　　　　공구 공급→구공구 수납
이 시퀀스에서 공구 교환 시간의 차이를 잘 알 수 있다.

공구의 반송에 직행 로봇을 채택하고 있으므로 장래 클램프 홀더의 치수, 형상이 변경될 경우에도 약간의 프로그램 변경으로 대응이 가능하다.

나음에 시스템 I (터릿형)의 시방을 나타낸다.
　·사용 공구 ·············· 카세트 툴 B 32
　·공구 수납 방법 ········ 드럼 매거진
　·공구 수납 개수 ········ 최대 240개
　·공구 교환 시간 ········ 60초 이내
　·제어 방법 ············· 시퀀스 제어
　·교환 방법 ············· 2 그리퍼 ATC 암
　·중량 ·················· 약 2300kgf

이 실례에서는 대상 공작물이 Ni기 합금이므로 공구 수명이 짧아 빈번히 공구 교환을 할 필요가 있고 또 형상이 복잡해서 날끝의 종류도 많아져 종래형의 시스템에서는 공구 수납 스페이스, 공구 중량 등의 한계가 있었다.

시스템 I (터릿형)의 채택으로 야간 무인 운전 및 장시간 연속 운전이 가능하게 되었다.

(3) 시스템 II

이 시스템은 커팅 헤드를 직접 공구대 위에 고정하는 것이 아니라 일단 테이퍼 아버 홀더에 고정하고 이것을 램축 또는 터릿에 공급하는 방식으로 주로 램축 타입의 수직 선반 등에 적용된다. 따라서 사용 공구로는 **그림 5**와 같은 조합으로 된다. 시스템 II에 대해서는 수직 선반 램축 타입의 실례를 소개한다. 이 예의 특징은 조립 헤드, 교체 스테이션을 탑재하고 있는 점이다.

즉 테이퍼 아버 홀더에 신구 공구를 고정, 해체하는 조립 헤드와 그 테이퍼 아버 홀더를 수납해

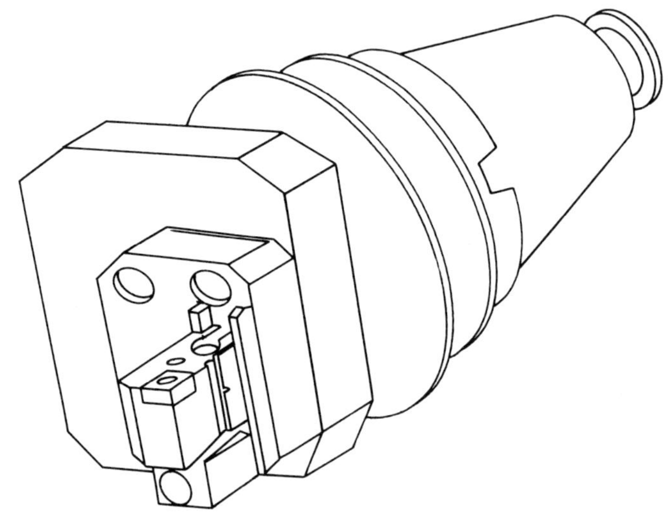

그림 5 카세트 툴과 테이퍼 홀더의 조합 예

두는 교체 스테이션을 갖추고 있기 때문에 가공중에 다음 공구의 준비가 가능하며 공구 교환 시간을 대폭으로 단축할 수 있다. 또 홀더를 8~10개 준비할 수 있으므로 특히 유연한 툴링 시스템을 구축할 수 있다.

다음은 시스템 Ⅱ의 시방이다.

- 사용 공구 ············ 카세트 툴 B 32
- 공구 수납 방법 ······· 플레이트 매거진
- 공구 수납 개수 ······· 최대 120개
- 공구 교환 시간 ······· 20초 이내
- 제어 방법 ············ 시퀀스 제어
- 교환 방법 ············ 2 그리퍼 ATC 암
- 중량 ················ 약 2800kgf

이 실례에서는 날끝 수납에 40개/1플레이트의 플레이트 매거진을 채택하여 공구(날끝) 교환을 랜덤 액세스로 한다. 또 공구 준비실에서 공구의 세트와 장치의 교체 작업이 플레이트 매거진 단위로 이루어지므로 효율이 매우 좋아졌다.

*　　　*　　　*

선삭 가공의 고능률화를 겨냥한 카세트 툴 및 ATC에 대하여 설명했다. 실제의 도입에 즈음하여 한 번에 시스템 전부를 도입하는 방법도 있으나 다음과 같이 상황에 부응한 내용으로 도입하는 것도 한 방법이다.

① 매뉴얼에 의한 교환 ····· 매뉴얼 클램퍼의 채택
② 세미오토에 의한 교환 ····· 오토 클램퍼의 채택. 단 공구 공급은 사람 손으로
③ ATC화 ····· 자동 공구 교환 장치의 채택

또 여기서 중요한 것은 공구 프리셋 작업 및 그 공구 데이터를 포함한 「공구 관리 시스템」을 어떻게 하느냐, 그리고 그것이 여기서 소개한 시스템과 어떤 관계가 있는가를 충분히 검토해 두는 것이 중요하다. 이것이 이 시스템을 최대한으로 살리는 포인트라고 생각한다.

바이트의 연마법

　선반 기능의 하나에 바이트를 가는 일이 있다. 그러나 최근에는 각종 스로어웨이 바이트의 사용이 증가하였고 집중 연마 방식으로 바이트를 전문으로 가는·사람이 직장마다 존재하는 등 선반 작업자가 바이트를 직접가는 경우가 적어지는 경향이다. 그러나 정말로 일할 수 있는 기능자로 되기 위해서는 바이트를 갈 수 있다는 것은 필요 불가결의 조건이라고 생각한다. 이것은 바이트를 갈아보면 바이트의 절삭성의 좋고 나쁨을 체험할 수 있고 또 피삭재의 차이에 의하여 바이트의 여유각과 경사각을 바꿀 필요성이 있다는 것 등을 이해할 수 있기 때문이다. 또한 같은 재질의 가공물을 가공해도 바이트의 재질이 변하면 절삭 속도를 바꾸거나 다듬질면이 변화되는 등 많은 것을 습득하게 된다. 이들 체험이 가공에 맞는 이상적인 공구 형상이나 가공 조건 등을 결정하는 기초 기능으로 될 것이다.

기본적인 지식

　바이트를 갈기 전에 알아두이야 할 사항에는 숫돌이나 바이트, 탁상(양두) 그라인더의 사용법, 절삭 이론 등이 있는데 여기에서는 간단한 실용적인 지식을 설명한다.

(1) 숫돌에 대하여

　숫돌은 연삭 입자, 결합제, 기공(氣孔)의 3요소로 이루어진다. 숫돌을 선택하려면 숫돌의 절삭날에 해당하는 연삭 입자의 종류, 연삭 입자의 크기(입도, 메시 번호로 표시), 결합제, 결합도, 숫돌의 형상, 크기, 최고 사용 원주 속도 등으로 결정하는데 앞으로 바이트 연삭을 습득하려고 하는 초보적인 지식으로는 다음과 같은 것을 알면 좋으리라 생각한다.

　① 고속도 공구강 바이트의 연삭에는 연삭 입자 WA의 숫돌을 쓴다(완성 바이트도 같다).

　② 초경 바이트의 연삭에는 GC 숫돌(청숫돌)을 사용한다.

　③ WA 숫돌에서는 #60 정도를 거친 연삭에 쓰고 #80 정도를 다듬질용에 쓰면 좋다. 또 GC 숫돌에서는 거친 연삭 #80 정도, 다듬질 #150 정도를 기준으로 하면 좋다.

(2) 그라인더의 사용법

　바이트를 손으로 갈 때에는 탁상 그라인더를 사용하는데 그라인더의 사고는 대형 사고로 이어지므로 특히 안전면에서 주의가 필요하다.

　숫돌 바퀴를 교환했을 때에는 3분 이상, 사용하기 전에는 1분 이상 공운전시켜 이상이 없는 것을 확인한 후에 작업에 들어간다. 또 숫돌과 받침대의 간격은 항상 3mm 이하로 조정할 것, 숫돌의 측면은 사용해서는 안될 것, 실드 글라스나 보호 안경을 반드시 사용할 것 등 기본적인 주의

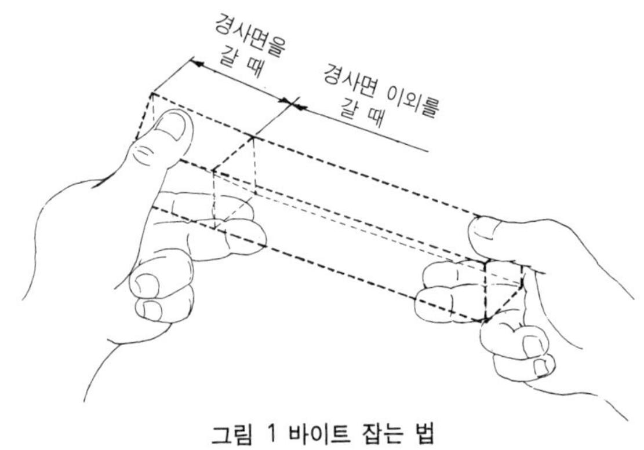

그림 1 바이트 잡는 법

사항을 소홀히 해서는 안된다.

(3) 바이트에 대하여

바이트에 대해서는 날끝 명칭을 알고 있을 것, 바이트의 종류(형상에 의한다)를 알고 있을 것 (예를 들어 편인, 진검, 모서리, 절단, 완성, 판 바이트 등)이 기본적인 지식이라 할 수 있다.

또 바이트의 성질면에서는 고속도 공구강 바이트를 갈 때에는 물로 급냉시키면서 갈지만 초경 바이트를 갈 때는 물로 급냉시키면 균열이 생겨 쓰지 못하게 된다. 초경 바이트의 연삭에서는 생크 부분부터 서서히 냉각하도록 한다.

바이트 연삭의 기초

수동으로 바이트를 간다는 것은 기계 연삭과 달라서 지식만으로는 갈 수 없다. 아무리 이 부분을 이와 같이 갈면 된다고 알고 있어도 실제로 연삭할 때에는 손과 손가락 끝의 조절, 촉감에 의하게 된다. 즉 직감력과 기능의 분야이다. 이것은 역시 고생하면서 체험하는 이외에는 몸에 익히는 방법은 없을 것이다. 그러나 피나는 연습도 좋지만 연삭법의 어드바이스가 있는 편이 쉽고 빨리 갈 수 있게 될 것이다.

여기에서 참고가 될 만한 것을 알아보기로 하자.

(1) 바이트 잡는 법

바이트를 갈 때 날끝을 오른손으로 잡을까 왼손으로 잡을까는 날끝의 어느 부분을 가느냐에 따라 다르지만, 어느쪽 손으로 잡아도 같다. 생크의 가장 뒤쪽은 오른손 또는 왼손의 엄지와 인지, 중지의 세 손가락으로 가볍게 잡는다. 그리고 또 한쪽 손으로 바이트의 날끝에 가까운 곳을 마찬가지로 세 손가락으로 가볍게 잡는다(그림 1). 이 때 세게 잡으면 손끝의 조절이 어려워져 필요 이상의 강한 힘으로 바이트를 숫돌에 밀어 붙이는 원인이 된다. 어디까지나 가볍게 잡아야 한다.

(2) 숫돌에 대는 법

바이트를 가볍게 잡으면 드디어 숫돌에 대고 가는데 내가 하는 방법은 숫돌 받침대 위에 인지 손가락을 놓고 그 위에 바이트를 놓아 고정시킨다. 생크를 받침대에 직접 놓고 갈면 숫돌의 드레싱을 잘 하였어도 바이트가 숫돌의 작은 진동을 받아 좋은 면이 나오지 않는다. 또 절단 바이트와

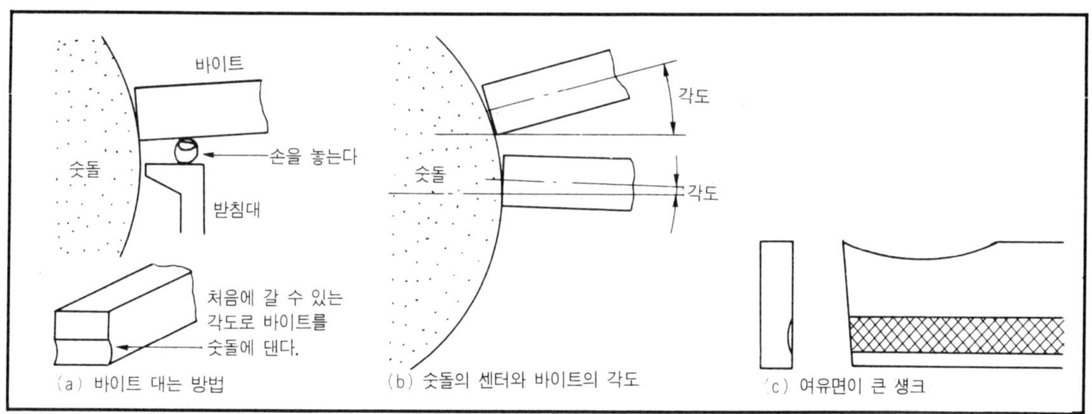

그림 2 여유면을 가는 법

같은 얇은 것을 갈 때는 숫돌과 받침대 사이에 바이트가 끼이는 경우도 있다. 그래서 손가락 하나를 받침대에 놓는다.

다음은 바이트를 숫돌에 댈 때의 각도인데 앞면 절삭날각이나 옆면 절삭날각은 바이트를 위에서 보면서 갈므로 초심자도 의외로 빨리 원하는 각도로 갈 수 있게 된다. 그러나 앞면 여유각이나 옆면 여유각, 경사각 등은 안보이는 곳을 갈므로 각도는 손의 조절에 의한다.

이 손의 조절이 어려운데 조금이라도 빨리 이해하기 위하여 **그림 2**(a)와 같이 바이트 여유면의 아래 절반만이 최초에 갈리도록 숫돌에 댄다. 여러 번 대어 보고 눈으로 확인하여 확실한 각도가 나오면 그 갈릴 면을 넓혀가듯이 날끝까지 갈아나간다. 바이트를 댈 때 섕크 각도를 정하고 갈면 숫돌 바퀴의 센터에서 갈 때와 센터 이외에서 갈 때의 각도가 변한다. 그래서 여유면의 아래 절반부터 갈기 시작한다. 또 여유면이 큰 바이트(스프링 절단)에서는 그림 2(c)와 같이 여유면의 아래 1/3 정도의 곳에 폭이 있는 선이 되도록 대고 그 폭을 넓히는 듯이 갈아나간다.

또 하나 중요한 것은 절삭날각을 일직선으로 갈기 위하여 바이트를 숫돌에 대면서 좌우로 움직이는데 처음에는 너무 크게 움직이지 말고 5mm 정도 천천히 움직이도록 한다. 숫돌의 연삭 기구(機構)를 생각하면 숫돌의 폭 전체면을 쓰도록 움직이는 것이 이상적이라 생각되지만 크게 움직이면 초심자는 직선이 안되고 곡선이 되기 쉽다.

바이트의 종류에 의한 연마법

바이트를 갈 때 어느 면부터 가느냐 하는 것인데 실제는 어느 면이라도 좋다고 생각한다. 그 바이트에 맞는 갈기 쉬운 방법이면 좋고 특별히 정해진 공정이 있는 것은 아니다.

나는 30년 이상 선반일을 해 왔으나 지금까지 만난 많은 일을 할 수 있는 선배들도 바이트 연삭에 관해서는 각기 다른 방법으로 갈고 있었다. 여기서는 내가 젊은이들을 지도하고 있는 방법을 설명하기로 한다.

(1) 편인, 검, 모서리 바이트 등

황동과 주철과 같이 바슬바슬한 칩을 내는 재료의 절삭에는 경사면을 R로 갈지 않고 평평한 경사면이 되게 하므로 연삭 순서는 어느 면에서부터 시작해도 좋다고 생각한다. 어느 면을 갈더라도

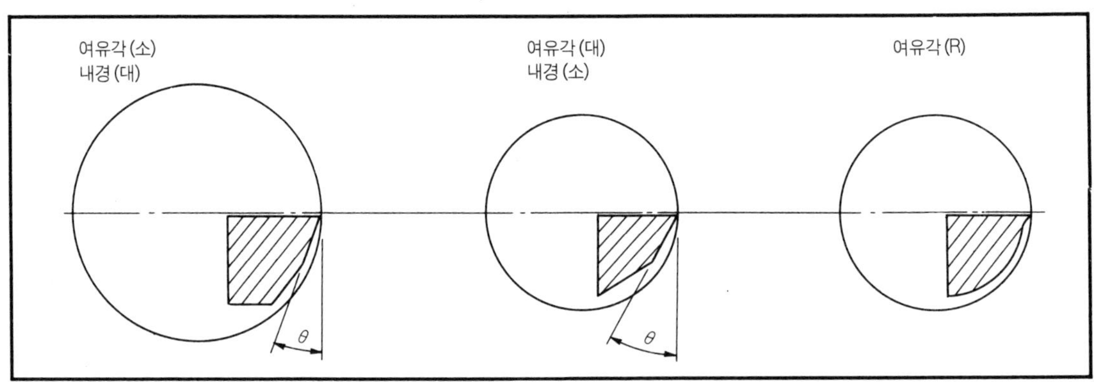

그림 3 보링 바이트의 여유각

바이트 대는 법에서 설명한 대로 하면 5~8° 정도의 여유각은 된다. 또 절삭날각은 위에서 눈으로 보면서 갈 수 있으므로 견본이 있으면 쉽게 갈 수 있다. 나는 앞면 여유면, 옆면 여유면, 경사면 순으로 간다.

(2) 보링 바이트

보링 바이트를 갈 때의 포인트는 여유면이다. 이것은 **그림 3**과 같이 내경이 작아질수록 각도를 크게 잡거나 또는 R로 갈아서 2번이 닿지 않도록 하는 것이다. 다른 것은 보통 바이트와 차이가 없다.

(3) 절단 바이트

절단 바이트의 연삭은 가장 어려운 것 중의 하나이다. 이것은 깎이지 않으면 바로 부러지기 때문이다. 그래서 여유각을 크게 잡는데 너무 크면 가늘어 부러지기 쉽고, 작으면 생크 부분이 닿게 되므로 적당량을 구해야 한다. 백 테이퍼도 같다고 할 수 있다. 또 생크에 대하여 똑바로 가는 것도 어렵다.

그래서 나는 다음과 같은 공정으로 갈고 있다. 처음에 앞면 여유면을 갈고 다음에 왼쪽 여유면(바이트 날끝의 호칭법에서는 바이트의 날끝이 자기쪽을 향하게 하고 있다. 왼쪽 여유면은 날끝이 자기를 향하여 좌측의 여유면 또 우측은 우측 절삭날)을 연삭한다. 이 때 백 테이퍼와 왼쪽 여유각을 바이트의 생크를 기준으로 하여 간다. 나는 **그림 4**와 같이 버니어 캘리퍼스를 이용한다.

다음에 오른쪽 여유면을 연삭하는데 이 면은 날끝을 될 수 있는 대로 작게 갈아 여유면을 잡기만 한다. 마지막에 경사면을 연삭한다.

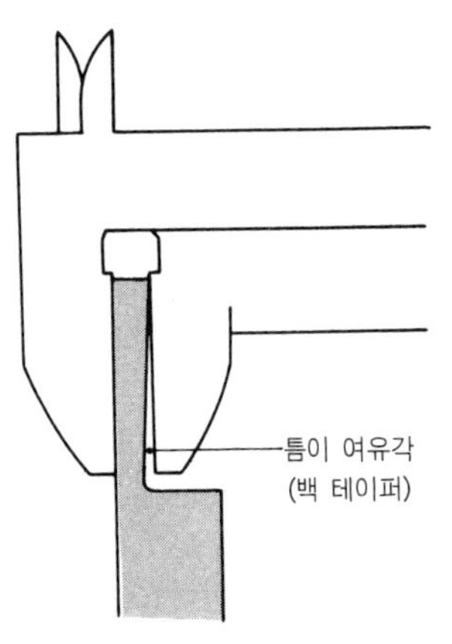

그림 4 버니어 캘리퍼스의 이용

(4) 판 바이트

판 바이트는 주로 절단 바이트나 홈절삭 바이트

로 쓰이는데 이 바이트는 경사면을 맨처음 연삭한 후에 앞의 항의 절단 바이트의 순서로 갈면 된다.

(5) 총형 바이트

총형 바이트는 종류가 많으므로 연삭 포인트만 설명한다. 우선 그라인더의 숫돌만으로 갈 수 있는 것과 그라인더에서는 갈 수 없는 미세한 부분이 있는 총형 바이트가 있다. 그래서 미세한 부분의 정형에는 오일 스톤의 4각이나 3각, 둥근 모양이 있는 것을 쓴다. 그러나 오일 스톤은 갈리는 양이 극히 작아 정형하는 데 시간이 걸리는 큰 문제점이 있다. 그래서 오일 스톤으로 갈 장소는 여유각을 3~4배 정도 크게 잡는다. 이렇게 오일 스톤으로 갈 면을 적게 하면 오일 스톤으로도 정형할 수가 있다.

(6) 곡면 경사(R인 경사면)

알루미늄재나 강(S45C), 스테인리스강 등과 같이 칩이 이어져 나오는 재료를 절삭하는 바이트는 경사면을 R 모양으로 갈면(곡면 경사) 칩의 흐름이 부드럽게 된다. 이 곡면 경사는 숫돌의 각을 써서 간다. 나는 절삭날의 끝부분에서 5mm 정도의 장소에 절삭날각과 평행이 되도록 얕은 직선의 홈을 숫돌의 각을 이용해서 만든다. 절삭날각과 평행인 홈이 되면 바이트를 R 모양으로 움직이면서 이 홈을 넓히듯이 날끝까지 간다.

(7) 초경 바이트

초경 바이트의 수동 연삭은 고속도 공구강 바이트와 차이가 없다. 중요한 점은 숫돌이 연하므로 처음부터 GC 숫돌로 갈지 말고 초경 팁부 이외의 여유각 하부는 저음에 WA 숫돌로 좀 크고 여유있게 갈아둔다. 그리고 팁 부분만을 GC 숫돌로 갈도록 한다.

바이트의 재연삭

지금까지는 새로운 바이트를 가는 일을 설명했는데 여기에서는 재연삭할 때의 포인트를 설명한다.

재연삭에서의 주의할 점은 곡면 경사가 있는 바이트라고 생각된다. 경사각을 크게 연삭한 바이트의 여유면을 갈면 그림 5와 같이 되어 곡면 경사의 경사각이 작아져 절삭성이 떨어진다. 그래서 재연삭할 때에는 곡면 경사 부분을 크게 연삭할 필요가 있다.

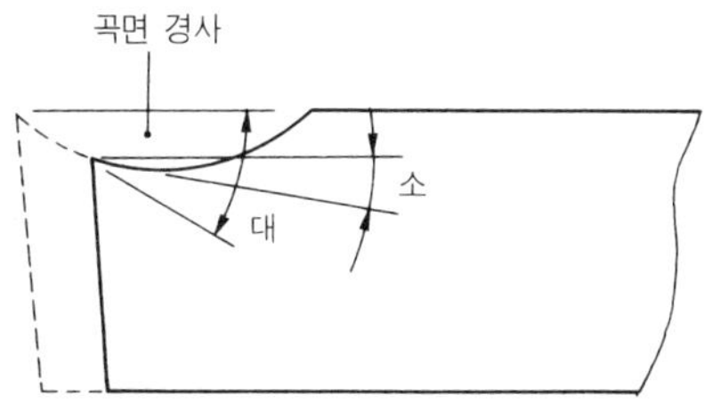

그림 5 곡면 경사의 대소

오일 스톤

나는 절삭성과 다듬질면을 따로따로 지도하고 있다. 선반에서 재료를 절삭할 때 황절삭과 같이 다듬질면에 신경쓰지 않는 가공이라면 절삭날은 그라인더에서 연삭한 상태의 것이 예리하여 절삭성이 좋다.

그러나 그라인더에서 연삭한 상태의 날끝은 깔쭉깔쭉하여 이가 빠지거나 바로 마모된다. 그래서 바이트의 수명을 생각하면 오일 스톤으로 호닝하는 편이 좋다. 다만 절단 바이트에서는 좌우의 여유면은 오일 스톤으로 갈지 않는 것이 보통이다. 그것은 절삭성이 좋을 것과 특히 양호한 다듬질면이 필요 없기 때문이다. 다듬질면을 좋게 하려면 오일 스톤으로 날끝이 많이 닿도록 갈아야 한다. 절삭성을 나쁘지 않게 하면서 많이 닿도록 하려면 초심자는 날끝을 갈기보다 섕크의 아래를 가는 기분으로 갈라고 지도하고 있다. 가공중에 바이트의 절삭성이 떨어질 때에는 그라인더로 재연삭하는데 다듬질면이 나빠졌을 경우에는 오일 스톤으로 가는 것만으로 좋아지는 경우가 많이 있다.

선삭 가공에서의 절삭 유제의 효과

　절삭 가공의 주역은 어디까지나 공구와 가공물이다. 그리고 양자에 양호한 상태를 유지시키는, 즉 공구 수명을 연장하고 다듬질면 거칠기나 치수 정밀도를 향상시키기 위하여 보조 역할을 하는 것이 절삭 유제이다.

1 절삭 유제의 종류와 기능

　절삭 유제의 주요 분류와 각긱이 갖는 특성을 비교한 것을 표 1에 나타냈다.

(1) 불수용성 절삭 유제

　미닫이와 문지방 사이에 재봉틀 기름을 쳤더니 잘 미끌어지더라 하는 경험을 가진 사람이 많으리라 생각한다. 이것은 기름의 점성 효과에 의한 것으로 절삭 가공에서도 공구와 가공물 또는 칩과의 사이의 마찰에 대하여 동일한 효과가 기대된다.

　다만 실제의 절삭 가공에서는 마찰면은 고온 고압에 노출되어 기름막이 파단되어 고체 접촉이

표 1 절삭 유제의 분류와 특성

분 류 (타입)	불수용성 절삭 유제			수용성 절삭 유제	
	유성형	불활성 극압형	활성 극압형	에멀션형	솔류블형
JIS 분류	1종 1 ~6호	2종 1 ~6호	2종 11 ~17호	W1종 1 ~3호	W2종 1 ~3호
윤 활 성	○	◎	◎	△~○	△
반용착성	△	○	◎	—	—
냉 각 성	○	○	○	◎	◎
침 윤 성	◎	◎	◎	△	○
방 청 성	◎	○	○	△	△
발연·인화성	△	△	△	◎	◎
표시법 …… ◎ =우수,　○ =양호,　△=가능					

일어나는 경우가 많으므로 여러 가지 첨가제에 의하여 기름에 부족한 성능이 보완되고 있다.

유성형(油性形)은 광유에 유지 또는 지방산 에스텔 등의 유성 향상제를 첨가한 것이다. 그들 분자는 마찰면에 규칙적으로 물리·화학 흡착되어 금속간 접촉을 막아주는 역할을 한다. 다만 이렇게 된 흡착 피막은 일반적으로 하중 지지 능력이 낮고 비교적 저온에서 이탈되기 때문에 열의 발생이 적은 비철금속이나 강의 경절삭 외에는 효과를 발휘할 수 없다.

이에 반하여 극압형(極壓形)의 유제는 유성 향상제에 더하여 다시 염소계, 유황계 화합물로 대표되는 극압 첨가제란 것이 배합되어 있다. 이것은 마찰면에 높은 녹는점·저전단력의 고체 윤활 피막을 형성하여 마찰·마모를 감소시킨다. 또 이에 의하여 칩이 날끝에 용착되는 것도 적어져 구성 날끝의 형성이 억제되므로 다듬질면 거칠기도 향상된다.

극압형 유제는 일반강이나 내열 합금강 등의 중(重)절삭 또는 난삭재의 가공 등에 쓰이는데 일반적으로 공구 수명의 연장에는 염소계 첨가제가 많은 불활성 극압형, 다듬질면 거칠기의 향상에는 유황계 첨가제가 많은 활성 극압형의 것이 각각 권장되고 있다.

또 극압 첨가제에는 적정한 사용량이 있어서 너무 많이 쓰면 공구의 이상 마모나 가공물의 변색 등을 유발시키는 경우가 있으므로 주의가 필요하다.

(2) 수용성 절삭 유제

에멀션형 유제는 광유 및 계면 활성제를 주성분으로 하고 희석액은 보통 유백색을 띤다.

솔류블형은 계면 활성제 및 방청제로 이루어지고 희석액은 투명 또는 반투명이다.

어느 것이나 비열(比熱)이 불수용성 유제의 2배 이상이기 때문에 그 우수한 냉각 효과를 살려서 강, 주철, 비철 합금 등의 절삭, 연삭 가공에 쓰이고 있다. 크게 나누면 윤활성이 비교적 양호한 에멀션은 절삭용, 침투성과 세정성이 양호한 솔류블은 연삭용이라 할 수도 있다.

양자 함께 극압 첨가제를 배합하므로 좀더 윤활성을 부여할 수 있어서 특히 에멀션의 경우 지금까지 수용성화는 어렵다고 했던 저속 중(重)절삭에의 적용도 시도되고 있다. 부차적인 성질로 수용성 절삭 유제에는 연기가 나거나 화재의 걱정이 없다는 이점이 있는 반면, 녹이나 부패의 발생에는 충분한 주의가 필요하다.

② 절삭 유제의 선정 기준

최근 선삭 가공 분야에서는 절삭 속도의 고속화에 따라 초경이나 서멧의 스로어웨이 팁이 공구의 주류를 차지하게 되고 그와 함께 건식 절삭의 비율이 급속히 증대되고 있다. 절삭 유제가 필요한 주된 예로는 다듬질면 정밀도가 요구되는 다듬질 가공, 내열강 등의 난삭재 가공, 그리고 NC 선반이나 종래의 고속도 공구강 공구를 쓰고 있는 가공 등을 들 수 있다.

그러면 다음에는 각 피삭재마다 절삭 유제의 효과와 선정 포인트에 대하여 설명한다.

(1) 탄소강의 선삭에서 절삭 유제의 선정

코팅 고속도 공구강을 포함하여 고속도 공구강 공구에 의한 절삭에는 극압 첨가제를 포함하지 않는 범용 에멀션 또는 솔류블형의 수용성 유제가 권장된다. 가공 조건이 엄하여 공구 수명 또는 다듬질면 거칠기에 불안을 느낄 경우는 극압 첨가제가 들어간 중(重)절삭용 에멀션이 유효하다. 불수용성 유제를 쓰는 것이라면 우선 불활성 극압형의 것을 시도해 보는 것이 좋다. 다만 탄소 함유량이 0.3% 정도 이하의 저탄소강에서는 구성 날끝이나 용착물이 남기 쉬우므로 활성 극압형의 불수용성 유제를 우선적으로 다루는 경우도 있다.

그림 1은 각종 절삭 유제에 의한 다듬질면 거칠기의 비교 예이다. 불수용성 유제, 특히 염소, 유황계 극압 첨가제를 함유하는 활성 극압형 유제에 의한 구성 날끝의 억제 효과가 잘 나타나 있다.

또 NC 선반, 특히 피터맨 타입의 샤프트 가공기 등에서는 가이드 부시의 스커핑 등을 방지하기 위하여 불수용성 유제가 쓰이는 경우가 많은 것 같다. 일반적으로 극압형의 것이 유효하지만, 이 경우는 동이나 황동 부품의 부식(변색)에 유의할 필요가 있다.

한편 초경 공구일 때는 건식 또는 범용 수용성 유제가 적당하다. 초경은 고속도 공구강에 비해 고온 강도가 우수하므로 과도한 냉각은 필요하지 않다. 열피로에 의한 치핑의 발생 등을 고려하여 수용성 유제 중 어느 것이나 냉각 작용이 좋은 에멀션형이 바람직하다.

저탄소강에 대해서는 고속 절삭하면 날끝 온도가 상승하여 구성 날끝은 용착되어 비교적 양호한 다듬질면이 얻어지므로 극압형보다 오히려 유성형인 불수용성 유제로 상응한 효과가 기대된다.

또 마모가 진행된 공구를 사용할 때에는 절삭 유제의 급유 효과가 현저하다는 보고도 있다(그림 2). 다듬질면 거칠기의 유지 개선뿐만 아니라 공구 수명의 연장이란 의미에서도 유제의 효과가 얼마나 큰가를 시사하고 있다.

그런데 절삭 유제를 사용할 경우, 절삭유의 종류 선택은 물론이거니와 급유 방식이 중요한 요인이 된다.

예를 들어 탱크 내의 유제 온도가 실내 온도보다 $20 \sim 30$℃ 이상이나 높아지면 절삭유 종류의 재검토 및 급유량이나 탱크 용량의 증량이 필요하다. 일반적으로 급유량은 $10 \sim 20 l/min$ 이상이

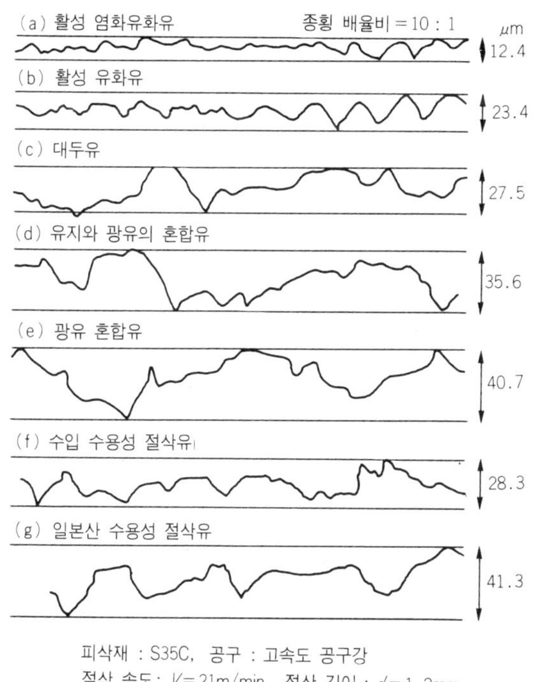

그림 1 절삭 유제별의 다듬질면 거칠기

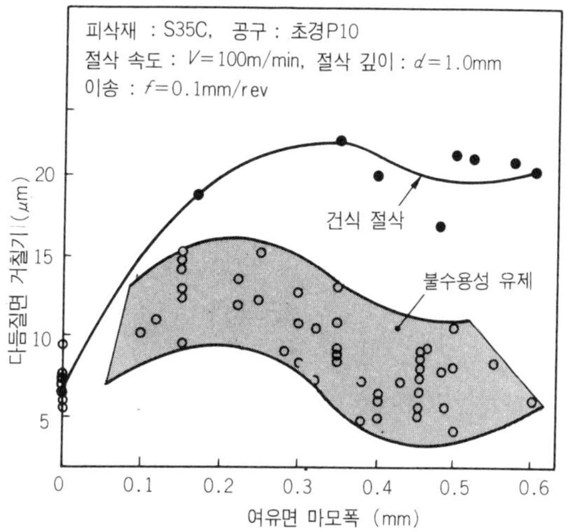

그림 2 다듬질면 거칠기에 미치는 절삭 유제의 효과

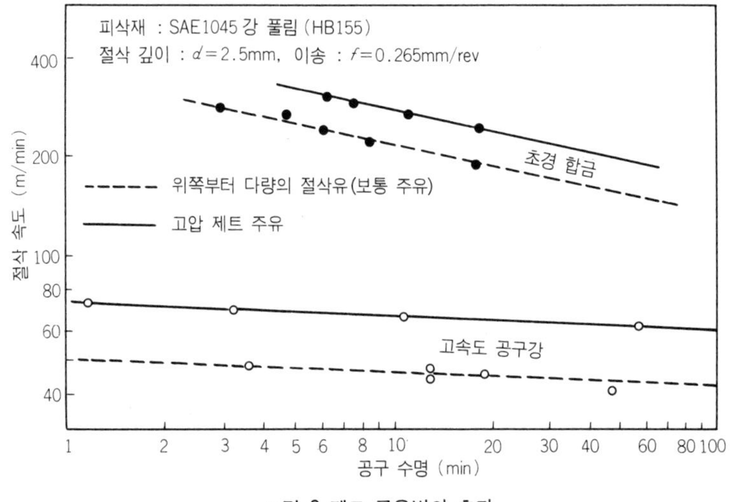

그림 3 제트 급유법의 효과

필요하다는 보고가 많은 것 같으나 가공 부품의 대소에 따라 이 값은 변하므로 각 가공 현장에서 최적량을 정하는 것이 중요하다.

또한 급유 효과를 높이는 방법으로서 고압으로 유제를 뿜어내는 제트 급유법 등을 들 수 있다. 그림 3은 그 적용 예인데 공구 수명을 늘림과 동시에 칩 처리에도 위력을 발휘하는 수법이라 생각한다.

(2) 합금강의 선삭에서 절삭 유제의 선정

고속도 공구강이나 초경 어느 공구를 사용하는 경우에도 절삭 유제의 선정이란 점에서는 탄소강의 경우와 별다름이 없다. 다만 합금강은 탄소강에 비해 단단하고, 끈기가 있으며, 용착물이 생기기 쉬우므로 다듬질면 정밀도가 좋지 않을 때는 조금 활성도가 높은 극압형 불수용성 유제가 유효하다.

비교적 피삭성이 좋은 크롬강, 크롬몰리브덴강 등에 대해서는 범용 에멀션, 피삭성이 나쁜 니켈크롬강, 니켈크롬몰리브덴강 등에는 불활성 극압형 불수용성 유제를 쓰는 경우도 있다.

(3) 스테인리스강의 선삭에서 절삭 유제의 선정

대부분의 금속은 소성 변형을 받아 경화되는 가공 경화란 성질을 갖고 있다. 그리고 그것이 특히 현저한 것의 대표가 스테인리스강, 그 중에서도 오스테나이트계에 속하는 것이다.

스테인리스강의 절삭에서는 다듬질면에 변형이 남지 않도록, 또 형성된 가공 경화층의 영향을 피하기 위하여 예리한 절삭날로 고절삭 깊이, 고이송 절삭하는 것이 원칙으로 되어 있다. 즉 공구 마모를 극력 방지하는 것이 양호한 절삭을 하기 위한 포인트가 된다. 다시 스테인리스강은 본질적으로 끈질겨 용착성이 강한 재료이므로 절삭 유제로는 윤활성이 풍부하고 구성 날끝의 억제 작용이 우수한 활성 극압형 불수용성 유제 또는 극압 첨가제를 함유하는 중(重)절삭용 에멀션이 바람직하다.

또한 가공 경화는 다듬질면만 아니라 칩측에서도 동일하게 일어날 수 있다는 것을 잘 인식하여 단단한 칩이 공구나 가공면을 홈내는 일이 없도록 충분한 급유로 그들을 완전히 씻어내는 것이 현명하다.

(4) 주철의 선삭에서 절삭 유제의 선정

재질이 연해서 용착물이 잘 나오지 않는 주철의 절삭에는 초경 스로어웨이 팁이 공구의 주류를 차지하고 있다. 고속 절삭이 가능하고 다듬질면 정밀도도 비교적 좋기 때문에 필연적으로 건식 절삭이 주체가 된다. 칩 처리나 분진 대책으로 수용성 유제가 쓰이는 일이 있으나 이런 경우 냉각 작용이 은은한 에멀션형의 것이 좋다.

고속도 공구강 공구를 사용한 절삭에서 공구 수명의 연장 및 표면 거칠기의 향상을 도모할 경우에는 유성형 불수용성 유제 또는 범용 에멀션이 권장되고 있다.

(5) 알루미늄 합금의 선삭에서 절삭 유제의 선정

알루미늄 합금은 연하고 피삭성이 양호하나 반면에 끈질긴 성질 때문에 다듬질면에 용착물이 남기 쉽다는 결점을 갖고 있다. 따라서 절삭 유제는 공구의 종류에 관계없이 불활성 극압형 불수용성 유제 또는 범용 에멀션이 유효하다.

또한 알루미늄 합금의 절삭은 일반적으로 비교적 고속으로 이루어지므로 발열량도 그만큼 많아진다. 그래서 가공 후의 열변형을 막기 위한 목적으로 냉각 작용이 큰 솔류블형 수용성 유제가 쓰이는 경우가 있다.

알루미늄은 양성 금속이라 부르며 산이나 알칼리에도 침식되기 쉬운 성질을 갖고 있다. 수용성 유제는 내부패성이나 방청성을 부여하기 위하여 알칼리성으로 설정되어 있으므로 만일 부식(변색)이 생기려 하면 PH가 낮은 것으로 바꾸어야 한다.

(6) 동합금의 선삭에서 절삭 유제의 선정

동 및 동합금은 다른 재료에 비해 피삭성이 좋고 용착물도 잘 남지 않으므로 고속도 공구강 공구로도 건식 절삭이 가능하다. 다만 약간 단단한 황동이나 청동(인청동) 등에서는 유성형 불수용성 유제가 유효하다.

연한 순동에 대해서는 다듬질면을 좋게 하기 위하여 불수용성 유제를 사용하는 경우에는 부식의 문제를 첫째로 생각하여 불활성형을 선택한다.

(7) 기타의 난삭재 선삭에서 절삭 유제의 선정

니켈기 합금을 비롯하여 초내열 합금이나 티탄 합금 등 소위 난삭재라 부르는 것은 대체로 단단하고 끈질긴 성질을 갖고 있다. 그러나 무엇보다 다른 특징은 열전도성이 극히 나쁘다는 점이다.

따라서 절삭 유제를 선정할 때는 축적된 열에 의한 공구의 연화를 어떻게 막는가가 포인트로 된다.

일반적으로는 염소계 극압 첨가제를 함유하는 중(重)절삭용 에밀션이 많이 쓰이고 있다. 다만 티탄 합금과 같이 비교적 용착물이 나오기 쉬운 금속을 깎을 때나 특히 다듬질 정밀도가 요구되는 가공에서는 활성 극압형 불수용성 유제가 권장된다.

난삭재의 가공에서는 최근 CBN(질화붕소) 공구나 다이아몬드 공구 등이 쓰이는 케이스가 늘어나고 있는데 그 대표적인 예로 세라믹의 절삭을 들 수 있다.

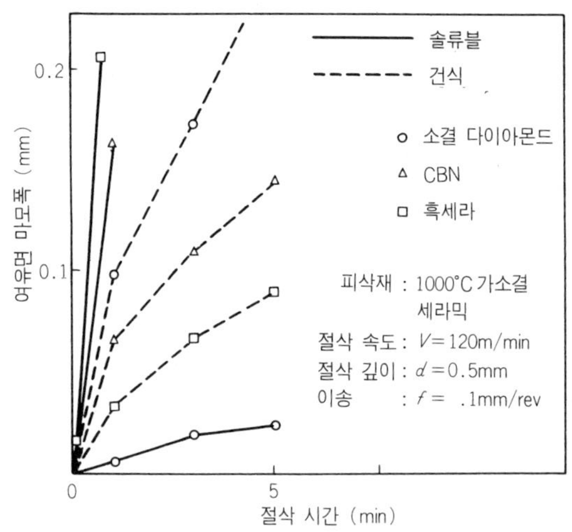

그림 4 각종 공구 재료의 마모에 미치는 절삭 유제의 효과

그림 4는 솔류블형 수용성 유제의 적용 예이다. 세라믹 가공에서 유제의 효과에 대해서는 아직 정확하지 않은 점이 많아 이 예에서도 소결 다이아몬드 공구에 대해서는 양호한 마모 방지 효과를 발휘하고 있지만 CBN, 세라믹(흑세라) 공구에서는 역으로 마모를 촉진시키고 있다. 과냉각에 의한 열피로의 예로 해석되지만 유제를 선정할 때에는 윤활 효과와 냉각 효과의 균형을 충분히 생각할 필요가 있다.

또 신소재로 세라믹과 함께 그 용도 개발이 기대되는 것에는 섬유 강화 플라스틱을 들 수 있다. 다이아몬드 공구에 의한 절삭에 대하여 주로 수용성 유제가 사용되고 있는 것 같으나 이것은 절삭 성능에 더하여 아주 작은 분진의 인체에 대한 악영향을 방지하는 것도 목적의 하나로 되고 있다.

* * *

선삭 가공에서는 건식 절삭이 주류로 되어 가고 있다는 것은 이미 설명했다. 그러나 그럴수록 절삭 유제를 사용해야 할 때에는 적재, 적소를 잘 가려 쓰는 것이 무엇보다 중요하다고 생각한다.

〔参考文献〕
1) 正野崎友信 : 機械学会誌, <u>58</u>, 432, (1955) 68
2) H. L. Hall : Werkstatttechnik, <u>49</u>, 5 (1959) 247
3) R. J. S. Pigott : Am. Machinist, <u>96</u>, 2 (1952) 281
4) 鳴瀧則彦ほか : 昭和 59 年度精機学会春季大会講演論文集　P 709

트러블 발생의 외적 요인

최근의 고능률 가공화에 따라 절삭 조건도 고속, 고이송화가 이루어지고 절삭날로 쓰이는 재종도 한층 단단한 그레이드인 것이 요구되고 있다. 또 피삭재는 강은 담금질성, 강도의 향상을 목적으로 특수 금속이 첨가되고 주철도 보통 주철에서 구상 흑연 주철로 고급화되어 공구 날끝에 대해서는 깎기 어려워져 날끝의 결손이 발생되기 쉬운 상황으로 되고 있는 것이 현상황이다.

또 가공 현장에서는 NC화, 무인화가 보다 진전되어 절삭 공구에 대한 신뢰성, 장수명화 등이 강하게 요구되고 있다.

이것들은 트러블이 발생되는 외적 요인이라고 할 수 있다. 정리하면 다음과 같다.

① 피삭재에 관하여
- 강 ····· 바나듐, 붕소 등의 특수 금속을 첨가하여 담금질성 등을 강화한다.
- 주철 ····· FC재에서 구상 흑연 주철 FCD 70~110 등의 사용으로 강도를 향상시킨다.
- 알루미늄 합금 ·····알루미늄 주물 AC4B 등의 열처리 방법의 변경, 고규소화
- 스테인리스강 ····· 종래의 SUS304에 대하여 다시 열처리를 한 SUS420J 등이 쓰이며 단단해지고 있다.
- 난삭재 ····· 내열강이나 티탄 합금 등 깎기 어려운 재료가 늘어나고 있다.
- 공통 절삭 ·····알루미늄과 주철, 알루미늄과 강 등 성질이 현저히 다른 재료를 동시에 가공하는 공통 절삭 가공이 많아지고 있다.

② 절삭 조건에 관하여
- 무인화나 고능률화 때문에 절삭 조건이 향상된다.

③ 정밀도에 관하여
- 제품 정밀도가 엄해지고 있기 때문에 공구 수명의 판정에 영향을 준다.

④ 작업자에 관하여
- 급속한 기술 혁신의 템포에 대하여 메이커측이나 사용자측도 기술의 습득이 부족하다.

여기에서는 이와 같은 상황하에 절삭 가공의 중심인 선삭 가공에서 절삭 공구의 트러블과 그 대책에 대하여 설명한다.

트러블 내용과 그 대책

선삭 가공은 절삭 가공 중에서도 비교적 안정된 가공법이지만 실제 가공 현장에서는 절삭 조건, 재종 선정의 미스, 가공 정밀도 등의 영향으로 각각에는 여러 가지 절삭 공구의 트러블이 발생되

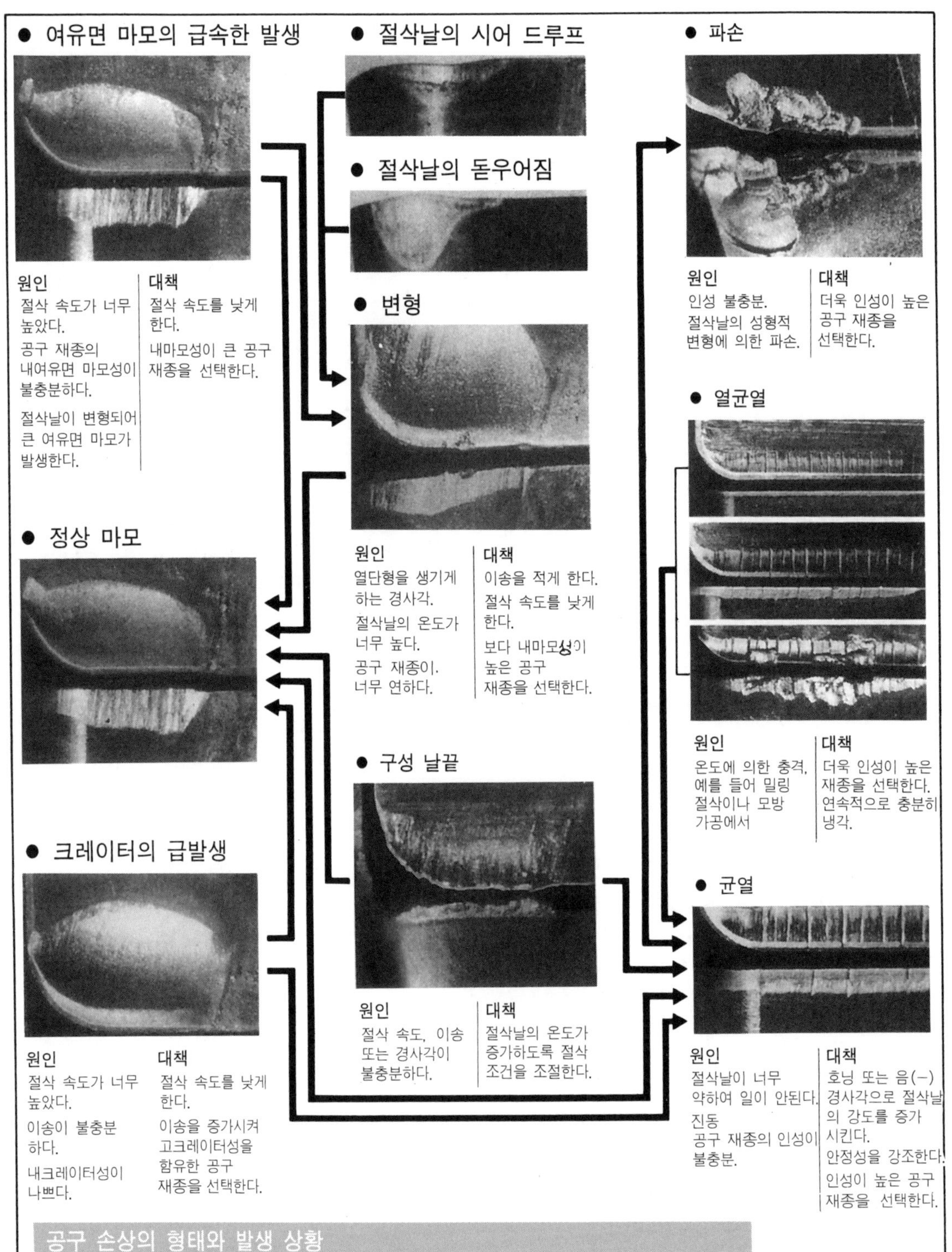

공구 손상의 형태와 발생 상황

- **여유면(플랭크) 마모** ··· 모든 절삭에서 발생되는 현상으로 공구 여유면과 피삭재와의 접촉에 의한 기계적 마모. 일반적으로 마찰 마모라 하며, 공구 수명 판정 기준이 된다.
- **경사면(크레이터) 마모** ··· 강, 주강, 구상 흑연 주철과 같이 칩이 길게 이어져 나오는 피삭재일 때 발생하고 고속 절삭하면 증대한다.
- **소성 변형** ··· 날끝 끝부분에 집중적으로 열이 발생되면 절삭날이 연화되어 날끝이 늘어지거나 절삭날이 솟아오른다. 고경도재나 내열강 등의 절삭에서 발생되기 쉽다.
- **열균열(크랙)** ··· 밀링 절삭 등 단속 절삭에서 절삭날의 열변화와 충격 부하에 의하여 발생되기 쉽다. 수용성 절삭제일 때도 아주 작은 크랙이 발생된다.   **● 경계 마모** ··· 피삭재와 옆면 절삭날 및 앞면 절삭날의 경계부에 발생되는 형태.
- **치핑** ··· 불규칙하게 절삭날 에지부에 아주 작은 부서짐이 발생되는 형태.

표 1 제품 정밀도에 관한 트러블 내용

트러블 내용	체크 포인트와 요인	대　　　책
·치수 정밀도 불량	·팁 정밀도, 홀더 정밀도의 확인 ·구성 날끝의 부착	·팁 정밀도를 M급에서 G급화 ·홀더 정밀도를 향상(1면 구속→2 면 구속) ·용착 대책으로는 절삭 속도 향상 및 절삭날 재종을 서멧화한다.
·날끝 후퇴량의 증대	·앞면 여유면 마모의 증대 ·절삭 조건의 부적합	·절삭날 재종을 서멧화 ·절삭 속도를 내리고 이송을 올린다
·다듬질면 거칠기 악화	·구성 날끝의 부착 ·채터링 진동의 발생 ·칩 처리의 악화 ·절삭 조건의 부적합 ·앞면 여유면 마모 증대	·앞면 여유면 마모, 용착에 유리한 서멧 재종의 활용 ·브레이커 형상의 교정 ·절삭 속도를 올리고 이송을 내린다. ·절삭성, 홀더 강성의 개선
·가공열의 발생	·절삭 조건의 부적합 ·가공 경화의 발생 ·절삭성, 절삭 저항의 증대	·습식 절삭 ·절삭날 재종의 서멧화
·버→알루미늄 합금 ·앞날 결손→주철 ·구성 날끝의 부착 　→연강	·공구 마모의 증대 ·구성 날끝의 부착 ·절삭날 형상에 의한 절삭성 부족	·3종류의 트러블에 공통된 것은 절삭성을 좋게 하고 마모, 구성 날끝의 증대를 방지할 것. ·앞날 결손은 이송을 크게 하지 말 것. ·보풀일기에 대해서는 코팅 팁보다 서멧화가 유리

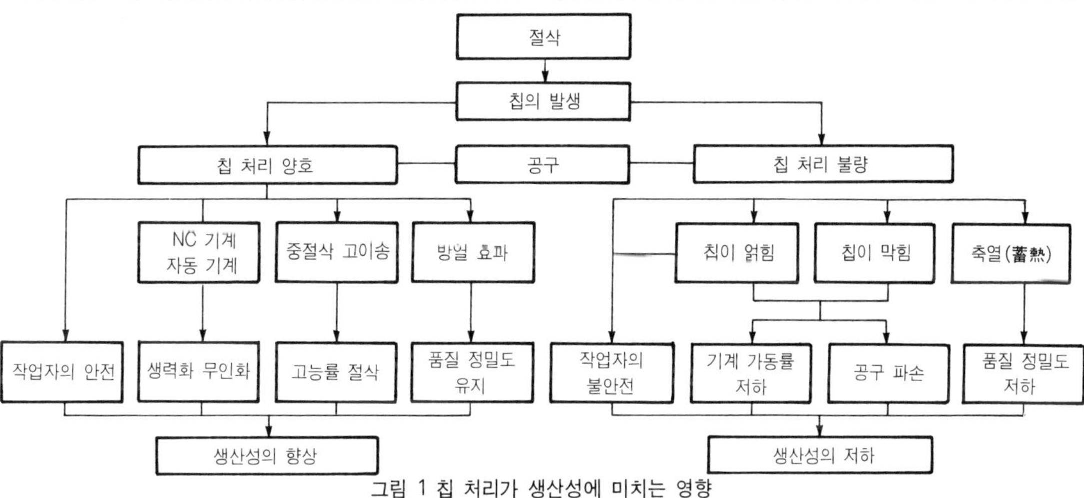

그림 1 칩 처리가 생산성에 미치는 영향

	A 형	B 형	C 형	D 형	E 형
절삭 깊이 ·작다 · $d > 7$ mm					
절삭 깊이 크다 $d = 7 \sim 15$mm					
컬 길이 ℓ	컬되지 않다	$\ell = 50$mm 이상	$\ell = 50$mm 이하 1 ~ 5 회 감김	회 감김 전후	1회 감김 이하 1/2회 감김
비고	·불규칙 연속 형상 ·공구, 피삭재 등에 얽힌다	·규칙적 연속 형상 ·길게 늘어난다	양호	양호	·칩 비산 ·채터링 발생 ·다듬질면 불량 ·공구 부하 능력 한계

사진 1 강(鋼)가공에서 칩의 형태

고 있다.

이 트러블을 피하기 위해서는 정확한 절삭 공구의 선정·사용이 중요하며 가지각색의 요인으로 공구 수명을 체크하여 조속히 교환, 조정, 또는 다른 재종으로 변경 등을 해야 한다. 절삭 공구의 교환이나 조정이 필요한 수명의 판정에는 다음과 같은 체크 포인트를 들 수 있다.

- 치수 정밀도가 나빠진다.
- 다듬질면 거칠기가 나빠진다.
- 날구의 절삭성이 나빠진다.
- 채터링 진동이 발생된다.
- 절삭날에 손상이 일어난다.
- 날끝의 후퇴량이 커진다.
- 버·치핑이 일어난다.
- 칩 처리가 나빠진다.
- 가공열이 발생한다.
- 품질이 열화된다
- 기타 트러블 내용은 다음과 같이 나누어진다.

(1) 공구 절삭날 손상에 관한 트러블

공구 수명의 향상, 고능률화를 도모할 때에는 반드시 현재 쓰고 있는 공구 절삭날의 손상 정도를 관찰하여 최적의 재종을 선정하는 것이 포인트이다. 절삭 가공의 개선은 "우선 날끝을 관찰한다" 는 것이 원점이다.

다음에 각종 절삭날의 손상 형태, 원인과 그 대책을 설명한다.

(2) 가공 정밀도에 관한 트러블

앞에서 설명한 공구 교환 요인 중 대부분은 가공 정밀도에 의하여 공구 수명이 좌우된다. 특히 다듬질면 거칠기, 치수 정밀도는 큰 비중을 차지하고 있다. 표 1에 가공 정밀도에 관한 트러블의 내용과 대책을 표시했다.

(3) 칩 처리에 관한 트러블

절삭 가공의 개선에는 "범인의 발자국"이라 부르는 ① 사용된 팁의 손상, ② 칩 형태의 관찰이 중요한데 이 칩 처리는 무인화, 고능률화가 진행상 키 포인트로 되어 있다. 그래서 칩 처리가 악화되었을 때의 영향과 어떻게 최적 형상의 칩을 만들어낼까의 수법에 대하여 알아보자.

그림 1은 칩 처리가 생산성에 미치는 영향, 사진 1은 강(鋼)절삭의 가공 현장에서 칩의 양부를 결정하는 판정 기준을 나타낸 것이다. 결국 C형, D형의 칩을 어떻게 낼 것인가가 포인트로 된다.

또 선삭 가공에서는 칩 처리 방법으로 칩 브레이커는 없어서는 안된다. 각 공구 메이커에서 표준 브레이커를 설정하고 있다. 그러나 피삭재, 절삭 조건, 가공 여유의 변화로 늘거나 주는 경우도 있다. 그 대책으로는 공구 형상, 절삭 조건을 변경하여 칩의 분단, 늘어남을 조절한다.

표 2 공구 재종·피삭재별의 트러블과 대책

개선 예	①		②		③		④		⑤	
트러블 내용	칩이 늘어남 공구 수명		다듬질면 향상		스테인리스강 가공의 능률 향상		난삭재 가공의 능률 향상		다듬질면 향상	
피삭재	SS41(연강) (구멍 깊이가 길다)		FCD45		SUS304		고크롬 합금		AC4B	
	종래	개선	종래	개선	종래	개선	종래	개선	종래	개선
팁	코팅	C 브레이커 서멧	코팅	서멧	초경	코팅	초경 사각 팁	초경 둥근 팁	초경 KIO	소결 다이아몬드
절삭 속도(m/mm)	80		250		100	150	76	100	170	300
절삭 깊이(mm)	1.0		0.5		3	3	4	4	0.3	0.3
이송(mm/rev)	0.1		0.1		0.3	0.3	0.5	0.5	0.1	0.1

공구 재종, 피삭재별 트러블

선삭 가공의 트러블에는 여러 가지 케이스가 있다. 표 2는 각종 트러블의 내용과 해결, 개선 예인데 아래에 개선의 포인트와 효과를 나타낸다.

개선 예 ① ···· 연한 피삭재에서 코팅 팁의 용착 트러블에 대하여 C 브레이커＋서멧 재료 종류(三菱金屬 NX 99)의 채택으로 절삭 저항을 줄이고 칩을 분단하여 용착이나 결손을 없앰으로써 공구 수명을 2배로 한 예이다.

개선 예 ② ···· 주철의 다듬질면 정밀도가 나오지 않는 대책으로서 절삭 속도를 대폭 향상시켜 앞면 여유면 마모가 잘 일어나지 않는 서멧 재종(三菱金屬 NH22)의 채택으로 용착이 적고 공구 수명은 3배 또 다듬질면도 대폭 향상시킨 예이다.

개선 예 ③ ···· 스테인리스강의 용착 및 절삭 저항을 경감하기 위하여 코팅 초경 재료 종류와 저저항형의 브레이커를 채택하여 공구 수명을 2배 이상, 능률을 1.5배 향상시킨 예이다.

개선 예 ④ ···· 난삭재 가공에서 날끝의 결손 대책으로서 공구를 둥근 팁과 여유각을 크게 한 팁으로 변경, 2배 이상의 수명 향상을 달성했다.

개선 예 ⑤ ···· 알루미늄 합금 절삭시의 용착 대책으로 초경 K10을 다이아몬드 소결체로 변경한 결과 다듬질면 정밀도의 향상, 버의 억제와 함께 공구 수명도 150개에서 2만개로 대폭 향상시킬 수 있었다.

*　　*　　*

선삭 가공에서의 트러블과 대책에 대하여 설명했다. 트러블의 대책, 개선의 포인트는 각 작업장에서 현상황이 어떤지를 분석하여 얼마나 빨리 "신공구", "신기술"에 도전하여 자기 작업장에 맞는 대책, 개선을 이루느냐가 중요하다고 생각한다.

기계 가공 기술 시리즈 No. 4

선삭 공구의 모든 것

1996. 11. 22. 초 판 1쇄 발행
2012. 4. 9. 초 판 2쇄 발행
2014. 3. 19. 초 판 3쇄 발행
2018. 5. 15. 초 판 4쇄 발행

지은이 | 툴엔지니어 편집부
옮긴이 | 심중수
펴낸이 | 이종춘
펴낸곳 | **BM** 주식회사 **성안당**
주소 | 04032 서울시 마포구 양화로 127 첨단빌딩 5층(출판기획 R&D 센터)
　 | 10881 경기도 파주시 문발로 112 출판문화정보산업단지(제작 및 물류)
전화 | 02) 3142-0036
　 | 031) 950-6300
팩스 | 031) 955-0510
등록 | 1973. 2. 1. 제406-2005-000046호
출판사 홈페이지 | www.cyber.co.kr
ISBN | 978-89-315-3621-8 (13550)
정가 | 25,000원

이 책을 만든 사람들
책임 | 최옥현
진행 | 이희영
교정·교열 | 문 황
전산편집 | 이지연
표지 디자인 | 박원석
홍보 | 박연주
국제부 | 이선민, 조혜란, 김해영
마케팅 | 구본철, 차정욱, 나진호, 이동후, 강호묵
제작 | 김유석

이 책의 어느 부분도 저작권자나 **BM** 주식회사 **성안당** 발행인의 승인 문서 없이 일부 또는 전부를 사진 복사나 디스크 복사 및 기타 정보 재생 시스템을 비롯하여 현재 알려지거나 향후 발명될 어떤 전기적, 기계적 또는 다른 수단을 통해 복사하거나 재생하거나 이용할 수 없음.

■ 도서 A/S 안내

성안당에서 발행하는 모든 도서는 저자와 출판사, 그리고 독자가 함께 만들어 나갑니다.
좋은 책을 펴내기 위해 많은 노력을 기울이고 있습니다. 혹시라도 내용상의 오류나 오탈자 등이 발견되면 **"좋은 책은 나라의 보배"**로서 우리 모두가 함께 만들어 간다는 마음으로 연락주시기 바랍니다. 수정 보완하여 더 나은 책이 되도록 최선을 다하겠습니다.
성안당은 늘 독자 여러분들의 소중한 의견을 기다리고 있습니다. 좋은 의견을 보내주시는 분께는 성안당 쇼핑몰의 포인트(3,000포인트)를 적립해 드립니다.

잘못 만들어진 책이나 부록 등이 파손된 경우에는 교환해 드립니다.